기계 수학

문종훈 · 박상혁
유하상 · 윤상건 공저

A.T. AUTOTECH
오토테크

머리말

이 책은 대학의 기계계열 학과에서 공부하는 학생들이나 산업현장의 기계관련 기술자들을 위하여 기계공학에 응용되는 기초수학을 다루고 있습니다.

기계공학의 필수과목인 재료역학, 열역학, 유체역학을 공부하는데 도구가 되는 수와 식, 삼각함수, 벡터, 미분, 적분 등을 기초부분까지 상세히 다루었고 쉽게 이해되도록 본문을 구성하였으며, 또한 내용 중에 어려운 한자를 지양하고 분량을 최소화하였습니다.

교육과정상 시간이 부족하면 사용목적에 따라 선택, 발췌하여 중점적으로 강의하는 방안도 가능할 것입니다.

책 내용에 착오가 없도록 주의를 기울였지만 수정해야 할 있다면 판(版)이 거듭될 때 수정 보완 될 수 있도록 발행처로 연락 주시면 더욱 감사하겠습니다.

이 책을 통하여 수학의 기초 지식이 충분이 이해되는데 다소나마 도움이 된다면 저자로서는 큰 기쁨이 되겠습니다.

마지막으로 이 책 을 출판하기 위해 적극 협조해 주신 오토테크 관계자 분들께 감사의 뜻을 표합니다.

2013년 2월

저자일동

차 례

제1장 수와 식

제2장 삼각함수

제3장 벡터

제4장 지수와 로그

第5장 방정식과 부등식

제6장 함수와 그래프

제 7장 미분법

제 8 장 부정적분

제 9 장 행렬과 행렬식

제 10 장 복소수

제 11 장 미분방정식

제1장

수와 식

1. 수와 식

1.1 실수(實數)

유리수와 무리수를 통틀어 실수라고 한다. 실수는 수직선 위의 점과 일대이로 대응 하며, 실수를 분류하면 다음과 같다.

【 실수의 분류 】

- 실수
  - 유리수
    - 정수
      - 양의 정수 $(1,\ 2,\ 3,\ \cdots)$
      - 영 (0)
      - 음의 정수 $(-1,\ -2,\ -3,\ \cdots)$
    - 정수가 아닌 유리수
      - 유한소수 $\left(\frac{1}{4},\ 0.4,\ -1.5,\ \cdots\right)$
      - 순환소수 $\left(\frac{1}{3},\ 0.414141\cdots\right.$ 등)
  - 무리수 ($\sqrt{2}$, $-\sqrt{3}$, π, e등 순환하지않는무한소수)

실수의 연산법칙은 다음과 같다.

【실수의 연산법칙】

[1] 닫혀있음	$a \in R$, $b \in R$ 이면 $a+b \in R$, $a \cdot b \in R$
	(R : 실 전체의 집합)
[2] 교환법칙	$a+b=b+a$, $ab=ba$
[3] 결합법칙	$(a+b)+c=a+(b+c)$, $(ab)c=a(bc)$
[4] 배분법칙	$a(b+c)=ab+ac$

또한 임의의 두 실수 a, b 의 대소 관계는 $a>b$, $a=b$, $a<b$ 중에서 어느 하나이다.

1. 유리수

m, n 이 정수이며 분수 $\dfrac{n}{m}(m \neq 0)$ 으로 표시할 수 있는 수를 유리수(有理數)라고 한다. 예를 들면

$$2=\frac{2}{1}=\frac{4}{2},\quad \frac{1}{3},\quad \frac{3}{4},\quad \frac{27}{5},\quad -0.3=-\frac{3}{10}$$

등과 같이 분수로 표시한 수 잇는 수는 모두 유리수이다. 어떤 분수 $\dfrac{n}{m}$ 을 소수로 나타낼 때 소수점 아래 0 이 아닌 숫자가 유한개인 경우(유한소수)와 무한개(무한소수)이면서 같은 숫자 군이 한없이 되풀이(순환)되는 경우(순환소수)의 2가지로 나누어진다.

2. 무리수

유리수가 아닌 실수를 무리수(無理數)라고 하는데, 예를 들면 $\sqrt{2}$, $\sqrt{3}$, π … 등은 무리수이다. 무리수를 소수로 나타내면 유리수로 표시할 수 없는 무한소수가 된다. 예를 들면

$$\sqrt{2} = 1.414213\cdots, \quad -\sqrt{3} = -1.732050\cdots, \quad \pi = 3.141592\cdots$$

와 같이 되어 유리수인 분수 $\frac{n}{m}$ 으로 나타낼 수 없다.

$\sqrt{2}$ 가 유리수가 아닌 것을 증명해 보자.

만약 $\sqrt{2}$ 가 유리수라면 기약분수로 나타낼 수 있으므로

$$\sqrt{2} = \frac{n}{m} \quad \text{(단, } m,n \text{ 은 양의 정수이며, 서로 소)}$$

라 가정하고 양변을 제곱하여 정리하면

$$2m^2 = n^2 \qquad (1)$$

이 되어 n^2 은 2의 배수, 즉 짝수가 되므로 n 도 짝수이다.

따라서

$$n = 2n_1 \qquad (2)$$

이라 놓을 수 있고 (2)를 (1)에 대입하여 정리하면

$$m^2 = 2n_1^2$$

m 가 짝수가 되어 $\frac{n}{m}$ 이 기약분수라는 가정에 어긋나므로 $\sqrt{2}$ 는 유리수가 아니다.

예제 1.1 다음 수 중 무리수인 것은 어떤 수인가?

$\sqrt{3}$, $\frac{5}{12}$, $-\sqrt{5}$, $-\sqrt{7}$, 0.47 , $\sqrt{9}$

풀이 $\sqrt{3}$, $-\sqrt{5}$, $-\sqrt{7}$

3. 제곱근

제곱하여 양의 정수나 0이 되는 수(數), 예를 들면 $x^2 = m(m \geq 0)$을 만족하는 x를 m의 제곱근이라 한다. 양수 m의 제곱근에는 양(陽)의 제곱근 $\sqrt{m}$과 음(陰)의 제곱근 $-\sqrt{m}$ 2 개가 있다.

예제 1.2 다음 수의 제곱근을 구하라

(1) 64 (2) 18 (3) $(-4)^2$ (4) 0

풀이 (1) 64의 제곱근 은 $\pm\sqrt{64} = \pm 8$

(2) 18의 제곱근은 $\pm\sqrt{18} = \pm 3\sqrt{2}$

(3) $(-4)^2$ 의 제곱근은 $(-4)^2 = 16$ 이므로 $\pm\sqrt{16} = \pm 4$

(4) 0의 제곱근은 $x^2 = 0$에서 $x = 0$

{ 제곱근의 성질 }

[1] $\left(\sqrt{a^2}\right) = \lvert a \rvert = \begin{cases} a \\ -a \end{cases}$	($a \geqq 0$ 일 때) ($a < 0$ 일 때)
[2] $\sqrt{a}\,\sqrt{b} = \sqrt{a \cdot b}$	($a \geqq 0,\ b \geqq 0$ 일 때)
[3] $\dfrac{\sqrt{a}}{\sqrt{b}} = \sqrt{\dfrac{a}{b}}$	($a \geqq 0,\ b > 0$ 일 때)
[4] $\sqrt{k^2 a} = k\sqrt{a}$	($a \geqq 0,\ k \geqq 0$ 일 때)

예제 1.3 다음 식을 간단히 하라.

(1) $\sqrt{2} \times \sqrt{3}$　　(2) $\sqrt{6} \div \sqrt{3}$

(3) $\sqrt{32} \times \sqrt{2}$　　(4) $\sqrt{5} \div \sqrt{12}$

풀이 (1) $\sqrt{2} \times \sqrt{3} = \sqrt{2 \times 3} = \sqrt{6}$

(2) $\sqrt{6} \div \sqrt{3} = \sqrt{6 \div 3} = \sqrt{2}$

(3) $\sqrt{32} \times \sqrt{2} = \sqrt{64} = 8$

(4) $\sqrt{5} \div \sqrt{12} = \sqrt{\dfrac{5}{12}}$

분모에 근호($\sqrt{\ }$)가 포함되어 있는 식에서 분모, 분자에 같은 무리수를 곱하여 분모를 근호가 포함되지 않은 식으로 고치는 것을 분모의 유리화(有利化)라고 한다.

[분모의 유리화법]

[1] $\dfrac{b}{\sqrt{a}}=\dfrac{b\sqrt{a}}{\sqrt{a}\sqrt{a}}=\dfrac{b\sqrt{a}}{a}$

[2] $\dfrac{c}{\sqrt{a}+\sqrt{b}}=\dfrac{c(\sqrt{a}-\sqrt{b})}{(\sqrt{a}+\sqrt{b})(\sqrt{a}-\sqrt{b})}=\dfrac{c(\sqrt{a}-\sqrt{b})}{a-b}$

[3} $\dfrac{c}{\sqrt{a}-\sqrt{b}}=\dfrac{c(\sqrt{a}+\sqrt{b})}{(\sqrt{a}-\sqrt{b})(\sqrt{a}+\sqrt{b})}=\dfrac{c(\sqrt{a}+\sqrt{b})}{a-b}$

예제 1.4 다음 식의 분모를 유리화 하라.

(1) $\dfrac{2}{\sqrt{5}}$ (2) $\dfrac{3}{\sqrt{7}+\sqrt{2}}$ (3) $\dfrac{\sqrt{5}}{4-\sqrt{3}}$

풀이 (1) $\dfrac{2}{\sqrt{5}}=\dfrac{2}{\sqrt{5}}\dfrac{\sqrt{5}}{\sqrt{5}}=\dfrac{2}{5}\sqrt{5}$

(2) $\dfrac{3}{\sqrt{7}+\sqrt{2}}=\dfrac{3(\sqrt{7}-\sqrt{2})}{(\sqrt{7}+\sqrt{2})(\sqrt{7}-\sqrt{2})}=$

$=\dfrac{3(\sqrt{7}-\sqrt{2})}{(\sqrt{7})^2-(\sqrt{2})^2}$

$=\dfrac{3(\sqrt{7}-\sqrt{2})}{7-2}=\dfrac{3(\sqrt{7}-\sqrt{2})}{5}$

(3) $\dfrac{\sqrt{5}}{4-\sqrt{3}}=\dfrac{\sqrt{5}(4+\sqrt{3})}{(4-\sqrt{3})(4+\sqrt{3})}$

$=\dfrac{\sqrt{5}(4+\sqrt{3})}{16-(\sqrt{3})^2}=\dfrac{\sqrt{5}(4+\sqrt{3})}{13}$

제곱근을 이용한 한 예로서, 직각삼각형에서 세 변 사이의 관계를 보면 "빗변의 제곱은 직각을 낀 두 변의 길이를 각각 제곱한 합과 같다" 라고 하는 피타고라스의 정리를 이용하면 두변의 길이가 주어질 때 나머지 한 변의 길이가 주어질 때 나머지 한 변의 길이를 구할 수 있다.

예제 1.5 $\triangle ABC$에서 $\angle C = 90^\circ$, $\overline{BC} = 30mm$, $\overline{AC} = 40mm$ 일 때, 이 삼각형의 빗변의 길이 $\overline{AB}$ 를 구하여라.

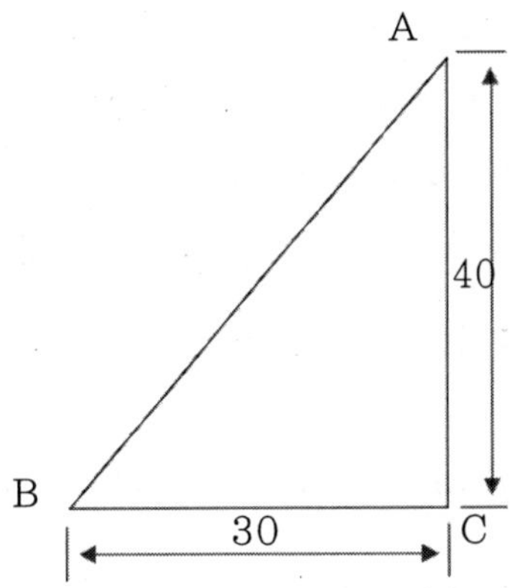

풀이 피타고라스의 정리에 의해서

$(\overline{AB})^2 = 30^2 + 40^2 = 2500$

$\therefore \overline{AB} = \pm\sqrt{2500} = \pm 50$

그런데 $\overline{AB}$ 는 길이이므로 양수이다. 그러므로 $\overline{AB} = 50(mm)$

1.2 정식(整式)

수나 문자의 곱으로 이루어진 식을 단항식이라 하고, 2개 이상의 단항식이 +, -로 이어진 식을 다항식이라 하며, 단항식과 다항식을 총칭하여 정식이라 한다. 다항식에서 각 단항식을 그 다항식의 항(項)이라 하고, 단항식에서 문자 이외의 부분을 계수라 하고, 계수는 다르지만 문자 부분이 같은 항을 동류항(同流項)이라 한다. 다항식에서 지정된 문자를 포함된 항의 차수 중에서 최댓값을 그 다항식의 차수라 한다. 예를 들면, $3x$는 단항식이고 x에 대해서는 3을 계수라 하고 차수는 1이다. 다항식 x^2+3x+4에서는 x에 대한 차수는 2이고 상수항는 4이다. 다항식을 간단한 식으로 나타내고자 할 때는 동류항을 모아서 정리한다.

예제 1.6 다음 두 다항식의 합을 구하라.

(1) $3x^2+2x$, $2+3x-x^2$

(2) x^2-xy+y^2, $2x^2+3xy-4y^2$

풀이 (1) $3x^2+2x+2+3x-x^2$

$$=3x^2-x^2+2x+3x+2=2x^2+5x+2$$

(2) $x^2-xy+y^2+2x^2+3xy-4y^2$

$$=x^2+2x^2-xy+3xy+y^2-4y^2=3x^2+2xy-3y^2$$

1. 지수법칙

a의 n개의 곱을 a^n으로 나타내며 a의 n제곱으로 읽는다. 이때 n을 a^n의 지수라 한다. 단항식에서 a, b가 양의 실수이고 m, n이 양의 정수일 때 다음과 같은 지수법칙(指數法則)이 성립한다.

【 지수법칙 】

[1] $a^m \times a^n = a^{m+n}$

[2] $(a^m)^n = a^{mn}$

[3] $a^m \div a^n = \dfrac{a^m}{a^n} = \begin{cases} a^{m-n} & (a \neq 0,\ m > n \text{ 일 때}) \\ 1 & (m = n \text{ 일 때}) \\ \dfrac{1}{a^{n-m}} & (a \neq 0,\ m < n \text{ 일 때}) \end{cases}$

[4] $(ab)^n = a^n b^n$

[5] $\left(\dfrac{b}{a}\right)^n = \dfrac{b^n}{a^n}$ $\quad (a \neq 0)$

다항식에서 곱셈과 나눗셈을 하여 하나의 다항식으로 나타내는 것을 다항식을 전개한다고 한다.

예제 1.7 다음 식을 전개하라.

(1) $x(2x^2 - x - 5)$ (2) $(3a^2 - 4ab) \div a$

(3) $(a^4 b^2 - ab^3) \div ab^2$ (4) $(12x^3 - 5x^2 y - 2xy) \div 3x$

풀이 (1) $x \times 2x^2 - x \times x - 5 \times x = 2x^3 - x^2 - 5x$

(2) $\dfrac{3a^2 - 4ab}{a} = 3a - 4b$

(3) $\dfrac{a^4b^2 - ab^3}{ab^2} = a^3 - b$

(4) $\dfrac{12x^3 - 5x^2y - 2xy}{3x} = 4x^2 - \dfrac{5}{3}xy - \dfrac{2}{3}y$

2. 곱셈 공식

다항식 기리의 곱셈은 배분법칙을 이용하여 다음과 같이 계산한다.

$(a+b)\times(c+d) = a(c+d)+b(c+d) = ac+ad+bc+bd$

다음의 곱셈 공식을 이용하면 전개하는데 편리하다.

예제 1.8 다음 각 식들을 전개하라.

(1) $3(2a-3b)$ (2) $(x+2a)^2$

(3) $(3x+2)(3x-2)$ (4) $(x+2)(x-3)$

(5) $(2x+3)(3x-4)$ (6) $(x+1)(x+2)(x+3)$

풀이 (1) 준식 $= 3\times 2a - 3\times 3b = 6a - 9b$

(2) 준식 $= x^2 + 2\times 2a\times x + (2a)^2 = x^2 + 4ax + 4a^2$

(3) 준식 $= (3x)^2 - (2) = 9x^2 - 4$

(4) 준식 $= x\times(x-3) + 2\times(x-3) = x^2 - 3x + 2x - 6 = x^2 - x - 6$

(5) 준식 $= 2x(3x-4) + 3(3x-4)$

$= 6x^2 - 8x + 9x - 12 = 6x^2 + x - 12$

(6) 준식 $= (x^2+3x+2)(x+3) = x^3 + 3x^2 + 2x + 3x^2\,9x + 6$

$= x^3 + 6x^2 + 11x + 6$

【곱셈 공식】

[1] $m(a+b)=ma+mb$
$m(a-b)=ma-mb$

[2] $(a+b)^2=a^2+2ab+b^2$
$(a-b)^2=a^2-2ab+b^2$

[3] $(a+b)(a-b)=a^2-b^2$

[4] $(x+a)(x+b)=x^2+(a+b)x+ab$
$(ax+b)(cx+d)=acx^2+(ad+bc)x+bd$

[5] $(x+a)(x+b)(x+c)=x^3+(a+b+c)x^2+(ab+bc+ca)x+abc$

[6] $(a+b+c)^2=a^2+b^2+c^2+2ab+2bc+2ca$

[7] $(a+b)^3=a^3+3a^2b+3ab^2+b^3$
$(a-b)^3=a^3-3a^2b+3ab^2-b^3$

[8] $(a+b)(a^2-ab+b^2)=a^3+b^3$
$(a-b)(a^2+ab+b^2)=a^3-b^3$

[9] $(x+y+z)(x^2+y^2+z^2-xy-yz-zx)=x^3+y^3+z^3-3xyz$

3. 인수분해

두 다항식의 곱 $(x+1)(x+2)$를 전개하면 하나의 다항식 x^2+3x+2를 얻고 이를 역으로 나타내면 $x^2+3x+2=(x+1)(x+2)$로 두 다항식 $x+1$, $x+2$의 곱으로 나타낼 수 있다. 이와 같이 하나의 다항식을 두 개 이상의 다항식의 곱으로 나타내는 것을 인수분해라 하고, 곱을 이루는 각 다항식을 인수라 하는데, 앞의 식에서

$x+1$, $x+2$는 x^3+3x+2의 인수이다. 인수분해 공식은 곱셈공식을 역으로 이용하여 얻을 수 있다.

[인수분해 공식]

[1] $ma+mb=m(a+b)$
$ma-mb=m(a-b)$

[2] $a^2+2ab+b^2=(a+b)^2$
$a^2-2ab+b^2=(a-b)^2$

[3] $a^2-b^2=(a+b)(a-b)$

[4] $x^2+(a+b)x+ab=(x+a)(x+b)$

[5] $acx^2+(ad+bc)x+bd=(ax+b)(cx+d)$

[6] $a^3+3a^2b+3ab^2+b^3=(a+b)^3$
$a^3-3a^2b+3ab^2-b^3=(a-b)^3$

[7] $a^3+b^3=(a+b)(a^2-ab+b^2)$
$a^3+b^3=(a-b)(a^2+ab+b^2)$

[8] $a^2+b^2+c^2+2ab+2bc+2ca=(a+b+c)^2$

예제 1.9 다음 각 식을 인수분해하라.

(1) $2a-4ab+6a^2$ (2) x^2+4x+4

(3) $4x^2-9y^2$ (4) x^2+5x+6

(5) $2x^2+7x+6$ (6) $6x^2-4xy-2y^2$

풀이 (1) 준식 $=2a(1-2b+3a)$

(2) 준식 $=x^2+2\times2\times x+2^2=(x+2)^2$

(3) 준식 $=(2x+3y)(2x-3y)$

(4) 준식 $=x^2+(2+3)x+2\times3=(x+2)(x+3)$

(5) 2 차항의 계수가 1이 아님 2차 3항식의 인수분해는 인수분해 공식[5]를 이용한다.

$$\underline{2x^2} + 7x + \underline{6}$$

$$\begin{array}{llll} x \times 2x & & & 2 \times 3 \\ x & 2 & \cdots & 4x \\ 2x & 3 & \cdots & \underline{3x} \\ & & & 7x \end{array}$$

$\therefore 2x^2 + 7x + 6 = (x+2)(2x+3)$

(6) $\underline{6x^2} - 4xy - \underline{2y^2}$

$$\begin{array}{llll} 2x \times 3x & & & y \times (-2y) \\ 2x & -2y & \cdots & -6xy \\ 3x & y & \cdots & \underline{2xy} \\ & & & -4xy \end{array}$$

$\therefore 6x^2 - 4xy - 2y^2 = (2x-2y)(3x+y) = 2(x-y)(3x+y)$

1.3 분수식(分 數式)

1. 약수와 배수

세 정수 2, 3, 6 사이에는 $6 = 2 \times 3$ 의 관계가 있으면, 이때 6을 2, 3의 배수, 2와 3을 6의 약수라고 한다. 다항식에서도 약수, 배수를 생각할 수 있는데 예를 들면 $x^2 + x - 2 = (x-1)(x+2)$ 에서 $x^2 + x - 2$ 는 $x-1$, $x+2$ 의 배수이고, $x-1$, $x+2$ 는 $x^2 + x - 2$ 의 약수이다.

두 개 이상의 정식을 생각할 때 공통이 되는 약수를 그들 정식의 공약수라 하며, 공약수 중 차수가 가장 높은 것을 최대공약수(G.C.M. : Greatest Common Measure)라고 한다. 그리고 이때 공통인 배수를 그들 정식의 공배수라 하고, 공배수 중에서 차수가 가장 낮은 것을 최소공배수(L.C.M. : Least Common Measure)라고 한다. 예를 들면 두 식 ab, bc에서 공약수는 b, 최소공배수는 abc이며, 두 다항식 $2x(x-1)^2$, $x(x-1)(x+2)$에서 공약수는 x, $x-1$, $x(x-1)$이며, 최대공약수는 $x(x-1)$이고, 최소공배수는 $2x(x-1)^2(x+2)$이다.

예제 1.10 다음 각 식에서 최대공약수와 최소공배수를 구하라.

(1) $2a^3b^4c$, $4ab^3c^2$ (2) x^2+6x+5, $2x^2+x-1$

풀이 (1) $2a^3b^4c = 2ab^3c \times a^2b$, $4ab^3c^2 = 2ab^3 \times 2c$ 이므로

최대공약수 : $2ab^3c$,

최소공배수 : $2ab^3c \times a^2b \times 2c = 4a^3b^4c^2$

(2) $x^2+6x+5 = (x+1)(x+5)$, $2x^2+x-1 = (x+1)(2x-1)$

최대공약수 : $x+1$,

최소공배수 : $(x+1)(x+5)(2x-1)$

2. 분수식

$\dfrac{3x-1}{x+1}$과 같이 A, B는 다항식이고 $B \neq 0$일 때 A를 B로 나눈 $\dfrac{A}{B}$를 분수식이라 하고, 분모에 지정된 문자가 없을 때 이를테면 $\dfrac{x^2+2}{3}$는 유리식이라 한다. $\dfrac{A}{B}$에서 C가 0이 아닌 다항식일 때

$$\frac{A}{B}=\frac{A\times C}{B\times C}, \qquad \frac{A}{B}=\frac{A\div C}{B\div C}$$

인 관계가 성립한다. 이 성질로부터 분수식의 분모와 분자를 공약수로 나누어서 분수식을 간단히 하는 것을 분수식의 약분이라 하고, 분수식의 분모, 분자에 공약수가 없을 때, 이 분수식을 기약분수식이라 한다. 그리고 두 개 이상의 분수식에서 각 분수식의 분모, 분자에 적당한 식을 곱하여 분수식의 분모를 같게 하는 것을 통분한다라고 한다. 이 때 분모들의 최소공배수를 이용한다.

예제 1.11 다음 각 분수식을 기약분수식으로 고쳐라.

(1) $\dfrac{9a^3b^4}{12a^2b^5}$ (2) $\dfrac{x^2-x-2}{x^2-2x-3}$

풀이 (1) 준식 $=\dfrac{3a^2b^4\times 3a}{3a^2b^4\times 4b}=\dfrac{3a}{4b}$

(2) 준식 $=\dfrac{(x+1)(x-2)}{(x+1)(x-3)}=\dfrac{x-2}{x-3}$

예제 1. 12 다음 분수식을 통분하라.

(1) $\dfrac{x}{yz}$, $\dfrac{y}{xz}$ (2) $\dfrac{x+2}{x^2-5x+6}$, $\dfrac{x-4}{x^2+x-6}$

풀이 (1) $\dfrac{x}{yz}=\dfrac{x^2}{xyz}$, $\dfrac{y}{xz}=\dfrac{y^2}{xyz}$

(2) $x^2-5x+6=(x-2)(x-3)$, $x^2+x-6=(x-2)(x-3)$ 이므로 분모의 최소공배수는 $(x-2)(x-3)(x+3)$ 이다.

$$\frac{x+2}{x^2-5x+6}=\frac{(x+2)(x+3)}{(x-2)(x-3)(x+3)},$$

$$\frac{x-4}{x^2+x-6}=\frac{(x-4)(x-3)}{(x-2)(x-3)(x+3)}$$

3. 분수식의 여산

분수식 계산에서 분모가 다를 때에는 아래 식 [3], [4]와 같이 통분한다.

[분수식의 연산법]

[1] 곱 셈 $\frac{A}{B}\times\frac{C}{D}=\frac{AC}{BD}$

[2] 나눗셈 $\frac{A}{B}\div\frac{C}{D}=\frac{A}{B}\times\frac{D}{C}=\frac{AD}{BC}$

[3] 덧 셈 $\frac{A}{B}+\frac{C}{D}=\frac{AD}{BD}+\frac{BC}{BD}=\frac{AD+BC}{BD}$

[4] 뺄 셈 $\frac{A}{B}-\frac{C}{D}=\frac{AD}{BD}-\frac{BC}{BD}=\frac{AD-BC}{BD}$

예제 1.13 다음 각 식을 간단히 하라.

(1) $\frac{x^2+xy-2y^2}{x+y}\times\frac{x^2-xy-2y^2}{x+2y}$

(2) $\frac{x+2}{x+1}-\frac{x-2}{x-1}$

풀이 (1) 준식 $=\frac{(x-y)(x+2y)}{x+y}\times\frac{(x+y)(x-2y)}{x+2y}=(x-y)(x-y)$

(2) 준식 $= \dfrac{(x+2)(x-1)}{(x-1)(x-1)} - \dfrac{(x-2)(x+1)}{(x+1)(x-1)}$

$$= \frac{x^2+x-2-(x^2-x-2)}{(x+1)(x-1)}$$

$$= \frac{2x}{(x+1)(x-1)}$$

분모, 분자 중에서 적어도 한 쪽에 분수식이 들어있는 식을 번분수식이라 한다.

[번분수식의 연산법]

[1] $\dfrac{A}{\frac{C}{D}} = A \div \dfrac{C}{D} = A \times \dfrac{D}{C} = \dfrac{AD}{C}$

[2] $\dfrac{\frac{A}{B}}{\frac{C}{D}} = \dfrac{A}{B} \div \dfrac{C}{D} = \dfrac{A}{B} \times \dfrac{D}{C} = \dfrac{AD}{BC}$

[3] $\dfrac{\frac{B}{A}}{C} = \dfrac{B}{A} \div C = \dfrac{B}{A} \times \dfrac{1}{C} = \dfrac{B}{AC}$

예제 1. 14 다음 각 분수식을 간단히 하라.

(1) $\dfrac{a}{\frac{c}{d}}$　　(2) $\dfrac{1-\frac{1}{x}}{\frac{x}{1+x}}$

풀이 (1) 준식 $= a \div \dfrac{c}{b} = a \times \dfrac{b}{c} = \dfrac{ab}{c}$

(2) 준식 $= \left(1 - \dfrac{1}{x}\right) \div \dfrac{x}{1+x} = \left(1 - \dfrac{1}{x}\right) \times \dfrac{1+x}{x} = \dfrac{x^2-1}{x^2}$

A를 B로 나누었을 때의 몫 $\dfrac{A}{B}$를 B에 대한 A의 비 또는 비의 값이라 하며 이것을 $A : B$와 $C : D$를 같다고 한 식 $A : B = C : D$ 즉 $\dfrac{A}{B} = \dfrac{C}{D}$를 비례식이라고 한다.

예제 1.15 다음 두 삼각형은 닮은 도형이다. 작은 삼각형에서 x를 구하라.

풀이 닮은 도형에서 대응변의 길이의 비는 같으므로

$12 : 20 = 9 : x$

$\dfrac{12}{20} = \dfrac{9}{x}$, $\quad 12x = 9 \times 20$, $\quad x = \dfrac{9 \times 20}{12} = 15$

1.4 복소수

실수 x를 제곱하면 양의 수 또는 0이 되고 음의 수는 될 수 없으므로 $x^2 \geqq 0$이다.

만약 $x^2 = -1$의 해를 구하려면 수의 범위가 확장되어야 한다. 제곱하여 -1이 되는 새로운 수 $i^2 = -1 (i = \sqrt{-1})$을 생각하고 i를 허수단위라 한다.

a, b는 실수이지만 $a+bi$꼴로 나타낼 수 있는 새로운 수를 복소수라 하며 이 때 a는 실수부, b는 허수부라 한다. 복소수 $a+bi$에서 $a=0$, $b \neq 0$일 때 이 복소수를 순허수라 한다.

복소수를 분류하면 다음과 같다.

[복소수의 분류]

$$
\text{복소수}(a+bi)\begin{cases} \text{실수}(b=0)\begin{cases}\text{유리수}\\ \text{무리수}\end{cases} \\ \\ \text{허수}(b\neq 0) - \text{순허수}(a=0,\ b\neq 0) \end{cases}
$$

연습 문제

1. 다음 각 식을 전개하라.

(1) $x(2x-3)$　　(2) $(x+1)(x-4)$

(3) $(3x+y)(2x+5y)$　　(4) $(a+3)(a^2+2a-5)$

2. 다음 각 식을 인수분해하라.

(1) a^2-4b^2　　(2) $6x^2-x-1$

(3) $6x^2-xy-2y^2$　　(4) $3x^4+x^2-2$

3. 다음 분수식을 간단히 하리.

(1) $\dfrac{\dfrac{1}{x}}{1-\dfrac{1}{x}}$　　(2) $\dfrac{1}{x-\dfrac{1}{1-\dfrac{1}{x}}}$

(3) $\dfrac{\dfrac{b}{a}}{\dfrac{d}{c}}$　　(4) $\dfrac{1}{\sqrt{3}-\dfrac{1}{\sqrt{3}-1}}$

4. 다음 도형의 면적을 구하라. (단위 : cm)

(1)

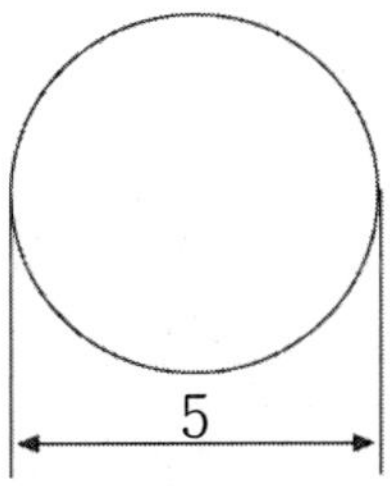

(2)

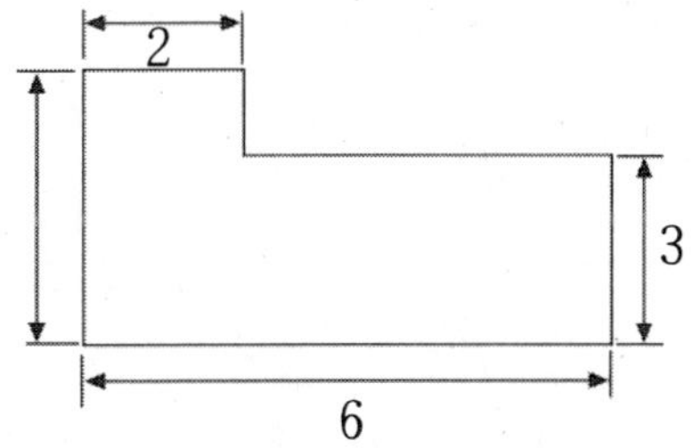

(3)

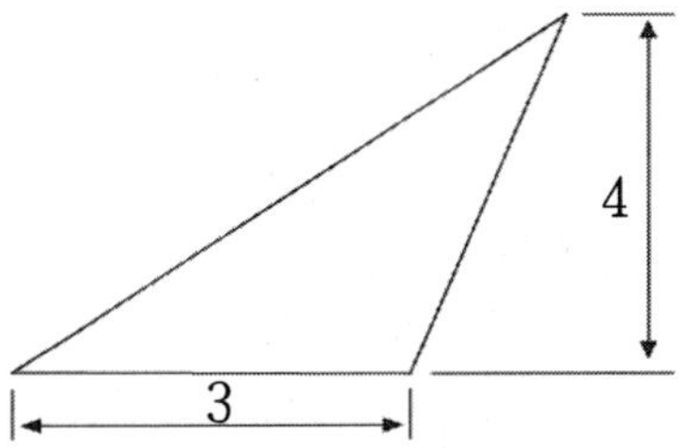

(4)

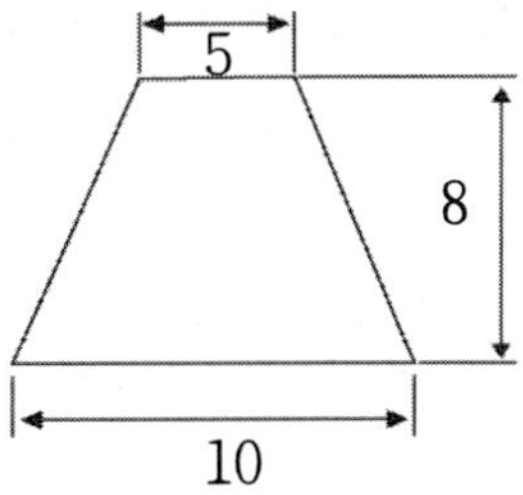

5. 다음 도형에서 빗금 친 부분의 면적을 구하라. (단위 : cm)

(1)

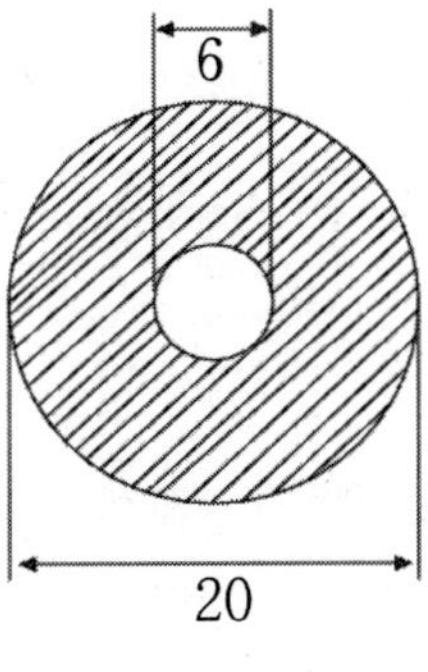

(2)

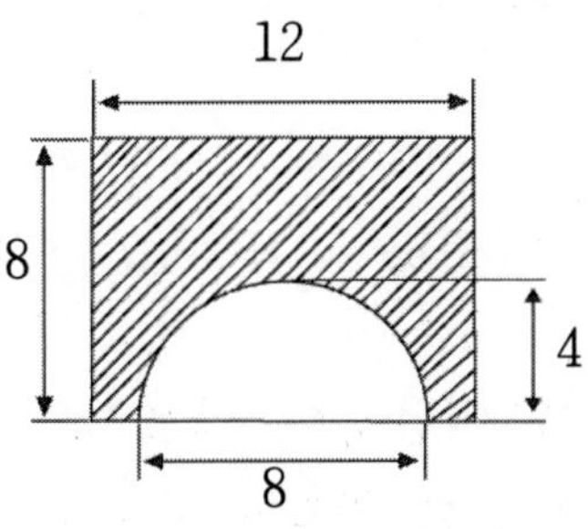

(3)

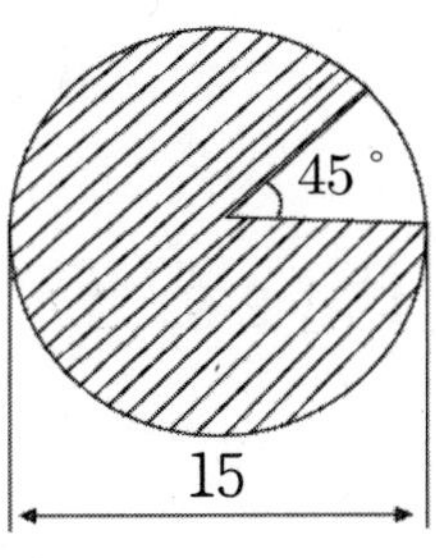

(4)

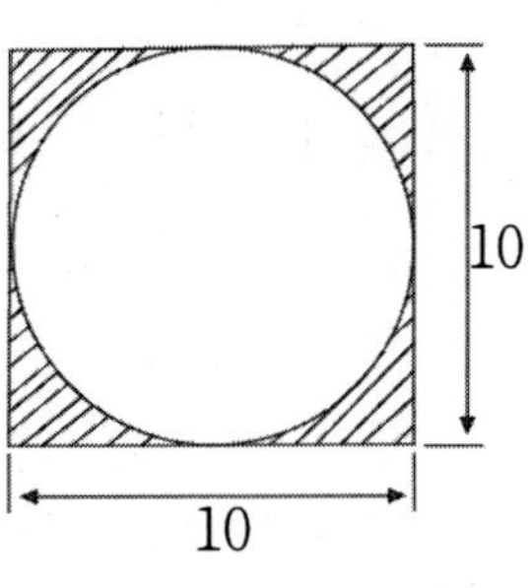

6. 다음 도형에서 x 길이를 구하라.

(1) $x = OF$

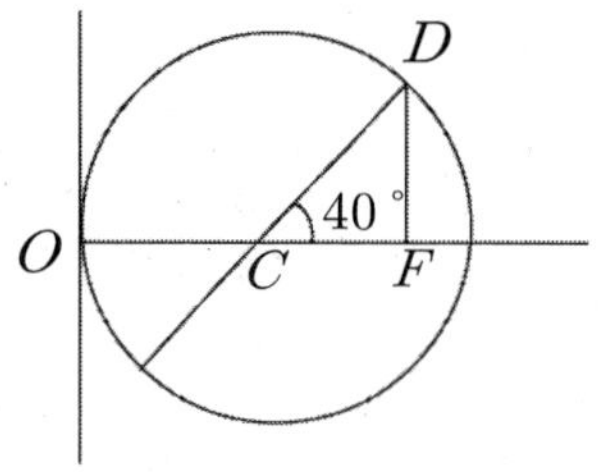

(2) $x = AB$

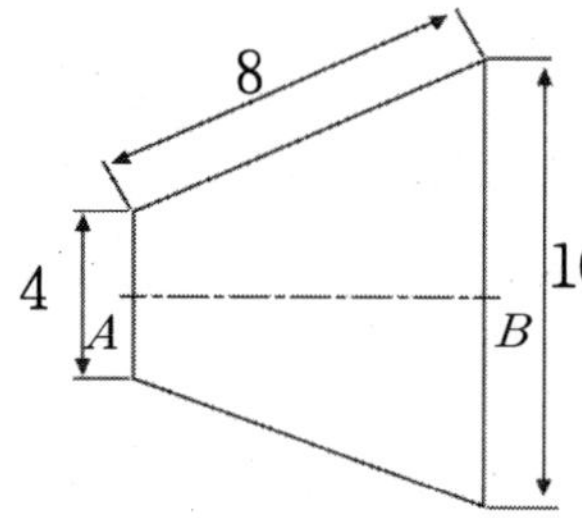

(3) $x = AB$

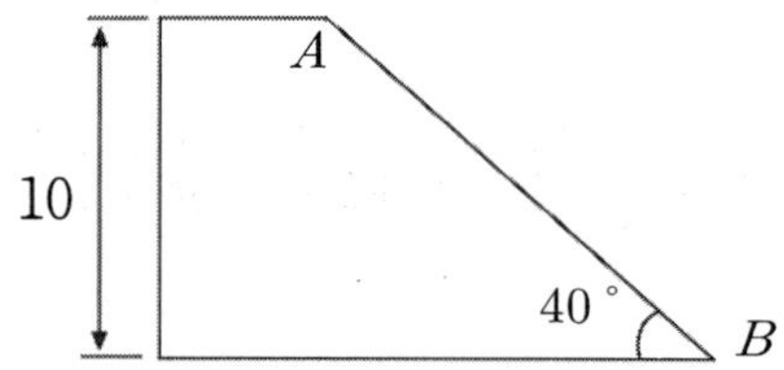

(4) $x = CD$

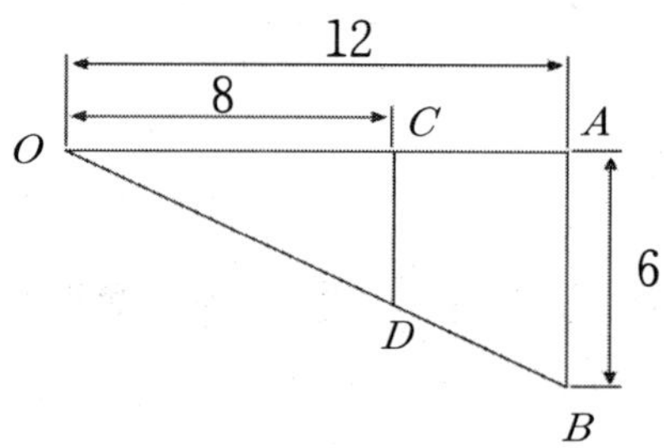

7. 지름이 $10cm$, 길이가 $7m$ 인 균일단면의 강봉 무게는 얼마인가? 단, 이강의 비중량 $\gamma = 7.8kgf/cm^3$ 이다.

8. 계산기를 이용하여 다음 계산을 하되 소수점 아래 셋째 자리에서 반올림 하여 둘째 자리까지 나타내어라.

(1) $\dfrac{18+5}{15-9}$ (2) $42 \times (-3) + 110$

(3) $(5 \times 10^3) \div (3 \times 10^{-3})$ (4) $\sin 58°$

(5) $\cos \dfrac{\pi}{5}$ (6) $\tan^{-1} 3$ (라디안으로 표시)

(7) $\ln 15$ (8) $\log 60$

(9) e^4 (10) $7^{-2} - 3^5 \times 5^3$

(11) $(11^3)^{\frac{1}{4}}$ (12) $\sqrt{47} - \sqrt[4]{83}$

(13) $10^\circ\ 32'\ 27''\ 05$(십진수로 표시, 소수점 아래 7째 자리에서 반올림하여 6째 자리까지 나타낼 것)

(14) 62.123°(육십 진수로 표시)

제2장

삼각함수

2. 삼각함수

2.1 일반각과 호도법

1. 일반각

그림 2-1과 같이 평면 위의 두 사선 OX, OP가 이루는 $\angle XOP$의 크기를 구해보자.

[그림 2-1]

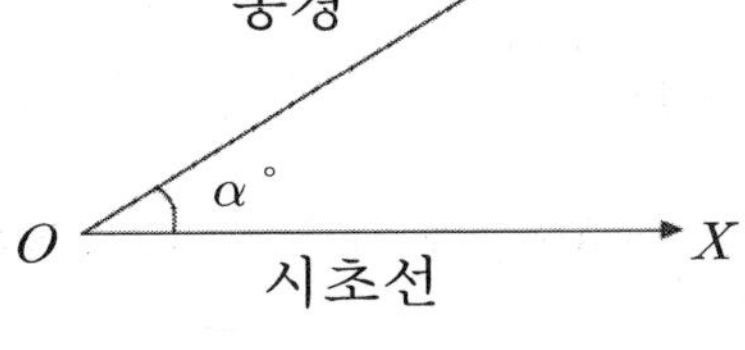

고정되어 있는 사선 OX의 위치에서 점 O를 중심으로 사선 OP의 위치 까지 OP가 회전하였을 때 그 회전량을 $\angle XOP$의 크기라 하고, 사선 OX를 시초선, 사선 OP를 동경, 점 O를 각의 꼭지점이라 한다. 동경 OP가 회전하는 방향을 보면, 그림 2-1과 같이 시계 회전 반대 방향을 양의 방향, 시계 회전 방향을 음의 방향이라 하며, 양의 방향의 회전으로 생긴 각을 양의 각, 음의 방향의 회전으로 생긴 각을 음의 각이라 정하자.

시초선 OX는 고정되어 있으므로 $\angle XOP$의 크기가 정해지면 동경 OP의 위치는 정해진다. 그러나 동경 OP의 위치가 정해져도 동경 OP가 나타내는 각의 크기는 하나로 정해지지 않는데, 이를 테면 동경이 나타내는 각의 하나를 $\alpha°$라 하면, $\angle XOP$의 크기는 $\alpha° + 360° \times n$ $(n = 0,\ \pm 1,\ \pm 2,\ \cdots)$와 같이 여러 가지로 나타낼 수 있고 이것을 동경 OP가 나타내는 일반각이라 말한다.

예제 2.1 오른쪽 그림에서 X, P_1 P_2, $\cdots$, P_5는 원의 둘레를 6등분한 점이다. 다음 각각의 각에 대응하는 동경을 구하라.

(1) $420°$

(2) $840°$

(3) $-60°$

(4) $-540°$

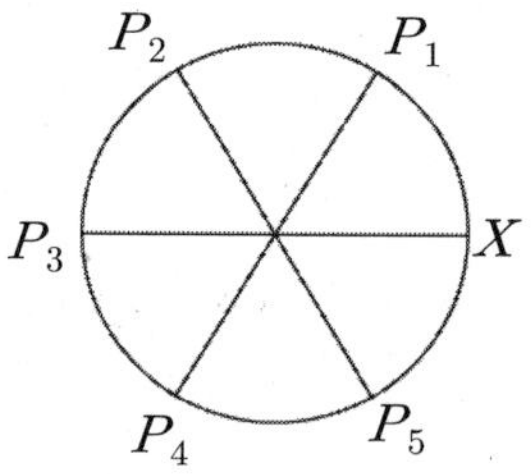

풀이 원을 6등분하였으니 한 각은 $60°$이다.

(1) $420° = 60° + 360°$ $\quad \therefore OP_1$

(2) $840° = 120° + 360° \times 2$ $\quad \therefore OP_2$

(3) $-60°$ $\quad \therefore OP_5$

(4) $-540° = 180° + 360°(-2)$ $\quad \therefore OP_3$

2. 호도법

각의 크기를 '도' 단위를 사용하여 각의 나타내는 방법을 60분법이라 하는데, 원호와 중심각 사이의 관계를 이용하여 각의 크기를 나타내는 새로운 방법을 생각해 보자.

[그림 2-2]

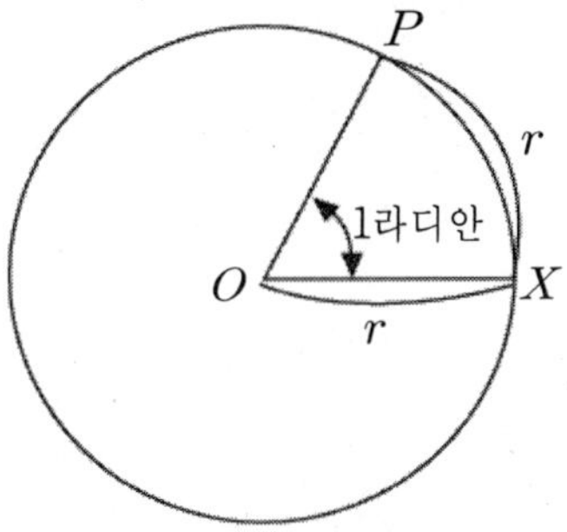

그림 2-2에서와 같이 반지름의 길이가 r인 O에서 있어서 길이 r인 호 PX에 대한 중심각 $\angle XOP$의 크기를 α°라 하면, 호의 길이는 중심각의 크기에 비례하므로 $r : 2\pi r = \alpha^\circ : 360^\circ$, 즉 $\alpha^\circ = \dfrac{180^\circ}{\pi}$가 되고 이 각을 1호도 또는 1 라디안(radian)이라 하고, 이 '라디안' 단위를 사용하여 각의 크기를 나타내는 호도법이라고 한다. 호도법에 쓰이는 rad는 생략하기도 한다.

[호도법과 60분법과의 관계]

$$1\,rad = \frac{180^\circ}{\pi}, \qquad 1^\circ = \frac{\pi}{180}\,rad$$

예제 2. 2 다음 60분법 단위의 각은 호도법 단위의 각으로, 호도법 단위의 각은 60분법 단위의 각으로 나타내어라.

(1) 30 ° (2) 120 ° (3) $\frac{\pi}{4}$ (4) $\frac{\pi}{3}$

풀이 (1) $30° \times \frac{\pi}{180} = \frac{\pi}{6}$ (2) $120° \times \frac{\pi}{180} = \frac{2}{3}\pi$

(3) $\frac{\pi}{4} \times \frac{180}{\pi} = 45°$ (4) $\frac{\pi}{3} \times \frac{180}{\pi} = 60°$

[그림 2-3]

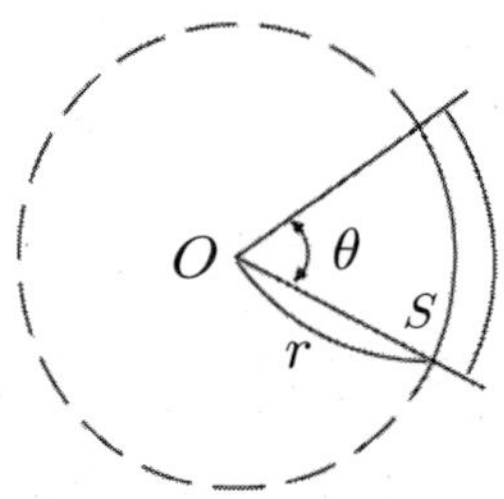

그림 2-3과 같이 반지름 r인 원 O에서 길이가 l인 호에 대한 중심각의 크기를 $\theta(rad)$라 하면, 호의 길이는

$$l : 2\pi r = \theta : 2\pi$$

그러므로, $l = r\theta$

또 부채꼴의 면적 S는 $S : \pi r^2 = \theta : 2\pi$

그러므로, $S = \frac{1}{2}r^2\theta$

반지름의 길이 r, 중심각 $\theta(rad)$인 부채꼴에 있어서 호의 길이 l과 면적 S는 다음과 같다.

{ 부채꼴에서의 호의 길이와 면적 }

호의 길이 : $l=r\theta$
부채꼴의 면적 : $S=\frac{1}{2}r^2\theta=\frac{1}{2}rl$

예제 2.3 중심각 $\frac{\pi}{4}$, 반지름이 $6cm$ 인 부채꼴에서 호의 길이와 면적을 구하라.

풀이 호의 길이 $l=r\theta=6\times\frac{\pi}{4}=\frac{3}{2}\pi=4.71(cm)$

면적 $S=\frac{1}{2}r^2\theta=\frac{1}{2}\times6^2\times\frac{\pi}{4}=\frac{9\pi}{2}=14.14(cm^2)$

2.2 일반각과 삼각함수

1. 삼각비

그림 2 -4와 같이 $\angle C=90°$ 인 직각 삼각형 ABC에서 $\angle A=\theta$ 라고 할 때 세변 a, b, c 사이의 비를 삼각비라 한다.

[그림 2 -4]

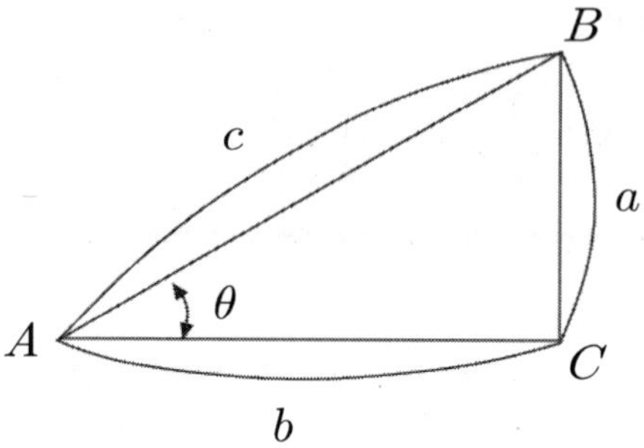

[삼각비의 정의]

$\sin\theta = \dfrac{a}{c}$,	$\cos\theta \dfrac{b}{c}$,	$\tan\theta = \dfrac{a}{b}$
$\mathrm{cosec}\,\theta = \dfrac{c}{a}$,	$\sec\theta = \dfrac{c}{b}$,	$\cot\theta = \dfrac{b}{a}$

〈주〉; 여기서 sin, cos , tan, cosec, sec, cot, 는 각각 sin*e*, cos∈*e*, tan ≥ *nt*, cose*cont*(코시컨트),se*cont*(시컨트), cot*angent*(코탄젠트) 의 약자이다.

2. 일반각의 삼각함수

그림 2-5와 같이, 중심이 원점 O이며 반지름이 r인 원에서 동경 OP가 나타내는 일반각의 크기를 θ라 하고, 점 P의 좌표를 (x, y)라 하면, 일반각 θ의 삼각함수를 다음과 같이 정의 한다.

[그림 2-5]

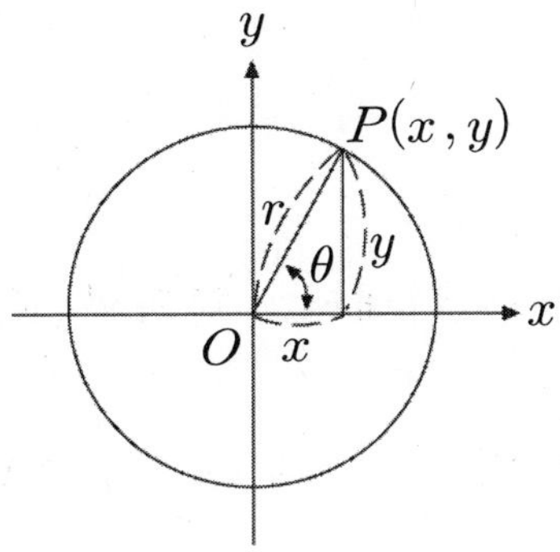

[일반각 θ 의 삼각함수]

$\sin\theta = \dfrac{y}{r}$,	$\cos\theta = \dfrac{x}{r}$,	$\tan\theta = \dfrac{y}{x}$
$\mathrm{cosec}\,\theta = \dfrac{r}{y}$,	$\sec\theta = \dfrac{r}{x}$,	$\cot\theta = \dfrac{x}{y}$

3. 삼각함수의 상호 관계

그림2-6과 같이 반지름 1인 단위원에서 점 P의 좌표를 (x, y), $\angle POQ = \theta$라 하면

[그림 2-6]

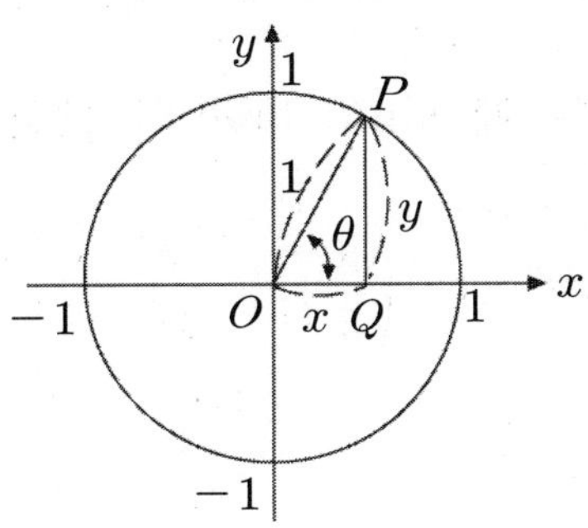

$$\sin\theta = y, \quad \cos\theta = x, \quad \tan\theta = \frac{y}{x}$$

이므로

$$\tan\theta = \frac{\sin\theta}{\cos\theta}$$

또, 점 P에서 x축에 수선을 내려 x축과의 교점을 Q라 하면,

$$\overline{OQ}^2 + \overline{PQ}^2 = \overline{OP}^2, \qquad 즉\ x^2 + y^2 = 1$$

이므로 $\sin^2\theta + \cos^2\theta = 1$

이 되며, 삼각함수의 값 사이에는 다음과 같은 관계가 있다.

[삼각함수의 상호 관계]

[1] $\operatorname{coses}\theta = \dfrac{1}{\sin\theta}$, $\sec\theta = \dfrac{1}{\cos\theta}$, $\cot\theta = \dfrac{1}{\tan\theta}$

[2] $\tan\theta = \dfrac{\sin\theta}{\cos\theta}$, $\cot\theta = \dfrac{\cos\theta}{\sin\theta}$

[3] $\sin^2\theta + \cos^2\theta = 1$

[4] $1 + \tan^2\theta = \sec^2\theta$, $1 + \cot^2\theta = \operatorname{cosec}^2\theta$

예제 2.4 $\cos\theta = \dfrac{3}{5}$ 일 때 $\sin\theta$, $\tan\theta$ 의 값을 구하라.

풀이 $\sin^2\theta = 1 - \cos^2\theta = 1 - \left(\dfrac{3}{5}\right)^2 = \dfrac{16}{25}$ $\quad \therefore \sin\theta = \pm\dfrac{4}{5}$

$$\tan\theta = \frac{\sin\theta}{\cos\theta} = \frac{\pm\frac{4}{5}}{\frac{3}{5}} = \pm\frac{4}{3} \quad (\text{복호동순})$$

4. $90^\circ n \pm \theta$ 의 삼각함수

각 θ에 대하여 항상 다음 공식이 성립한다.

[$90^\circ n \pm \theta$ 의 삼각함수]

[1] 음각 공식

$\sin(-\theta) = -\sin\theta$, $\cos(-\theta) = \cos\theta$, $\tan(-\theta) = -\tan\theta$

[2] 보각공식

$\sin(180^\circ - \theta) = \sin\theta$, $\cos(180^\circ - \theta) = -\cos\theta$

$\tan(180^\circ - \theta) = -\tan\theta$

[3] 여각공식

$\sin(90^\circ - \theta) = \cos\theta$, $\cos(90^\circ - \theta) = \sin\theta$, $\tan(90^\circ - \theta) = cot\,\theta$

[4] 주기공식 (단, $n = 0$, ± 1, ± 2, $\cdots$)

$\sin(360^\circ n + \theta) = \sin\theta$

$\cos(360^\circ n + \theta) = cos\,\theta$

$\tan(360^\circ n + \theta) = \tan\theta$

2.3 삼각함수의 그래프

그림 2-7과 같이 반지름이 1인 단위원에서 $x=\angle POQ$라 하면 $\sin x$, $\cos x$, $\tan x$는

[그림 2-7]

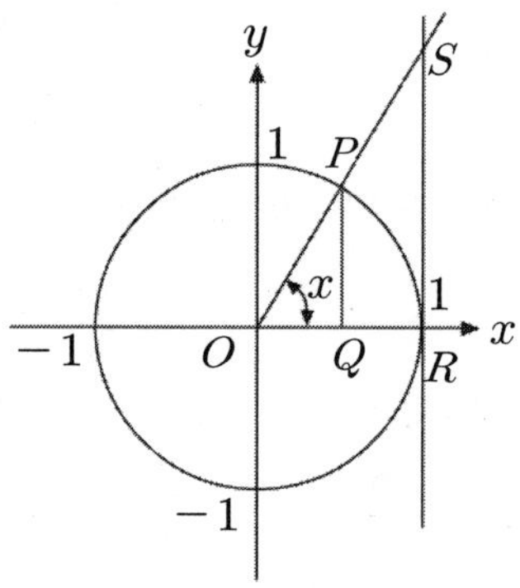

[그림2-8]

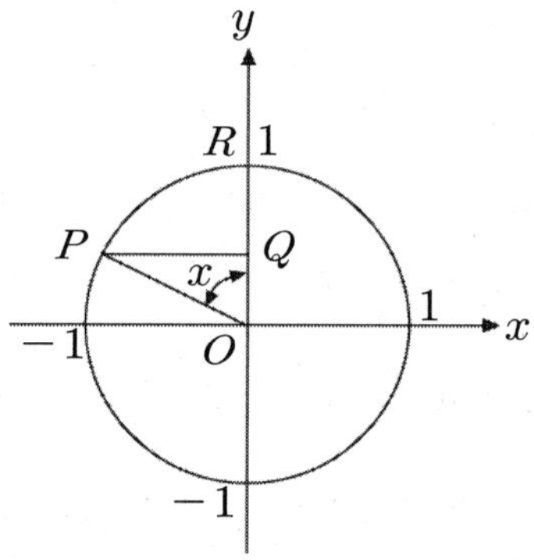

$$\sin x=\frac{PQ}{OP}=\frac{PQ}{1}=PQ$$

$$\cos x=\frac{OQ}{OP}=\frac{OQ}{1}=OQ$$

$$\tan x=\frac{RS}{OR}=\frac{RS}{1}=RS$$

와 같이 각각 선분의 길이가 된다.

이 그림 2-7에서 $\sin x$, $\tan x$의 값을 나타내는 선분은 y축에 평행하

다. $\cos x$ 의 값을 나타내는 선분이 y 축 또는 y 축에 평행으로 되려면 그림 2-8과 같이 OR을 시초선으로 하여 $x=\angle POQ$라 하면

$$\cos x=\frac{OQ}{OP}=OQ$$

가 되어 가능하다.

1. $\sin x$, $\cos x$, $\tan x$ 의 그래프

그림 2-7, 그림 2-8에서 $\sin x=PQ$, $\cos x=OQ$, $\tan x=RS$ 에서 x 의 값의 변화에 따른 PQ, OQ, RS 의 변화를 조사해 보면, $y=\sin x$, $y=\cos x$, $y=\tan x$ 의 그래프를 쉽게 그릴 수 있다.

(1) $y=\sin x$ 의 그래프 (그림 2-9에서 $\sin x=PQ$)

{ 그림2-9 }

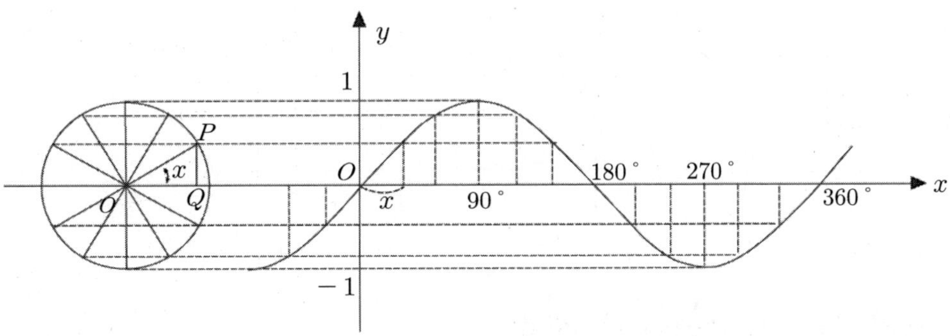

(2) $y=\cos x$ 의 그래프 (그림 2-10에서 $\cos x=OQ$)

[그림2-10]

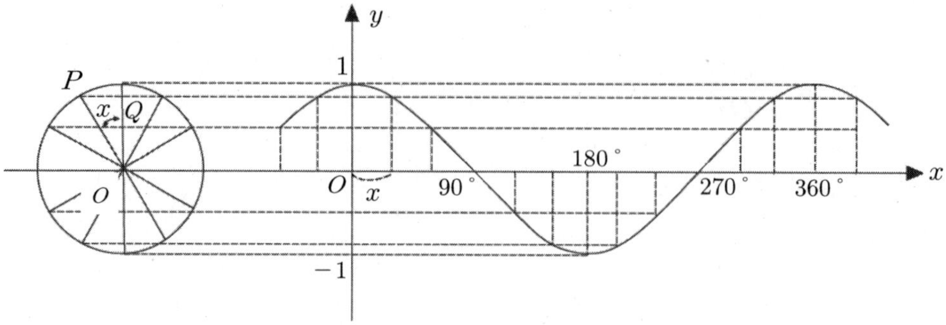

(3) $y=\tan x$ 의 그래프 (그림 2-11에서 $\tan x=RS$)

[그림2-11]

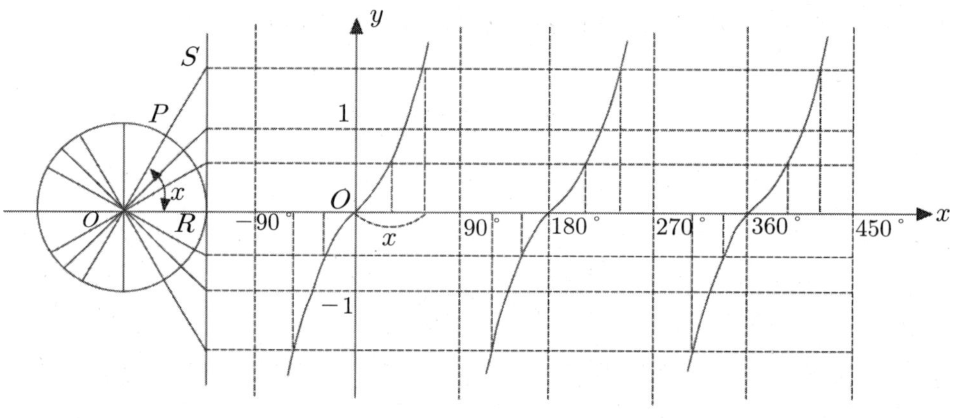

2. 삼각함수의 그래프의 성질

앞 절에서 삼각함수의 그래프를 관찰해 보면 다음과 같은 삼각함수의 성질을 알 수 있다.

어떤 x에 대하여

$$f(x+k)=f(x)$$

인 양의 상수 k가 있을 때 함수 $y=f(x)$를 주기함수, 상수 k를 주기라 하며, k중에서 최소인 양수를 기본주기라고 한다. 예를 들면 함수 $y=\sin x$ 는 $\sin x=\sin(x+2n\pi)$이므로 $2n\pi$를 주기로 하는 주기함수이다. 이 중 최소인 양수 2π가 기본주기가 된다.

【삼각함수의 성질】

[1] 최댓값과 최솟값

$y=\sin x : -1 \leqq \sin x \leqq 1$

$y=\cos x : -1 \leqq \cos x \leqq 1$

$y=\tan x$: 최댓값과 최솟값은 없다.

[2] 기본주기

$y=\sin x : 360^\circ (=2\pi)$

$y=\cos x : 360^\circ (=2\pi)$

$y=\tan x : 180^\circ (=1\pi)$

[3] 대칭성

$y=\sin x$, $y=\tan x$: 원점에 관하여 대칭

$y=\cos x$: y 축에 관하여 대칭

2.4 삼각방정식

$\sin x=0.3$과 같이 삼각함수의 각의 크기를 구하려 삼각방정식이라 한다. 삼각방정식에서 미지수의 각 x의 범위를 제한 할 경우의 해를 특수해라 하고, 제한이 없는 경우의 해를 일반해라고 한다.

예제 2.5 계산기를 이용하여 다음 등식을 만족시키는 x의 값을 구하라.

(1) $\sin x = 0.424$ (단, $0 < x < 90°$)

(2) $\cos x = 0.94 \left(단,\ 0 < x < \frac{\pi}{2}\right)$

(3) $\tan x + 2\cot x - 3 = 0$ (단, $0 < x < 90°$)

풀이 (1) $\sin x = 0.424$

$\therefore\ x = \sin^{-1} 0.424 \fallingdotseq 25.09°$

(2) $\cos x = 0.94$

$\therefore\ x = \cos^{-1} 0.94 \fallingdotseq 0.35(rad)$

(3) $\cot x = \dfrac{1}{\tan x}$ 이므로,

주어진 식은

$\tan x + \dfrac{2}{\tan x} - 3 = 0$

$\tan^2 x - 3\tan x + 2 = 0$

$(\tan x - 1)(\tan x - 2) = 0$

$\tan x = 1,\ 2$

$x = \tan^{-1} 1 = 45°$

$x = \tan^{-1} 2 \fallingdotseq 63.43°$

2.5 삼각함수의 응용

1. 사인법칙

삼각형에서 각의 크기와 변의 길이 사이의 관계를 삼각함수의 성질을 이용하여 구하여 보자. 그림 2-12와 같이 x, y 좌표축 상의 $\triangle ABC$에서 세 각 $\angle A$, $\angle B$, $\angle C$의 크기를 각각 A, B, C라 하고, 이들의 대변 BC, CA, AB의 길이를 각각 a, b, c라 하자. C점에서 x축에 내린 수선을 D라 하고, 꼭지점 C의 좌표를 다음의 두 가지 방법으로 구하면

[그림 2-12]

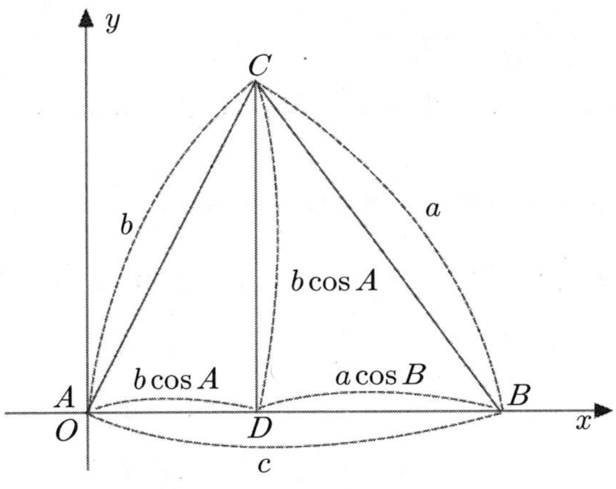

먼저 $\triangle ACD$에서 C의 좌표는

$$C(b\cos A,\ b\sin A) \qquad (1)$$

또한 $\triangle CBD$에서 C의 좌표는

$$C(c-a\cos B,\ a\sin B) \qquad (2)$$

식 (1), (2)에서 꼭지점 C의 y 좌표의 값은 같으므로

$$b\sin A = a\sin B$$

따라서 $\dfrac{a}{\sin A} = \dfrac{b}{\sin B}$

A 점을 꼭지점으로 하여 위와 같은 방법으로 하면

$$\frac{b}{\sin B} = \frac{c}{\sin C}$$

그러므로 다음의 관계를 얻을 수 있고 이 성질을 사인법칙이라고 한다.

{ 사인법칙 }

$$\frac{a}{\sin A} = \frac{b}{\sin B} = \frac{c}{\sin C}$$

예제 2.6 $\triangle ABC$에서 $c=15cm$, $B=110°$, $A=20°$일 때 a를 구하라.

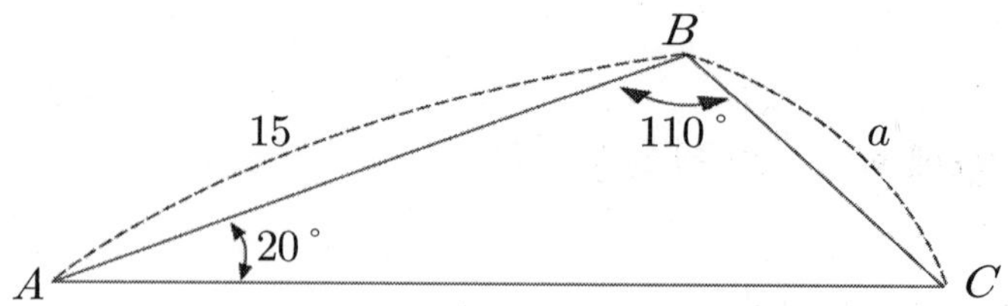

풀이 $C=50°$이므로 사인법칙을 이용하면

$$\frac{a}{\sin A} = \frac{c}{\sin C}$$

$$\therefore\ a = \frac{c}{\sin C} \times \sin A$$

$$= \frac{15}{\sin 50^\circ} \times \sin 20^\circ \fallingdotseq 6.70$$

2. 제 1코사인 법칙

그림 2-12에서 $\triangle ABC$의 꼭지점 C의 x의 좌표를 비교하면 식(1), (2)에서

$$b\cos A = c - a\cos B$$

즉 $c = a\cos B + b\cos A$

같은 방법으로 하면 다음은 관계를 얻을 수 있고 이 성질을 제 1코사인법칙이라고 한다.

【제 1코사인 법칙】

$a = b\cos C + c\cos B$
$b = c\cos A + a\cos C$
$c = a\cos B + b\cos A$

예제 2.7 $\triangle ABC$에서 $B = 35^\circ$, $C = 50^\circ$, $b = 2$, $c = 3$일 때 a를 구하라.

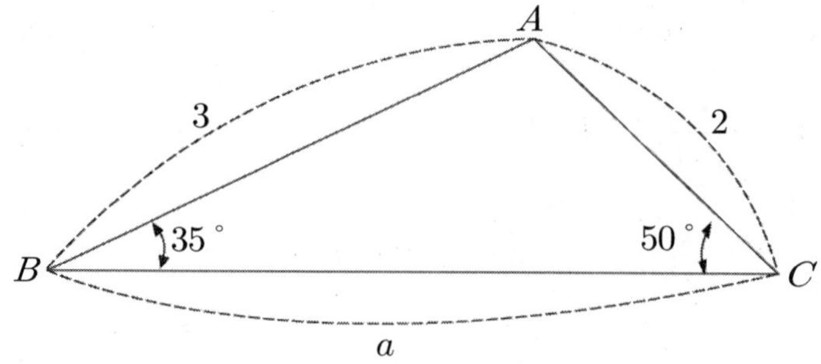

풀이 제1코사인법칙으로부터

$a = b\cos C + c\cos B$

$= 2\cos 50° + 3\cos 35°$

$\fallingdotseq 3.74$

3. 제2코사인 법칙

제1코사인 법칙의 각 식의 양변에 a, b, c를 곱하여

$$a^2 = ab\cos C + ac\cos B \quad (1)$$

$$b^2 = bc\cos A + ba\cos C \quad (2)$$

$$c^2 = ca\cos B + cb\cos A \quad (3)$$

여기서, (2)+(3)−(1) 하면

$$b^2 + c^2 - a^2 = 2bc\cos A$$

$$a^2 = b^2 + c^2 - 2bc\cos A$$

같은 방법으로 b^2, c^2을 구하면 다음의 관계는 얻을 수 있고, 이 성질을

제2코사인 법칙이라고 한다.

[제2코사인 법칙]

$$a^2 = b^2 + c^2 - 2bc\cos A$$

$$b^2 = a^2 + c^2 - 2ac\cos B$$

$$c^2 = a^2 + b^2 - 2ab\cos C$$

[예제] 2.8 $\triangle ABC$에서 $A = 50°$, $b = 6cm$, $c = 8cm$ 일 때, a의 값을 구하라.

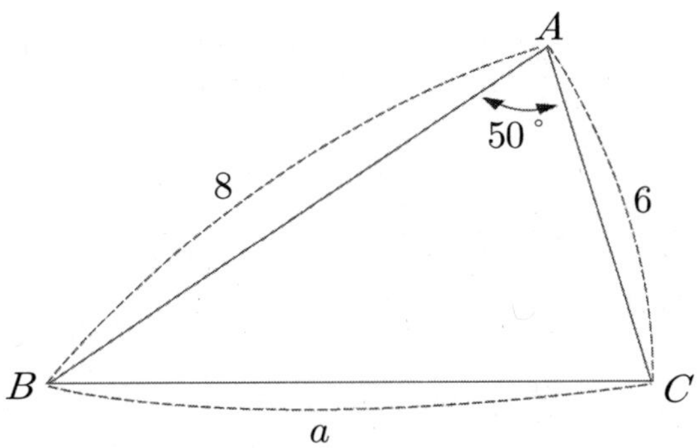

[풀이] 제2코사인 법칙 $a^2 = b^2 + c^2 - 2bc\cos A$ 에서

$$a^2 = 6^2 + 8^2 - 2\times 6\times 8\times \cos 50° = 38.292$$

$$\therefore\ a = \sqrt{38.292} = 6.19$$

4. 삼각형의 면적

삼각형의 면적을 삼각함수를 이용하여 알아보자. 그림 2-13에서 삼각형의 높이를 h라 하면 면적은 S는

$$S=\frac{1}{2}ah$$

【그림 2-13】

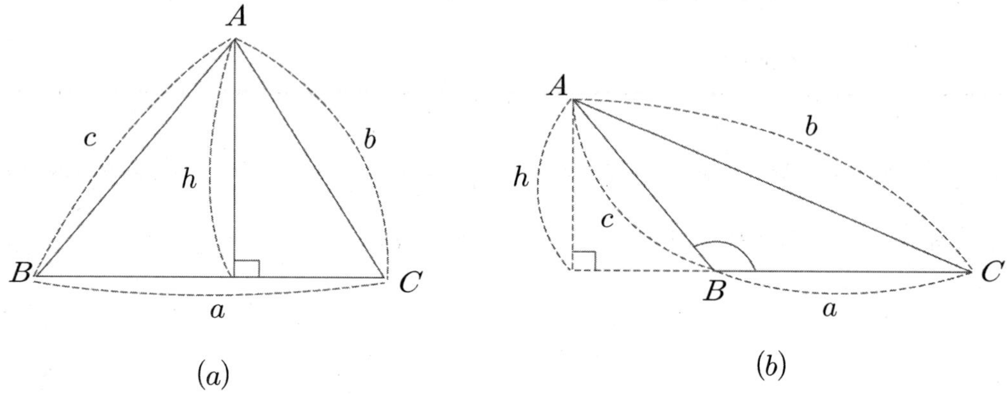

그런데

그림 2-13(*a*)의 경우, $h=c\sin B$

그림 2-13(*b*)의 경우, $h=c\cos(180°-B)=c\sin B$

로서, $\angle B$가 예각이나 둔각에 관계없이 높이 h가 같으므로 면적 S는

$$S=\frac{1}{2}ac\sin B$$

가 된다. 따라서 삼각형의 두 변의 길이와 그 사이각의 크기로 삼각형의 면적을 나타낼 수 있다.

【삼각형의 면적】

$$S=\frac{1}{2}ab\sin C=\frac{1}{2}bc\sin A=\frac{1}{2}ac\sin B$$

예제 2.9 $a=9$, $b=7$, $C=40°$ 인 삼각형의 면적을 구하라.

풀이 $S=\frac{1}{2}ab\sin C$

$$=\frac{1}{2}\times 9\times 7\times \sin 40° \fallingdotseq 20.25$$

2.6 삼각함수의 덧셈 정리

그림 2-14와 같이 원점 O를 중심으로 하는 단위원의 원주 상에

$$\angle AOC=\alpha,\quad \angle BOC=\beta$$

[그림 2-14]

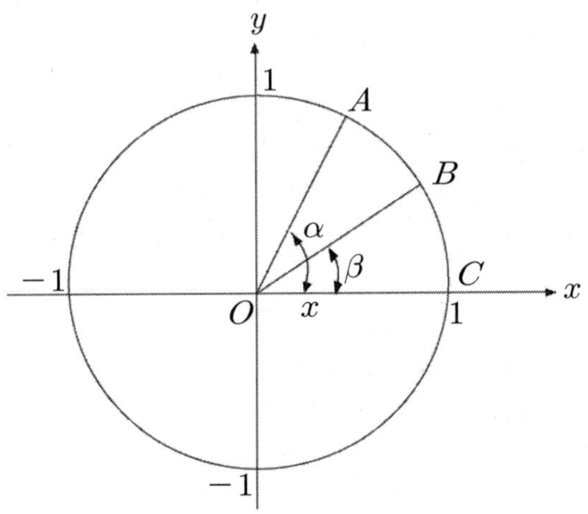

되게 A, B를 잡으면

$$\angle AOB = \alpha - \beta$$

가 되고, 점 A, B의 좌표는

$$A(\cos\alpha,\ \sin\alpha), \qquad B(\cos\beta,\ \sin\beta)$$

가 된다. $\triangle AOB$에서 제2코사인 법칙을 이용하면

$$\overline{AB}^2 = \overline{OA}^2 + \overline{OB}^2 - 2\,\overline{OA}\cdot\overline{OB}\cdot\cos\angle AOB$$

가 되므로

$$(\cos\alpha - \cos\beta)^2 + (\sin\alpha - \sin\beta)^2 = 1^2 + 1^2 - 2\times 1\times 1\times\cos(\alpha-\beta)$$

윗식을 정리하면

$$\cos(\alpha-\beta) = \cos\alpha\cos\beta + \sin\alpha + \sin\beta$$

이 식 중의 α, β는 임의의 각이므로, 이 식의 β 대신에 $-\beta$를 대입하면

$$\cos\{\alpha-(-\beta)\} = \cos(\alpha+\beta)$$

$$= \cos\alpha\cos\beta(-\beta) + \sin\alpha\sin(-\beta)$$

$$= \cos\alpha\cos\beta - \sin\alpha\sin\beta$$

이상을 정리하면 다음과 같으며 이 식들 중 복호는 동순이다.

[삼각함수의 덧셈 정리]

$$\sin(\alpha\pm\beta) = \sin\alpha\cos\beta \pm \cos\alpha\sin\beta$$

$$\cos(\alpha\pm\beta) = \cos\alpha\cos\beta \mp \sin\alpha\sin\beta$$

$$\tan(\alpha\pm\beta) = \frac{\tan\alpha \pm \tan\beta}{1 \mp \tan\alpha\tan\beta}$$

2.7 배각·반각의 공식

1. 배각의 공식

삼각함수의 덧셈 정리 중의 아래식

$$\sin(\alpha+\beta)=\sin\alpha\cos\beta+\cos\alpha\sin\beta$$

에서 $\alpha=\beta$ 라고 가정하면 윗식은

$$\sin 2\alpha=\sin\alpha\cos\alpha+\cos\alpha\sin\alpha$$

$$=2\sin\alpha\cos\alpha$$

같은 방법으로 다음의 식들을 얻을 수 있고 이를 배각의 공식이라 한다.

{ 배각의 공식 }

[1] $\sin 2\alpha=2\sin\alpha\cos\alpha$

[2] $\cos 2\alpha=\cos^2\alpha-\sin^2\alpha=2\cos^2\alpha-1=1-2\sin^2\alpha$

[3] $\tan 2\alpha=\dfrac{2\tan\alpha}{1-\tan^2\alpha}$

2. 반각의 공식

배각의 공식 중 $\cos 2\alpha=1-2\sin^2\alpha$ 를 $\sin^2\alpha$ 에 대하여 풀면

$$\sin^2\alpha=\frac{1-\cos 2\alpha}{2}$$

가 되며, 이 식의 α 대신 $\frac{\alpha}{2}$ 를 대입하면

$$\sin^2\frac{\alpha}{2}=\frac{1-\cos\alpha}{2}$$

같은 방법으로 다음의식들은 얻을 수 있고 이를 반각의 공식이라 한다.

{ 반각의 공식 }

[1] $\sin^2\frac{\alpha}{2}=\frac{1-\cos\alpha}{2}$

[2] $\cos^2\frac{\alpha}{2}=\frac{1+\cos\alpha}{2}$

[3] $\tan n^2\frac{\alpha}{2}=\frac{1-\cos\alpha}{1+\cos\alpha}$

2.8 합·차 및 곱의 공식

삼각함수의 덧셈 정리를 이용하여 사인, 코사인의 곱을 합 또는 차의 꼴로 나타내어 보자.

$$\sin(\alpha+\beta)=\sin\alpha\cos\beta+\cos\alpha\sin\beta$$

$$\sin(\alpha-\beta)=\sin\alpha\cos\beta-\cos\alpha\sin\beta$$

에서 변끼리 더하면,

$$\sin(\alpha+\beta)+\sin(\alpha-\beta)=2\sin\alpha\cos\beta$$

가 되므로,

$$\sin\alpha\cos\beta=\frac{1}{2}\{\sin(\alpha+\beta)+\sin(\alpha-\beta)\}$$

이와 같은 방법으로, 다음과 같이 삼각함수의 곱을 합 또는 차의 꼴로 나타낼 수 있다.

【곱을 합 또는 차로 변형】

[1] $\sin\alpha\cos\beta=\frac{1}{2}\{\sin(\alpha+\beta)+\sin(\alpha-\beta)\}$

[2] $\cos\alpha\sin\beta=\frac{1}{2}\{\sin(\alpha+\beta)-\sin(\alpha-\beta)\}$

[3] $\cos\alpha\cos\beta=\frac{1}{2}\{\cos(\alpha+\beta)+\cos(\alpha-\beta)\}$

[4] $\sin\alpha\sin\beta=\frac{1}{2}\{\cos(\alpha+\beta)-\cos(\alpha-\beta)\}$

이제, 사인, 코사인의 합 또는 차를 곱의 꼴로 나타내어 보자.

앞의 곱을 합 또는 차로 변형하는 공식에서

$$\alpha+\beta=A,\qquad \alpha-\beta=B$$

라 놓으면

$$\alpha=\frac{A+B}{2},\qquad \beta=\frac{A-B}{2}$$

따라서, 다음과 같이 삼각함수의 합 또는 차를 곱의 꼴로 나타낼 수 있다.

【합 또는 차를 곱으로 변형】

[1] $\sin A + \sin B = 2\sin\dfrac{A+B}{2}\cos\dfrac{A-B}{2}$

[2] $\sin A - \sin B = 2\cos\dfrac{A+B}{2}\sin\dfrac{A-B}{2}$

[3] $\cos A + \cos B = 2\cos\dfrac{A+B}{2}\cos\dfrac{A-B}{2}$

[4] $\cos A - \cos B = -2\sin\dfrac{A+B}{2}\sin\dfrac{A-B}{2}$

연습 문제

1. 부채꼴에서 다음을 구하라.

(1) 반지름 $20cm$, 중심각 $40°$의 부채꼴에서 호의 길이와 면적

(2) 반지름 13, 호의 길이 π인 부채꼴의 중심각과 면적

(3) 호의 길이 3, 면적 6인 부채꼴의 반지름과 중심각

2. 다음 식을 간단히 하라.

(1) $\frac{1}{2}+\frac{1}{2}\cos 2\theta$

(2) $\frac{1}{2}-\frac{1}{2}\cos 2\theta$

(3) $(\sin\theta+\cos\theta)^2$

3. 삼각형에서 다음을 구하라.

(1) $\angle A=35°$, $\angle C=90°$, $b=10cm$일 때 c의 길이

(2) $\angle C=90°$, $a=7cm$, $b=16cm$일 때 $\angle A$의 크기

(3) $\angle B=40°$, $\angle C=75°$, $a=10$일 때 b의 길이

(4) $a=7$, $b=5$, $\angle C=35°$일 때 면적

4. 힘 F의 크기는 $10kgf$이다. x, y방향의 분력 F_x, F_y의 크기를 구하라.

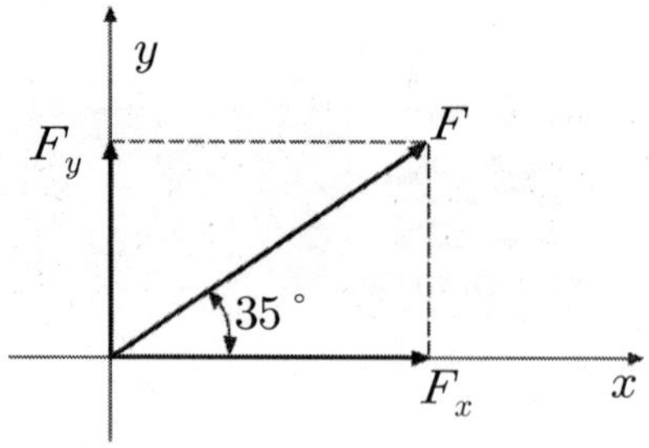

5. 무게 $W_1 = 80kgf$ 인 물체 A가 지면과 경사각 40° 인 경사면 위에 정지하여 있다. 물체 B의 무게 W_2 는 얼마인가? 단, 줄의 무게는 무시하고 마찰은 없는 것으로 한다.

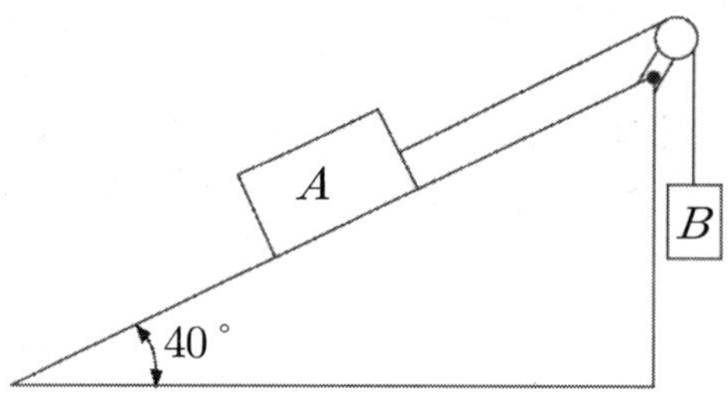

6. 다음 그림과 같이 $1000kgf$ 의 물체가 케이블로 현 위치에 정지하고 있다. 케이블에 걸리는 장력 T_{BA} 와 T_{BC} 를 구하라.

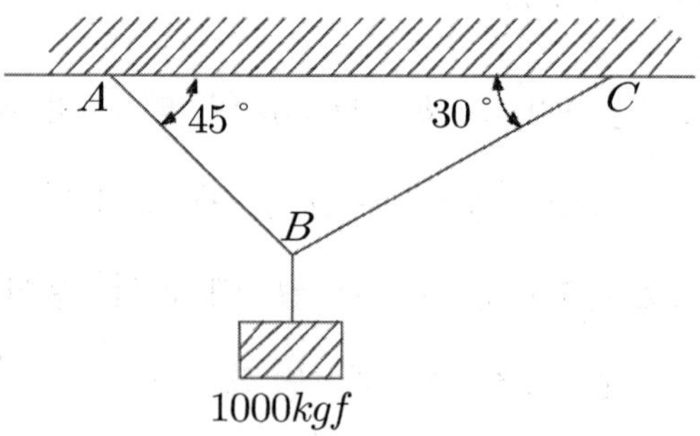

7. $\dfrac{\sin\beta}{\sin\alpha} = \dfrac{1}{2}$, $\alpha + \beta = 80°$ 일 때 α, β를 구하라.

제3장

벡 터

3. 벡터

3.1 벡터의 정의

스칼라(scalar)는 선분의 길이, 물체의 무게, 도형의 면적 등과 같이 크기만으로 나타낼 수 있는 양이다. 그림 3-1과 같은 점 A에서 B로의 방향을 함께 생각해야 하므로, 크기와 방향을 가진 양을 벡터라고 하며 힘이나 속도 등이 이에 해당한다. 벡터는 그림 3-1과 같이 방향을 가진 유향선분이며, 유한선분의 방향이 되고 그 선분의 길이가 벡터의 크기가 된다.

[그림 3-1]

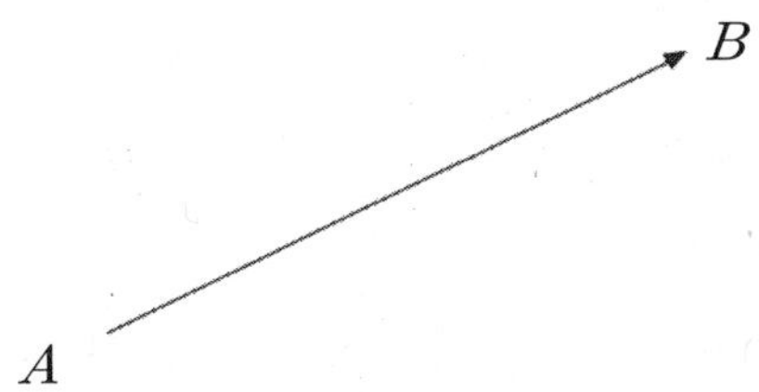

벡터 $\overrightarrow{AB}$에 있어서 점 A를 이 벡터의 시점, B를 종점이라고 한다. 그림 3-1과 같이 벡터가 한 평면 위에 있을 때 그 벡터를 공간 벡터라고 한다.

벡터는

$$\vec{a},\ \vec{b},\ \vec{c},\ \overrightarrow{AB},\ \overrightarrow{CD},\ \cdots\cdots$$

등과 같이 나타낸다. 벡터의 크기는 기호

$$|\vec{a}|,\ |\overrightarrow{AB}|,\ \cdots\cdots$$

등으로 나타내며, 벡터 선분의 길이를 말한다.

1. 벡터의 상등

두 벡터 $\vec{a}$와 $\vec{b}$의 크기와 방향이 같은 때 두 벡터 $\vec{a}$와 $\vec{b}$는 같다. 또는 상등하다고 하면 $\vec{a}=\vec{b}$로 표시한다. 그림 3-2에서 $\overrightarrow{AB}$와 $\overrightarrow{CD}$는 크기와 방향이 같다. 이렇게 $\overrightarrow{AB}=\overrightarrow{CD}$이면 두 선분 $\overrightarrow{AB}$, $\overrightarrow{CD}$는 평행이동으로 겹쳐질 수 있다.

[그림 3-2]

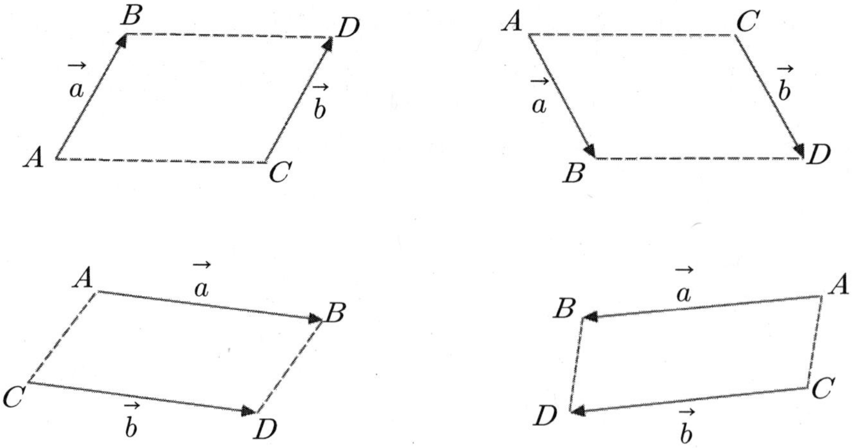

예제 3.1 그림과 같은 직육면체가 있다. 다음 벡터와 같은 벡터를 모두 구하라.

(1) $\overrightarrow{AB}$ (2) $\overrightarrow{BF}$ (3) $\overrightarrow{BC}$

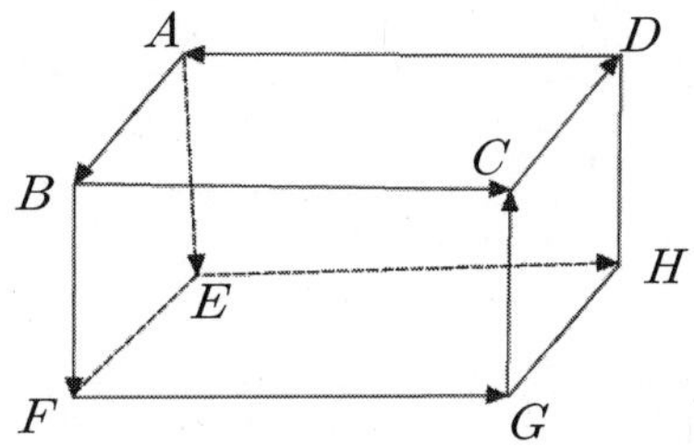

풀이 (1) $\overrightarrow{AB} = \overrightarrow{HG}$

(2) $\overrightarrow{BF} = \overrightarrow{AE} = \overrightarrow{DH}$

(3) $\overrightarrow{BC} = \overrightarrow{EH} = \overrightarrow{FG}$

2. 역 벡터

그림 3-3 과 같이 크기는 같으나 방향은 반대인 벡터 $\vec{a}$의 역 벡터라 하고 기호로는 $-\vec{a}$로 나타낸다. 이 경우 $\overrightarrow{BA} = -\overrightarrow{AB}$가 된다.

[그림 3-3]

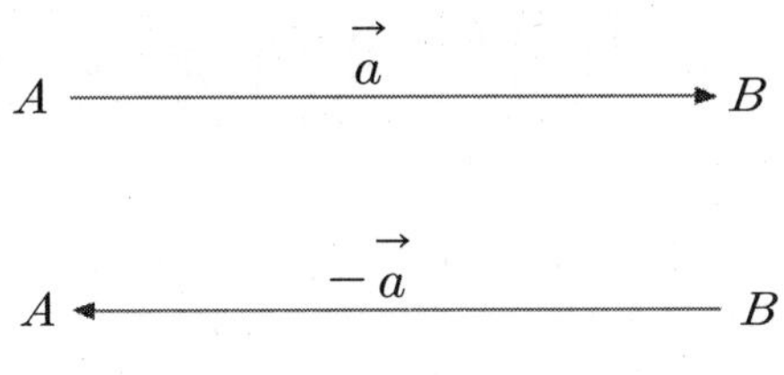

예제 3.2 그림과 같은 평행사변형에서 $\overrightarrow{OA} = \vec{a}$, $\overrightarrow{OB} = \vec{b}$, $\overrightarrow{OC} = \vec{c}$라 하면 $\overrightarrow{CB}$, $\overrightarrow{BC}$, $\overrightarrow{AB}$, $\overrightarrow{BA}$, $\overrightarrow{BO}$를 $\vec{a}$, $\vec{b}$, $\vec{c}$를 써서 나타내어라.

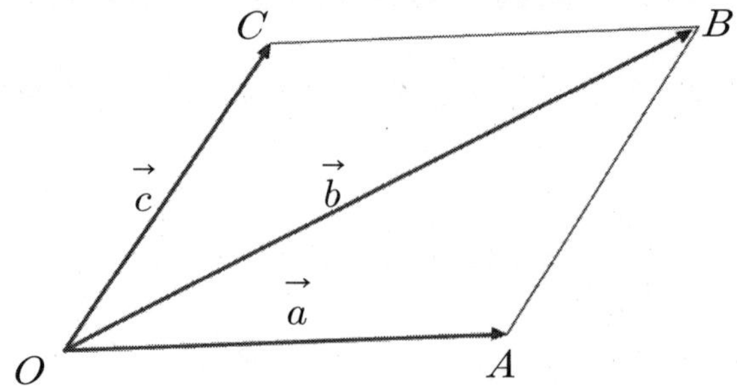

풀이 그림에서 $\overrightarrow{CB} = \overrightarrow{OA} = \vec{a}$

$\overrightarrow{BC} = \overrightarrow{AO} = -\overrightarrow{OA} = -\vec{a}$

$\overrightarrow{AB} = \overrightarrow{OC} = \vec{c}$

$\overrightarrow{BA} = \overrightarrow{CO} = -\overrightarrow{OC} = -\vec{c}$

$\overrightarrow{BO} = -\overrightarrow{OB} = -\vec{b}$

3.2 벡터의 합과 차

1. 벡터의 합

그림 3-4와 같이 벡터 $\vec{a}$를 A를 시점으로 하는 벡터 $\overrightarrow{AB}$, 벡터 $\vec{b}$를 B를 시점으로 하는 벡터 $\overrightarrow{BC}$라 하자. 이때 벡터 $\vec{c}$를 $\overrightarrow{AC}$라 나타내고, 두 벡터 $\vec{a}$, $\vec{b}$의 합이라 표시하여

$$\vec{c} = \vec{a} + \vec{b} \text{ 또는 } \overrightarrow{AC} = \overrightarrow{AB} + \overrightarrow{BC}$$

로 나타낸다.

【그림 3-4】

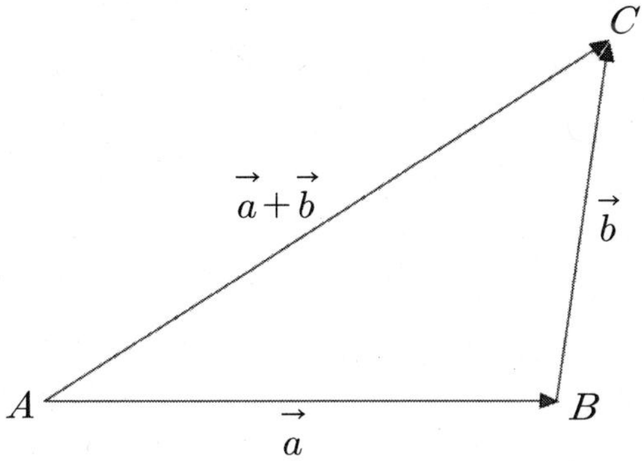

또한 그림 3-5 와 같이 벡터 $\vec{a}$를 $\overrightarrow{AB}$, $\vec{b}$를 $\overrightarrow{AD}$로 나타낼 때 평행사변형 $ABCD$에서 $\overrightarrow{AC}$는 $\vec{a}+\vec{b}$를 나타낸다. 즉,

$$\overrightarrow{AC}=\overrightarrow{AB}+\overrightarrow{AD}=\overrightarrow{AB}+\overrightarrow{BC} \qquad \text{또는} \qquad \vec{c}+=\vec{a}+\vec{b}$$

로 된다.

【그림 3-5】

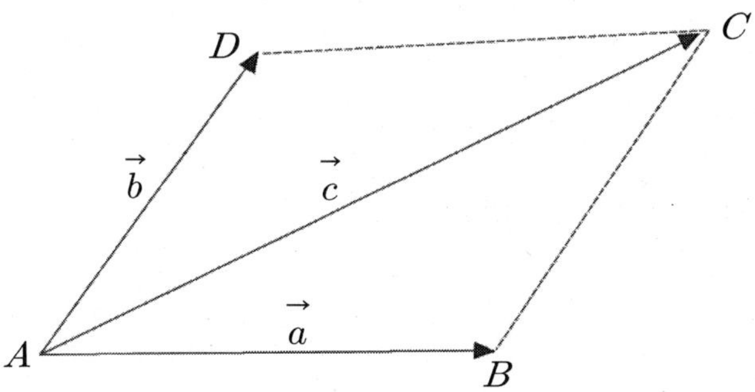

예제 3.3 두 벡터 $\vec{a}$, $\vec{b}$가 아래와 같을 때 $\vec{a}+\vec{b}$를 도시(圖示)하라.

풀이

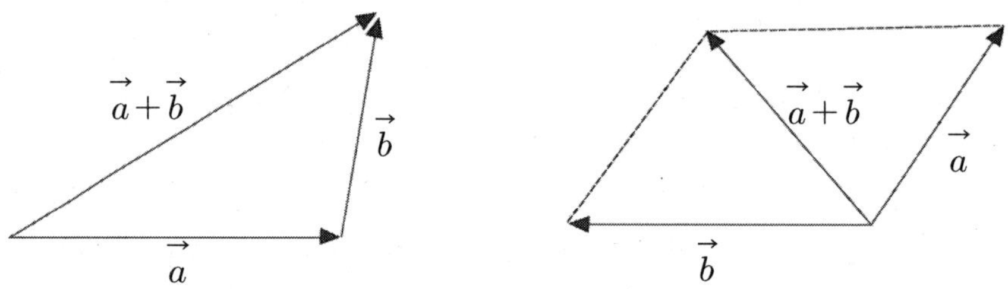

2. 벡터의 차

두 벡터 $\vec{a}$, $\vec{b}$가 다음의 관계가 있을 때

$$\vec{b}+\vec{x}=\vec{a}$$

벡터 $\vec{x}$를 $\vec{a}$에서 $\vec{b}$를 뺀 차라 하며,

$$\vec{x}=\vec{a}-\vec{b}$$

와 같이 나타낸다. 그림3-6에서

$$\vec{a}=\overrightarrow{OA}, \quad \vec{b}=\overrightarrow{OB}$$

이면

$$\vec{b} + \overrightarrow{BA} = \vec{a}$$

가 되므로

$$\overrightarrow{BA} = \vec{a} - \vec{b}$$

{ 그림3-6 }

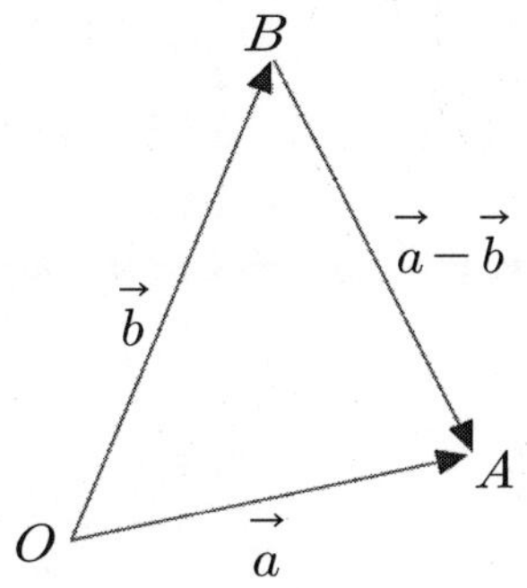

그러므로, $\overrightarrow{BA}$는 벡터 $\vec{a}-\vec{b}$가 된다. 크기가 0인 벡터를 생각하여 영벡터라 하고, 기호로는 $\vec{0}$과 같이 나타낸다. 따라서 다음 등식이 성립한다.

$$\vec{a} - \vec{a} = \vec{0}$$

$$\vec{a} + \vec{0} = \vec{a}$$

$$\vec{0} - \vec{a} = -\vec{a}$$

예제 3.4 평행사변형 $ABCD$에서 대각선의 교점을 O라 하고 $\overrightarrow{OA} = \vec{a}$, $\overrightarrow{OB} = \vec{b}$라 하면, 다음 벡터를 $\vec{a}$, $\vec{b}$로 나타내어라.

(1) $\overrightarrow{BA}$　　　(2) $\overrightarrow{DA}$

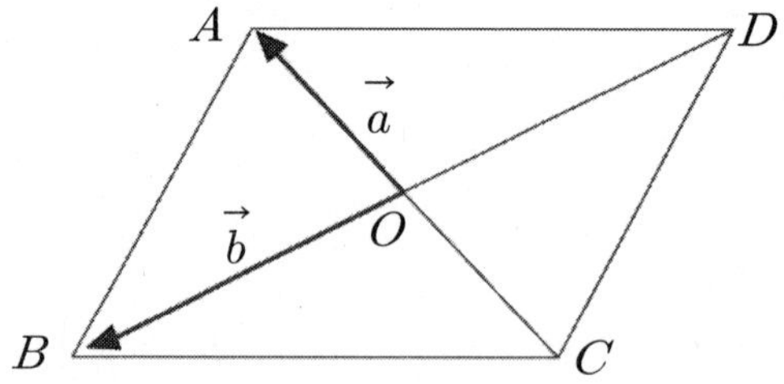

풀이 (1) $\vec{b}+\overrightarrow{BA}=\vec{a}$, $\overrightarrow{BA}=\vec{a}-\vec{b}$

(2) $\overrightarrow{OD}+\overrightarrow{DA}=\overrightarrow{OA}=\vec{a}$, $\overrightarrow{DA}=\vec{a}-\overrightarrow{OD}=\vec{a}-(-\vec{b})=\vec{a}+\vec{b}$

3. 벡터와 실수와의 곱

같은 두 벡터 $\vec{a}$와 $\vec{a}$의 합 $\vec{a}+\vec{a}$는 $\vec{a}$와 방향은 같고 크기는 2배인 벡터이므로 $2\vec{a}$와 같이 나타낸다.

$\vec{a}\neq\vec{0}$일 때 실수 k에 대하여 $k\vec{a}$는 크기가 $\vec{a}$의 $|k|$배이고 방향은 $k>0$이면 $\vec{a}$와 같은 방향, $k<0$이면 $\vec{a}$와 반대 방향인 벡터, $k=0$이면 $k\vec{a}=\vec{0}$이다.

0 벡터가 아닌 두 벡터 $\vec{a}$, $\vec{b}$의 방향이 같거나 또는 반대일 때 $\vec{a}$와 $\vec{b}$는 평행이라 하며, 기호

$$\vec{a}//\vec{b}$$

로 표시한다.

$\vec{a}//\vec{b}$이면 $\vec{b}-k\vec{a}=0$(단, $k=0$이 아닌 실수)이고 그 역도 성립한다.

3.3 벡터의 성분

그림 3-7과 같이 벡터 $\overrightarrow{AB}$를 x, y 직교좌표계에서 각 축과 평행한 방향으로 분해하면

[그림 3-7]

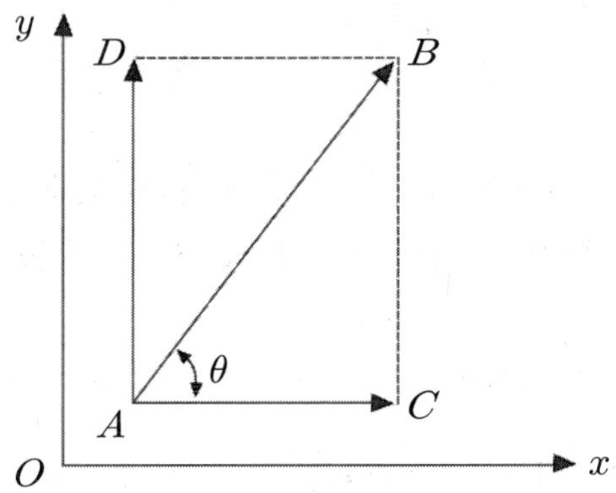

$$\overrightarrow{AB} = \overrightarrow{AC} + \overrightarrow{AD}$$

가 되고, 이때 $\overrightarrow{AC}$를 벡터 $\overrightarrow{AB}$의 x성분, $\overrightarrow{AD}$를 $\overrightarrow{AB}$의 y성분이라 한다.

$\overrightarrow{AB}$의 크기가 R이면

$\overrightarrow{AC}$의 크기 : $R\cos\theta = x$

$\overrightarrow{AD}$의 크기 : $R\sin\theta = y$

라고 하자.

역으로 어떤 벡터의 성분 x, y가 주어지면 그 벡터의 크기와 방향은 각각

$$R = \sqrt{x^2 + y^2}, \quad \tan\theta = \frac{y}{x}$$

이 된다.

【그림 3-8】

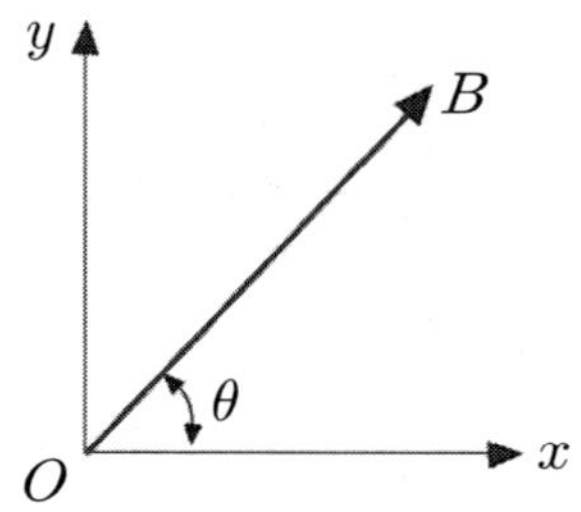

그림 3-8에서 벡터 $\overrightarrow{OB}$의 시점을 좌표계의 원점으로 하고 $\overrightarrow{OB}$의 크기를 r, x축과 이루는 각을 θ라 하면 점 B의 좌표는

$$x = r\cos\theta, \quad y = r\sin\theta$$

가 되어 x는 $\overrightarrow{OB}$의 x성분, y는 $\overrightarrow{OB}$의 y성분이다.

그림 3-9에서 $\overrightarrow{OC}$, $\overrightarrow{OD}$의 합 벡터를 $\overrightarrow{OB}$라 하고, $\overrightarrow{OB}$, $\overrightarrow{OC}$, $\overrightarrow{OD}$의 크기를 각각 R, R_1, R_2, x축과 이루는 각을 각각 θ, θ_1, θ_2라 하며, x성분을 각각 x, x_1, x_2라 하고 y성분을 y, y_1, y_2라 가정하면

【그림 3-9】

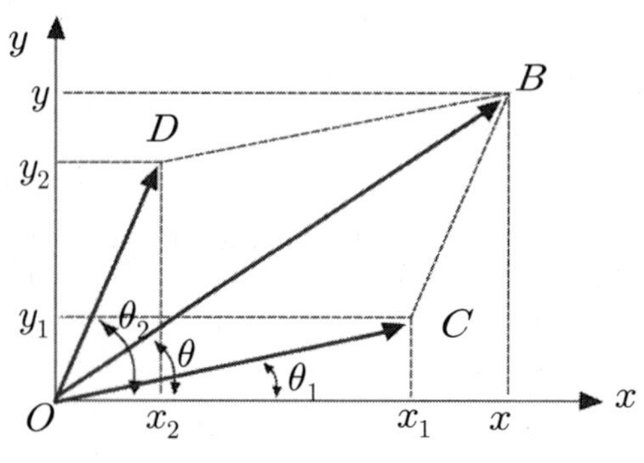

$$x = x_1 + x_2, \qquad y = y_1 + y_2 \qquad (1)$$

여기서 x, y를 R, θ로서 나타내면

$$x_1 = R_1 \cos\theta_1, \qquad y_1 = R_1 \sin\theta_1$$

$$x_2 = R_2 \cos\theta_2, \qquad y_2 = R_2 \sin\theta_2$$

$$x = R\cos\theta, \qquad y = R\sin\theta$$

이들을 식 (1)에 대입하여

$$R\cos\theta = R_1 \cos\theta_1 + R_2 \cos\theta_2$$

$$R\sin\theta = R_1 \sin\theta_1 + R_2 \sin\theta_2$$

가 되며, 합 벡터 $\overrightarrow{OB}$의 크기와 방향은

$$\text{크기} : R = \sqrt{x^2 + y^2} = \sqrt{(x_1 + x_2)^2 + (y_1 + y_2)^2}$$

$$\text{방향} : \tan\theta = \frac{y}{x} = \frac{y_1 + y_2}{x_1 + x_2}$$

3.4 벡터의 응용

1. 힘의 합성과 분해

그림 3-10 (a)에서 두 힘 F_1과 F_2가 이루는 각을 α, F_1과 F_2의 합력 R과 F_1이 이루는 각을 θ라 하면

{ 그림 3-10 }

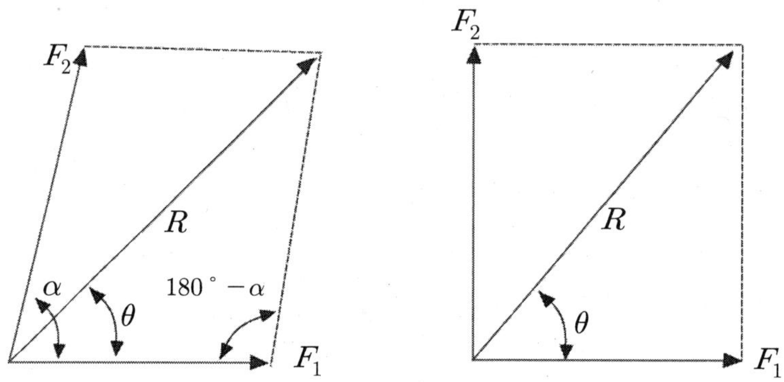

(a) (b)

$$R^2 = F_1^2 + F_2^2 - 2F_1F_2\cos(180° - \alpha)$$

$$= F_1^2 + F_2^2 + 2F_1F_2\cos\alpha$$

$$R = \sqrt{F_1^2 + F_2^2 + 2F_1F_2\cos\alpha}$$

$$F_2\sin\alpha = R\sin\theta$$

$$\theta = \sin^{-1}\left(\frac{F_2}{R}\sin\alpha\right)$$

로 R과 θ를 구할 수 있다. 그림 3-10(b)의 경우처럼 α가 직각이면 다음과 같이 간단하게 된다.

$$R = \sqrt{F_1^2 + F_2^2}$$

$$\theta = \tan^{-1}\frac{F_2}{F_1}$$

그림 3-11 과 같이 셋 이상의 평면력이 한 점에 작용할 경우 합력 R의 x, y축 방향의 성분 R_x, R_y는

$$R_x = F_1\cos\alpha_1 + F_2\cos\alpha_2 + F_3\cos\alpha_3 + \cdots\cdots$$

$$R_y = F_1\sin\alpha_1 + F_2\sin\alpha_2 + F_3\sin\alpha_3 + \cdots\cdots$$

이고, 합력 R의 크기 및 방향은

$$R = \sqrt{(R_x)^2 + (R_y)^2}$$

$$\theta = \tan^{-1}\frac{R_x}{R_y}$$

가 된다.

[그림 3-11]

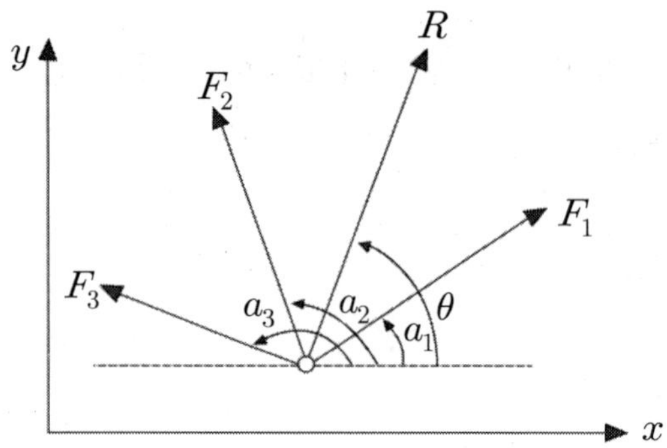

2. 힘의 평형

그림 3-12처럼 한 물체가 같은 평면 내에서 여러 개의 힘을 받을 때, 이 힘들은 두 개의 힘으로 줄일 수가 있다. 물체가 평형상태에 있다라고 하는 것은, 이 힘들은

[그림 3-12]

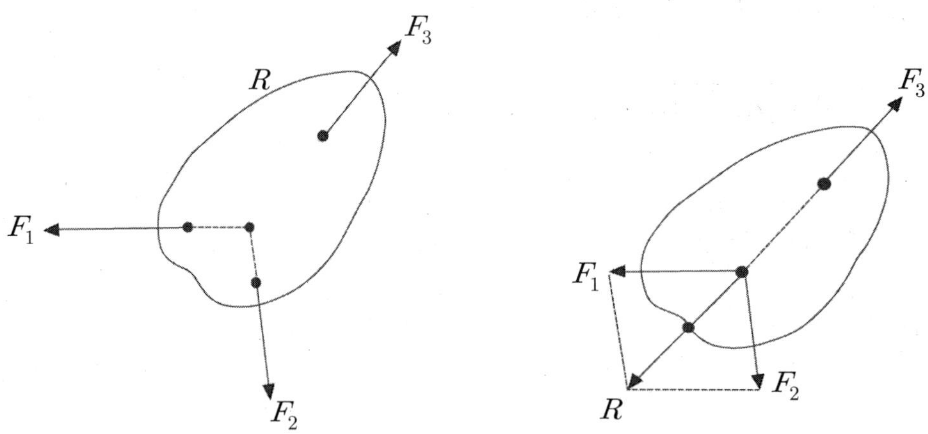

(1) 크기가 같고 방향이 반대이며

(2) 같은 작용선을 가진다.

라는 것을 의미하며, 두 가지 조건 중 필요조건 (1)은 평형 제1조건이라고 말한다.

즉

$$\sum F_x = 0, \qquad \sum F_y = 0$$

이 만족되는 것을 의미한다.

필요조건 (2)는 평형 제2조건이라고 하며. 힘의 모멘트(moment)를 써서 나타낸다.

그림 3-13에서 두 힘 F_1, F_2가 평형상태에 있으면 F_1과 F_2는 크기가 같고 같은 작용선상에 있게 된다. 물체 내의 임의의 점 O에서 작용선상에 내린 수선의 발을 A라 하면 점 O에 관한 두 힘의 모멘트의 크기는 같고 부호가 다르므로 모멘트의 대수합은 영(0)이다. 그러므로 제2평형조건은

$$\sum M = 0$$

과 같이 나타낼 수 있다.

[그림 3-13]

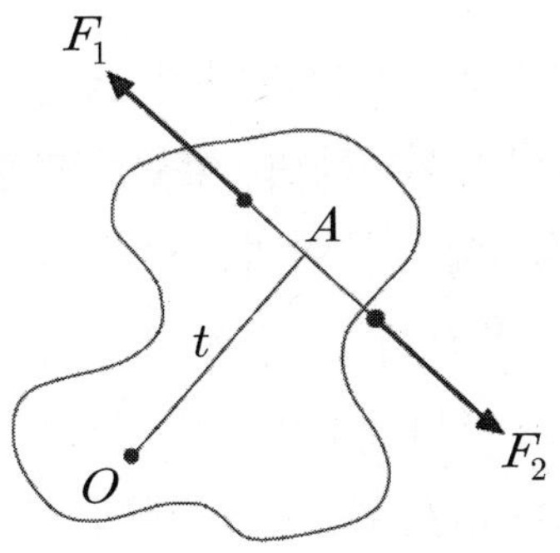

3. 마찰

그림 3-14 (a)와 같이 중량 W인 물체가 어느 정도 거칠기를 갖는 평면에서 수평력 P를 받는 경우를 생각하다.

[그림 3-14]

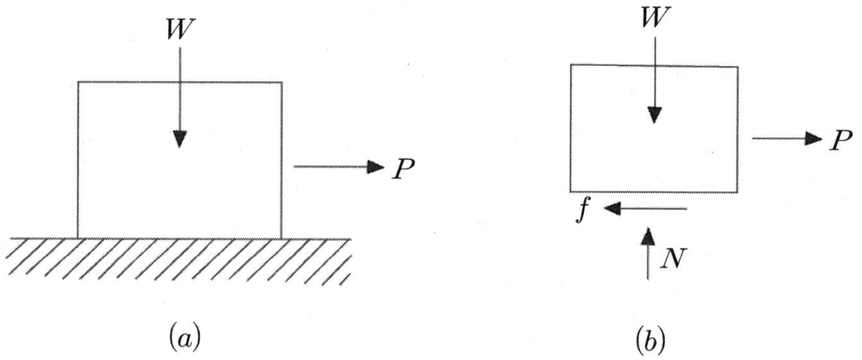

P가 작다면 물체는 움직이지 않을 것으므로 P와 평형을 이루는 수평력이 반드시 존재하며 이 수평력을 정지 마찰력 f라 한다. P를 0에서부터 물체가 움직일 수 있는 크기까지 증가시키면서 물체가 적당한 속도를 갖는 실험을 수행하여 마찰력 f를 P의 함수로 기록하면 그림 3-15와 같이 나타낼 수 있다.

P가 증가함에 다라 물체가 미끄러지지 않는 동안에는 마찰력은 P와 크기가 같고 방향이 반대이어야 하며 이런 평형상태를 유지하는 구간은 마찰력 f가 $f_{\max}$에 도달할 때까지이며, P가 더욱 커지면 마찰력은 평형을 이루지 못하고 물체가 미끄러지기 시작한다. 그때부터 물체는 속도의 증가와 함께 계속 미끄러지지만 마착력은 거의 일정한 상태를 유지한다. 이 마찰을 동마찰력이라 하며 f_k로 표시 한다.

[그림 3-15]

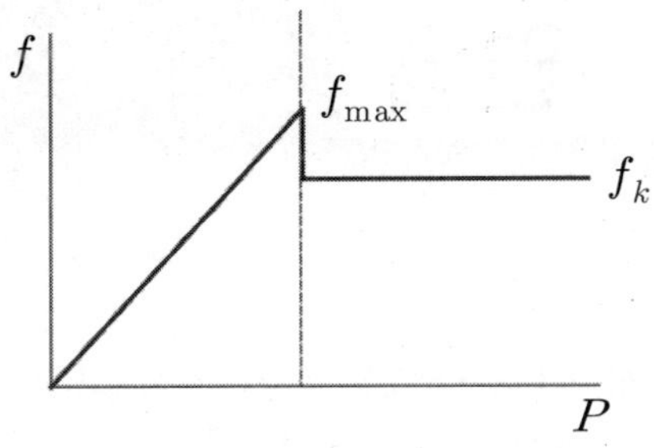

정지 마찰의 최댓값 f_{max} 는 수직력 N에 비례한다.

$$f_k = \mu_s N$$

여기서 μ_s는 정지마찰계라 하며, 이 식은 최대 마찰력과 운동이 시작되려는 경우에만 적용된다. 운동이 시작되기 전의 평형상태에서의 정지 마찰력은

$$f < \mu_k N$$

이 된다.

미끄럼이 발생한 후에 적용되는 동마찰력도 또한 수직력에 비례한다.

$$f_k = \mu_k N$$

여기서 μ_k는 동마찰계수이고 일반적으로 μ_k는 μ_s보다 작으며 이를 μ_k, μ_k의 값은 접촉면적과는 무관하며 접촉면의 성질에 따라 결정되는 값이다.

연습 문제

1. 직사각형 $ABCD$에서 다음 벡터와 상등인 것을 찾아라.

(1) $\overrightarrow{AD}$　(2) $\overrightarrow{CB}$

(3) $\overrightarrow{AB}$　(4) $\overrightarrow{CD}$

(5) $\overrightarrow{AO}$　(6) $\overrightarrow{OD}$

(7) $\overrightarrow{AD}+\overrightarrow{DC}$　(8) $\overrightarrow{AB}-\overrightarrow{OB}$

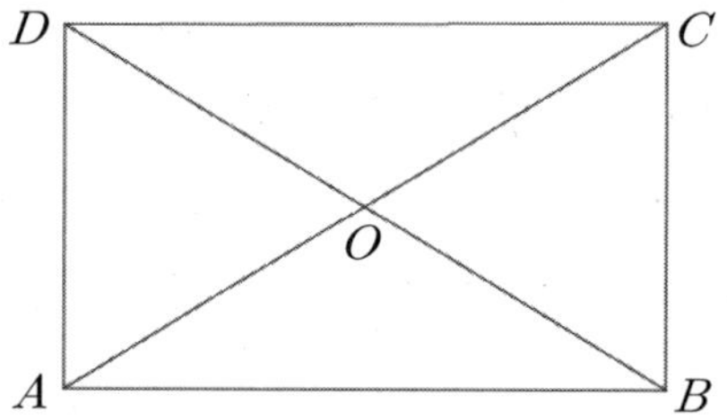

2. 평면 벡터 $\overrightarrow{F}$의 크기는 10이고 x축의 양의 방향과 이루는 각이 (1) 20°일 때와 (2) $\frac{\pi}{5}$일 때의 벡터 $\overrightarrow{F}$의 x성분 및 y성분을 각각 구하라.

3. 다음과 같은 두 벡터 $\overrightarrow{F_1}$, $\overrightarrow{F_2}$에 대하여 $\overrightarrow{F_1}+\overrightarrow{F_2}$, $\overrightarrow{F_1}-\overrightarrow{F_2}$, $\overrightarrow{F_1}+\overrightarrow{F_2}$, 를 작도하라.

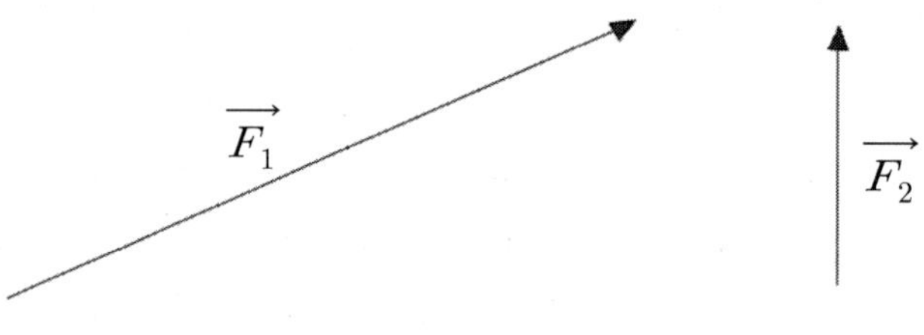

4. 다음과 같은 두 힘의 합력 R을 구하라.

(1)

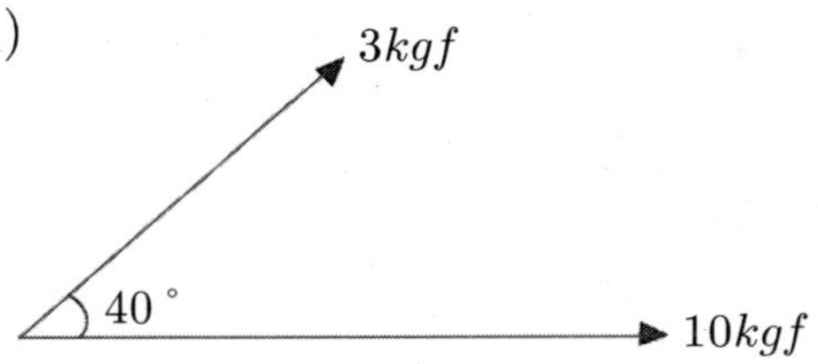

(2)

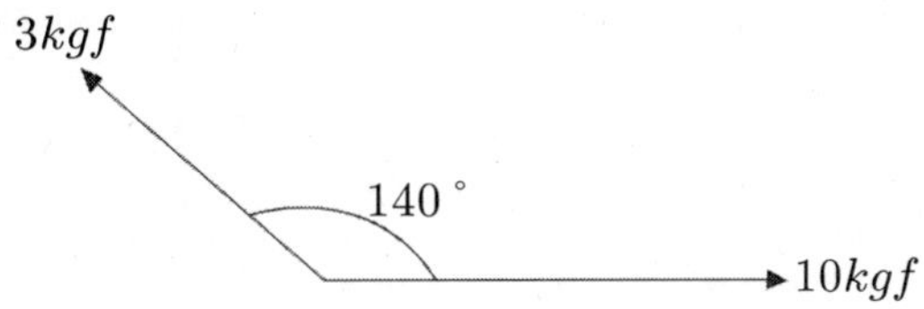

5. 다음과 같은 힘들의 합력의 크기와 합력이 x 축과 이루는 각을 구하라.

(1)

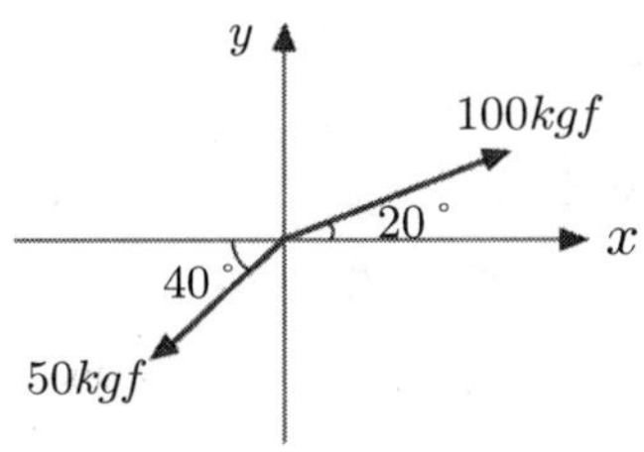

(2)

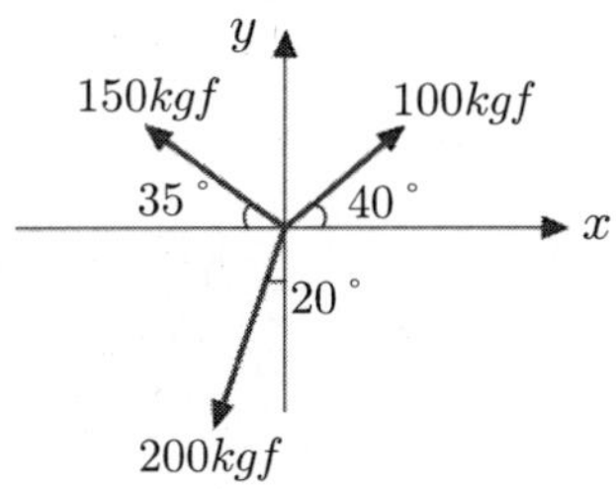

6. 다음 그림과 같이 1000kgf의 물체가 케이블로 현 위치에 정지하고 있을 때 케이블에 걸리는 장력 F_{BA} 와 F_{BC} 를 구하라.

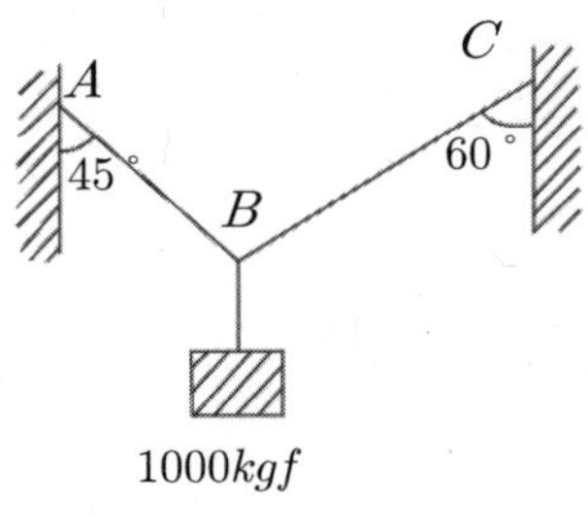

7. 다음 그림의 보에서 지지점 B 에서의 반력 R_B 구하라.

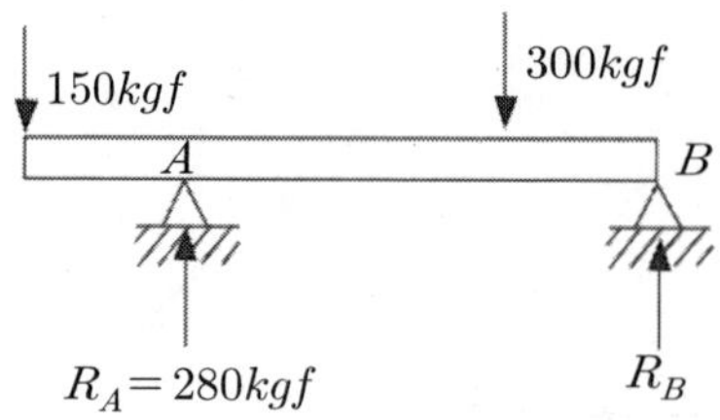

8. 그림과 같은 경사면에서 무게 40kgf인 물체 A가 미끄러지기 시작하는 경사각 θ를 구하라. 접촉면에서 마찰계수는 0.3이다.

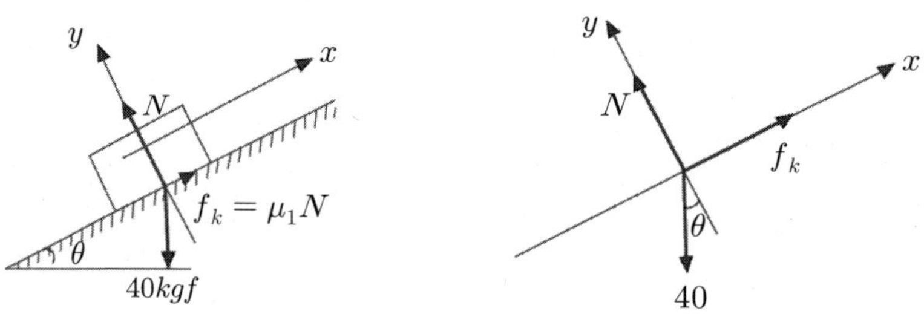

제4장

지수와 로그

4. 지수와 로그

4.1 지수의 확장

1. 거듭제곱

거듭제곱의 지수를 정수의 범위까지 확장한다. m, n이 자연수일 때, 지수법칙에서 $a^m \times a^n = a^{m+n}$이 성립한다.

지수법칙에서 $a^m \times a^n = a^{m+n} (a \neq 0)$이 $m=0$ 일 때에도 성립한다면, $a^0 \times a^n = a^{0+n}$이므로, $a^0 = \dfrac{a^n}{a^n} = 1$

또한, 지수법칙에서 $a^m \times a^n = a^{m+n} (a \neq 0)$이 $m+n=0$, 즉 $m=-n$일 때에도 성립한다면,

$$a^{-n} \times a^n = a^{-n+n} = a^0 = 1$$

이므로,

$$a^{-n} = \frac{1}{a^n}$$

이다.

따라서, 0 또는 음의 정수의 지수를 다음과 같이 정의한다.

【0 또는 음의 정수의 지수】

$a \neq 0$일 때,

[1] $a^0 = 1$

[2] n이 양수의 정수이면, $a^{-n} = \frac{1}{a^n}$

예제 4.1 n이 0 또는 음의 정수의 지수일 때 다음을 구하라.

풀이 $5^{\circ} = 1$, $\left(\frac{1}{2}\right)^{-2} = \frac{1}{\left(\frac{1}{2}\right)^2} = \frac{1}{\left(\frac{1}{4}\right)} = 4$

---

0 또는 음의 정수의 지수를 사용하면, 지수법칙에서 $a^m \div a^n = a^{m-n}$은

$m=n$일 때, $a^m \div a^n = a^{m-n} = a^0 = 1$

$m<n$일 때, $a^m \div a^n = \frac{1}{a^{n-m}} = a^{-(n-m)} = a^{m-n}$

이므로, 0 또는 음의 정수의 지수를 앞에서와 같이 정하면 모든 정수 m, n에 대해서도 다음과 같은 지수법칙이 성립한다.

{ 지수법칙(1) }

m, n이 정수이고 $a \neq 0$일 때	
[1] $a^m \times a^n = a^{m+n}$	[2] $(a^m)^n = a^{mn}$
[3] $(ab)^n = a^n b^n$	[4] $a^m \div a^n = a^{m-n}$

예제 4.2 위의 지수법칙(1)에서 $m=4$, $n=-1$일 때 다음을 구하라.

(1) $a^4 \times a^{-1} = a^{4+(-1)} = a^3$ (2) $(a^4)^{-1} = a^{4\times(-1)} = a^{-4}$

(3) $(ab)^{-1} = a^{-1}b^{-1}$ (4) $a^4 \div a^{-1} = a^{4-(-1)} = a^5$

예제 4.3 등식 $10^x = 0.0001$을 만족하는 x의 값을 구하라.

풀이 $10^x = \dfrac{1}{10^4} = 10^{-4}$이므로

$\therefore\ x = -4$

2. 거듭제곱근

앞에서는 지수를 정수의 범위까지 확장하였으나, 여기서는 지수를 유리수의 범위가지 확장한다. 제곱해서 a가 되는 수를 a의 제곱근, 세제곱해서 a가 되는 수를 a의 세제곱근이라 한다.

일반적으로, n이 양의 정수일 때 n제곱해서 a가 되는 수, 즉

$$x^n = a$$

를 만족하시키는 수 x를 a의 n제곱근이라고 한다. 또한, 제곱근, 세제곱근, ・・・을 통틀어 a의 거듭제곱근이라 한다.

$$x^n = a$$

를 푸는 것과 동일하므로 a의 n제곱근은 복소수의 범위에서 ㅍ개 있음을 나타낸다. 그러나 여기서는 a의 n제곱근 중에서 실수만을 고려한다.

일반적으로 a의 n제곱근 중 실수인 것은 다음과 같다.

【 거듭제곱근 】

[1] n이 홀수 일 때

실수 a의 n제곱근 중, 실수인 것은 오직 하나뿐이다. 이것을 기호로는 $\sqrt[n]{a}$와 같이 된다. 이때 a가 양수이면 $\sqrt[n]{a}$은 양수이고, a가 음수이면 $\sqrt[n]{a}$도 음수이다.

[2] n이 짝수 일 때

양수 a의 n제곱근 중 실수인 것은 양, 음의 2개가 있고, 그 절대값은 같다. 이 경우 양인 것을 $\sqrt[n]{a}$, 음은 것을 $-\sqrt[n]{a}$로 나타낸다. 이때 음수 a의 n제곱근 중 실수인 것은 없다.

예제 4.4 다음 값을 구하라.

(1) $\sqrt[4]{81}$　　　(2) $\sqrt[7]{-128}$

풀이 (1) $81 = 3^4$ 이므로, $\sqrt[4]{81} = 3$

(2) $-128 = (-2)^7$ 이므로, $\sqrt[7]{-128} = -2$

a, b가 양의 실수이고, n이 양의 정수일 때

$$(\sqrt[n]{a}\sqrt[n]{b})^n = (\sqrt[n]{a})^n(\sqrt[n]{b})^n = ab$$

이고, $ab>0$, $\sqrt[n]{a}\sqrt[n]{b}>0$이므로, $\sqrt[n]{a}\sqrt[n]{b}$는 ab의 양의 n의 제곱근이다.

따라서,

$$\sqrt[n]{a}\sqrt[n]{b}=\sqrt[n]{ab}$$

그리고 거듭제곱근에는 다음과 같은 성질이 있다.

{ 지수법칙(2) }

a, b가 양의 실수이고 m, n이 양의 정수 일 때	
[1] $\sqrt[n]{a}\sqrt[n]{b}=\sqrt[n]{ab}$	[2] $(\sqrt[n]{a})^m=\sqrt[n]{a^m}$
[3] $\sqrt[m]{\sqrt[n]{a}}={}^{mn}\!\sqrt{a}$	[4] $\dfrac{\sqrt[n]{a}}{\sqrt[n]{b}}=\sqrt[n]{\dfrac{a}{b}}$ (단, $b\neq0$)

지수가 유리수일 때도 지수법칙 $(a^m)^n=a^{mn}(a>0)$가 성립하면, $a^{\frac{m}{n}}$ $(m$, n은 정수, $n>0)$에 대해서도

$$\left(a^{\frac{m}{n}}\right)^n=a^{\frac{m}{n}\times n}=a^m>0$$

이므로, $a^{\frac{m}{n}}$은 a^m의 n제곱근이 된다.

따라서 $a^{\frac{m}{n}}$을 다음과 같이 정의 한다.

{ 유리수의 지수 }

$a>0$, m, n가 정수이고 $n>0$일 때
$a^{\frac{m}{n}}=\sqrt[n]{a^m}$

이와 같이 유리수의 지수를 정의하면 지수법칙 (1)은 유리수의 지수에 대해서도 똑같이 성립한다.

[예제] 4.5 $\sqrt[4]{16a\sqrt{a}} \div \sqrt[8]{a^3}$ 을 간단히 하라.

[풀이] $\sqrt[4]{16a\sqrt{a}} \div \sqrt[8]{a^3} = \sqrt[4]{16}\sqrt[4]{a^{1+\frac{1}{2}}} \div a^{\frac{3}{8}}$

$$= 2a^{\frac{3}{2}\times\frac{1}{4}} \div a^{\frac{3}{8}} = 2a^{\frac{3}{8}-\frac{3}{8}} = 2a^0 = 2$$

[예제] 4.6 $\sqrt{2}$ 와 $\sqrt[3]{3}$ 의 대소를 비교하라.

[풀이] $\sqrt{2} = 2^{\frac{1}{2}}$, $\sqrt[3]{3} = 3^{\frac{1}{3}}$ 이고, 두 수의 지수의 공통 분모 중 최소인 것은 6이므로 각각 6 제곱하면

$$(\sqrt{2})^6 = 2^3 = 8,\ (\sqrt[3]{2})^3 = 3^2 = 9$$

$$(\sqrt[3]{3})^6 > (\sqrt{2})^6$$

$$\therefore \sqrt[3]{3} > \sqrt{2}$$

4.2 지수함수

1. 지수함수

지수가 유리수일 때에도 지수가 정수일 때와 같이 지수법칙이 성립함을 알았다. 여기서 지수의 범위를 실수까지 확장해보자.

$$a^1,\ a^{1.4},\ a^{1.41},\ a^{1.414},\ \cdots$$

는 지수가 유리수이므로 각각의 값이 정해진다. 이와 같은 값을 끊임없이 구할 때, 그 값은 일정한 값에 가까워지고, 그 값을 $a^{\sqrt{2}}$ 이라고 정하면, 지수 x가 무리수일 때에도 a^x 이 정하여져서 a^x 은 x가 유리수일 때와 같이 지수법칙이 성립함을 알 수 있다.

이제, 실수 x에 대하여 $a^x(a>0,\ a\neq 1)$을 대응시키면 a^x 의 값은 단 라나 정해지므로 a^x 는 변수 x의 함수이다.

이 함수를 a를 밑으로 하는 지수함수라 하고,

$$y=a^x\,(a>0,\quad a\neq 1)$$

으로 나타낸다.

지수함수 $y=a^x\,(a>0,\ a\neq 1)$에서

$x>0$ 일 때, $\qquad a^x>0$
$x=0$ 일 때, $\qquad a^0=1$

이고, $x<0$일 때에는 $z=-x$라 놓으면, 지수법칙에 의해서

$$a^x=\left(a^{-x}\right)^{-1}=\left(a^z\right)^{-1}=\frac{1}{a^z}>0$$

이므로, 모든 실수 x에 대하여 $a^x>0$이다.

좌표평면 위에 함수 $y=2^x$의 그래프를 그려보자. x의 여러 가지 값에 대응되는 2^x의 값을 구하여 표로 나타내면 다음과 같다.

x	…	-2	-1.5	-1	-0.5	0	0.5	1	1.5	2	…
2^x	…	0.25	0.354	0.5	0.707	1	1.414	2	2.828	4	…

위의 표를 이용하여 함수 $y=2^x$의 그래프를 그리면 오른쪽 그림과 같은 곡선이 된다. 이 그림에서 x의 값이 한없이 가까워지므로 x축은 지수

함수 $y=2^x$의 점근선이다. 또한, $x>0$이면, $2^x>1$이다. 일반적으로 $a>1$일 때, 지수함수 $y=a^x$에서 $x>0$이면 $a^x>1$이다.

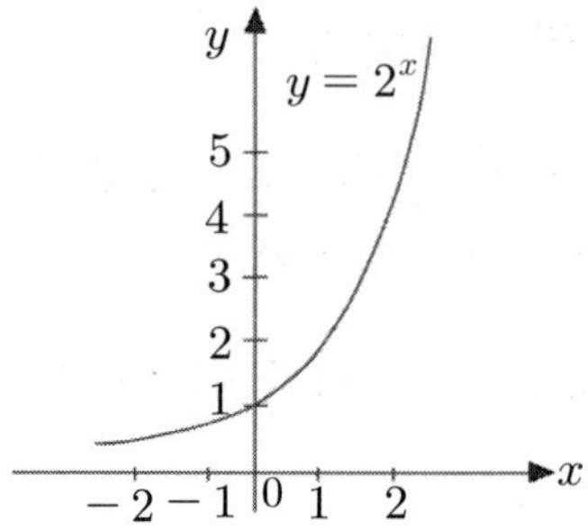

예제 4.7 지수함수 $y=\left(\frac{1}{2}\right)^x$의 그래프를 그려서 $y=2^x$의 그래프와 비교하라.

풀이 $y=\left(\frac{1}{2}\right)^x$를 변형하면,

$$y=\left(\frac{1}{2}\right)^x=\frac{1}{2^x}=2^{-x}$$

이므로 아래 그림과 같이 $y=2^{-x}$의 그래프와 $y=2^x$의 그래프는 y축에 대하여 대칭이며, 이때의 점근선은 x축이다.

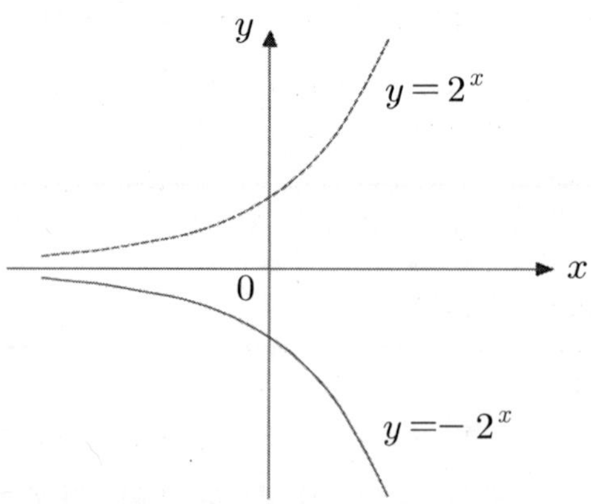

2. 지수함수의 성질

함수 $y = a^x (a > 0,\ a \neq 1)$에 대하여

(1) $a > 1$인 경우

$x > 0$이면, $a^x > 1$이다. 그러므로 $x_1 < x_2$이면, $x_2 - x_1 > 0$이므로,

$$\frac{a^{x_2}}{a^{x_1}} = a^{x_2 - x_1} > 1$$

즉, $a^{x_2} > a^{x_1}$이므로 x의 값이 점점 커지면 a^x도 대단히 커지고 x가 음수로서 그 절대값이 한없이 커지면 a^x은 거의 0에 접근한다. 따라서, $a > 1$일 때의 함수 $y = a^x$의 그래프는 앞의 그림과 같고 점근선은 x축이다.

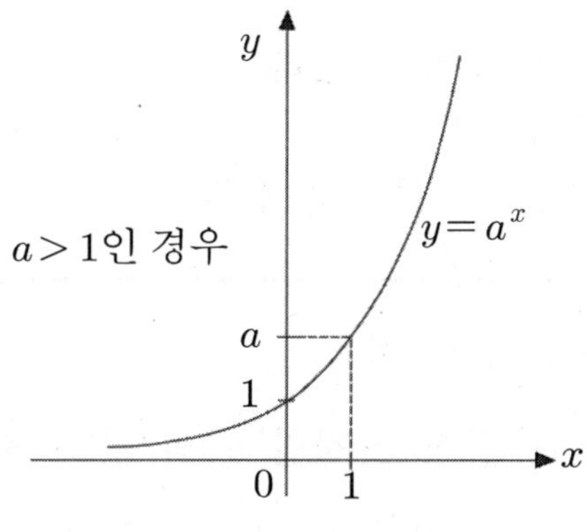

(2) $0 < a < 1$인 경우

$\frac{1}{a} > 0$이므로 (1)에서와 같이 의 값이 점점 커지면 $\left(\frac{1}{a}\right)^x$의 값도 점점 커진다.

$x_1 < x_2$이면

$$\frac{1}{a^{x_1}} < \frac{1}{a^{x_2}}$$

즉, $a^{x_1} > a^{x_2}$이므로, x의 값이 점점 커지면 a^x의 값은 점점 작아진다.

따라서, $0 < a < 1$일 때 함수 $y = a^x$의 그래프는 아래와 같고, 점근선은 x축이다.

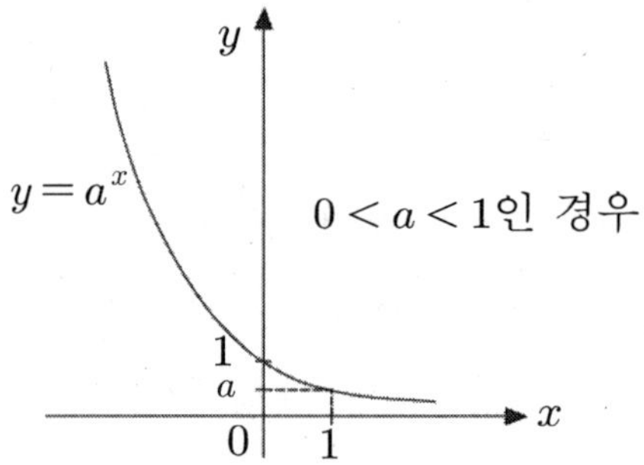

지수함수에는 다음과 같은 성질이 있다.

【 지수함수의 성질 】

지수함수 $y = a^x\ (a > 0,\ a \neq 1)$에서

[1] $a > 1$일 때, x의 값이 점점 커지면 a^x의 값도 점점 커진다.

[2] $0 < a < 1$일 때, x의 값이 점점 커지면 a^x의 값은 점점 작아진다.

[3] 그래프는 점 $(0,\ 1)$을 지나고, x축이 점근선이다.

[4] $y = a^x$의 그래프와 $y = \left(\frac{1}{a}\right)^x$의 그래프는 y축에 대해서 대칭이다.

4.3 로그

1. 로그의 계산

지수와 로그 사이의 관계를 이용하여 로그의 계산 법칙을 알아보자.

$a>0$, $a\neq 1$, $x>0$, $y>0$ 일 때

$$\log_a x = m, \qquad \log_a y = n$$

이라 하면,

$$x = a^m, \quad y = a^n$$

이므로,

$$xy = a^m \times a^n = a^{m+n}$$

이것을 로그를 써서 나타내면,

$$m+n = \log_a xy$$

따라서, $\log_a xy = \log_a x + \log_a y$ 이다.

일반적으로 로그에는 다음과 같은 성질이 있다.

{ 로그의 기본 계산 }

$a>0$, $a\neq 1$, $x.0$, $y>0$, n이 임의의 실수일 때

[1] $\log_a 1=0$

[2] $\log_a a=1$

[3] $\log_a xy=\log_a x+\log_a y$

[4] $\log_a \frac{x}{y}=\log_a x-\log_a y$

[5] $\log_a x^n=n\log_a x$

[6] $\log_a x=\frac{\log_b x}{\log_b a}\,(b>0,\ b\neq 1)$

예제 4.8 $\log_a \frac{xy^3}{z^2}$을 로그의 합과 차의 형태로 나타내어라.

풀이 $\log_a x\frac{y^3}{z^2}=\log_a xy^3-\log_2 z^2$

$=\log_a x+3\log_a y-2\log_a z^2$

$=\log_a x+3\log_a y-2\log_a z$

예제 4.9 다음 식을 간단히 하라.

(1) $\log_2 \frac{4}{3}+2\log_2 \sqrt{12}$ (2) $\log_3 4 \cdot \log_4 \sqrt{3}$

풀이 (1) 주어진 식 $=\log_2 4-\log_2 3+2\times\frac{1}{2}\log_2 (4\times 3)$

$=\log_2 4-\log_2 3+\log_2 4+\log_2 3$

$$=2\log_2 4=4\log_2 2=4$$

(2) 주어진 식 $\log_3 4\times\dfrac{\log_3\sqrt{3}}{\log_3 4}=\log_3\sqrt{3}=\dfrac{1}{2}\log_3 3=\dfrac{1}{2}$

예제 4.10 $\log_5 2=a$, $\log_5 3=b$ 일 때 다음 식의 a, b 의 값을 사용하여 나타내어라.

(1) $\log_5\dfrac{8}{9}$　　　　(2) $\log_5\dfrac{2}{\sqrt{6}}$

풀이 (1) $\log_5\dfrac{8}{9}=\log_5 8-\log_5 9$

$$=\log_5 2^3-\log_5 3^2=3\log_5 2-2\log_5 3=3a-2b$$

(2) $\log_5\dfrac{2}{\sqrt{6}}=\log_5 2-\log_5\sqrt{6}$

$$=\log_5 2-\frac{1}{2}\log_5(2\times 3)$$

$$=\log_5 2-\frac{1}{2}\left(\log_5 2+\log_5 3\right)$$

$$=a-\frac{1}{2}a-\frac{1}{2}b=\frac{1}{2}a-\frac{1}{2}b$$

---

2. 상용로그

십진법으로 나타낸 수의 계산에는 10을 밑으로 하는 로그를 이용하는 것이 편리하다. 10을 밑으로 하는 로그를 상용로그라 한다. 양의 수 N의 상용로그 $\log_{10}N$은 흔히 밑의 10을 생략하여

$$\log N$$

과 같이 나타낸다.

보통 $\log 10$은 $\log_{10} 10$을 나타낸 것으로 값은 1이다.

$$\log 10 = 1$$

일반적으로 10^n(n은 정수)인 형태의 수에 대한 로그값은 로그의 성질을 이용하여 간단히 구할 수 있다. 예를 들어,

$$\log 100 = \log 10^2 = 2\log 10 = 2$$

$$\log 1000 = \log 10^3 = 3\log 10 = 3$$

$$\log 0.1 = \log 10^{-1} = -\log 10 = -1$$

$$\log 0.01 = \log 10^{-2} = -2\log 10 = -2$$

또한, 로그표를 이용하여 10 미만과 소수 자리 수의 상용로그 값도 구할 수 있다.

그럼, 로그표를 이용하여 $\log 8.15$값을 구하자.

수	1	…	5	…	9
⋮	…	…	↓	…	…
8.1			→.9112		
⋮					

먼저 로그표에서 '수'의 난의 아래쪽의 8.1이 있는 칸과 오른쪽의 5가 있는 칸을 찾아 앞의 로그표와 같이 화살표 방향과 만나는 곳에 있는 수 .9112를 찾을 수 있다. 즉,

$$\log 8.15 = 0.9112$$

3. 자연로그

밑이 $e=2.718281\cdots$인 로그를 자연로그라 한다. 앞으로 그냥 지수함수라든지 또는 로그함수라고 할 때는 밑이 e인 지수함수 e^x와 로그함수 $\log_e x$를 나타내며, 보통 $\log_e x$는 밑 e를 쓰지 않고 그냥 $\ln x$라고 쓴다.

4. 로그의 응용

(1) 수의 계산에의 응용

로그를 이용하면 복잡한 수의 곱셈, 나눗셈, 거듭제곱 및 거듭제곱근 등을 간단히 계산할 수 있다.

예제 4.11 연이율이 7푼, 반년마다의 복리로 10년간 예금하면, 원리합계는 원금의 약 몇 배가 되겠는가?

풀이 원금을 A라 하면, 10년 후의 원리합계는 $(1+0.035)^{20}A$가 되어 원금의 1.035^{20}배가 된다.

$x=1.035^{20}$이라 놓고, 양변에 상용로그를 취하면,

$\log x=20\log 1.035=20\times 0.0149=0.2980$

$x=1.986$

따라서, 원리합계는 원금의 약 2배가 된다.

(2) 방정식에의 응용

로그의 지수에 미지수가 들어 있는 방정식을 로그방정식이라고 한다. 이런 로그를 사용하여 방정식의 해를 구하여 보자.

예제 4.12 다음 $2\log_2 x - \log_2(x+14) = -2$ 의 로그방정식을 풀어라.

풀이 주어진 방정식을 변형하면,

$\log_2 x^2 - \log_2(x+14) = -2$

이므로 $\log_2 \frac{x^2}{x+14} = \log_2 \frac{1}{4}$

그러므로, $\frac{x^2}{x+14} = \frac{1}{4}$

즉, $4x^2 = x+14$

이 식을 정리하여 인수분해하면,

$(x-2)(4x+7) = 0$

$\therefore\ x=2$ 또는 $x = -\frac{7}{4}$

그런데 진수는 x 는 0보다 커야 하므로, 구하는 해는

$x = 2$

(3) 부등식에의 응용

로그의 진수에 미지수가 들어 있는 부등식을 로그부등식이라고 한다. 로그를 써서 부등식의 해를 구해보자.

예제 4.14 부등식 $2\log_a(x-5) > \log_a(x-3)$을 풀어라.

풀이 로그의 진수는 양수이어야 하므로,

$x-5>0,\quad x-3>0$

$\therefore\ x > 5$ …… ①

주어진 부등식을 변형하면,

$\log_a(x-5)^2 > \log_a(x-3)$

(1) $a > 1$ 일 때,

$(x-5)^2 > (x-3)$

즉, $x^2 - 11x + 28 > 0$

$x < 4$ 또는 $x > 7$ …… ②

따라서 ①, ②를 동시에 만족하는 x의 범위를 구하면 해가 된다.

그러므로

$x > 7$

(2) $0 < a < 1$ 일 때

$(x-5)^2 < (x-3)$

즉, $x^2 - 11x + 28 < 0$

$\therefore\ 4 < x < 7$ 이다. …… ③

따라서 ① , ③을 동시에 만족시키는 x 의 범위가 구하는 해이다.

그러므로,

$5 < x < 7$

4.4 로그 함수

1. 로그함수의 의미

지수함수

$$y=a^x \quad (a>0, \quad a\neq 1)$$

의 정의구역은 실수 전체의 집합인데, 이런 지수함수의 역함수를 로그함수라 한다. 역함수를 구하기 위하여 지수함수 $y=a^x$ 에서 x 와 y 를 바꾸어 놓으면 $x=a^y$ 이다. 이 때 $x=a^y$ 를

$$y=\log_a x$$

로 나타내고 이것을 a 를 밑으로 하는 로그함수라 한다.

로그함수와 지수함수 사이의 관계는 다음과 같다.

【로그 함수와 지수함수】

[1] $y=\log_a x \Leftrightarrow x=a^y$ [2] $y=\log_a x$ 는 $y=a^x$ 의 역함수이다. (단, $a>0$, $a\neq 1$)

2. 로그함수의 성질

로그함수는 지수함수의 역수이므로 로그함수 $y=\log_a x\,(a,0,\ a\neq 1)$의 그래프와 지수함수 $y=a^x$ 의 그래프는 직선 $y=x$ 에 대하여 대칭이다.

로그함수의 그래프는 다음과 같다.

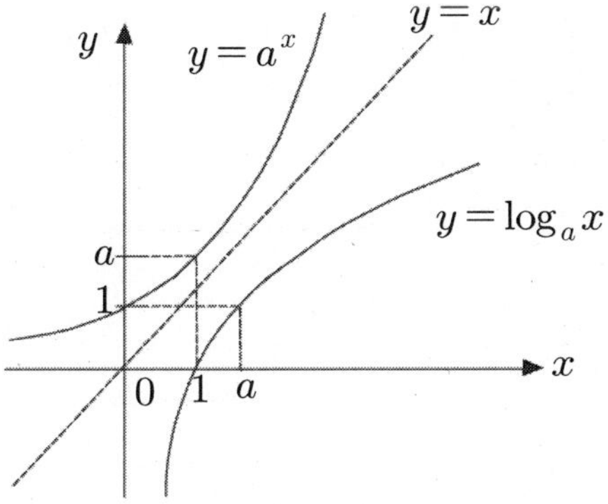

$a>1$인 경우

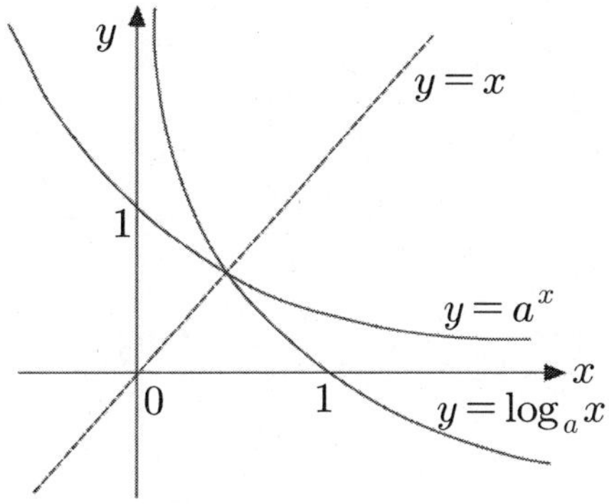

$0<a<1$인 경우

따라서, 로그 함수 $y=\log_a x$ 는 다음과 같은 성질을 갖는다.

【로그함수의 성질】

로그 함수 $y=\log_a x\,(a, 0,\ a\neq 1)$에서

[1] $a>1$ 일 때, x 의 값이 점점 커지면 $\log_a x$ 의 값도 점점 커진다.

[2] $0<a<1$ 일 때, x 의 값이 점점 커지면 $\log_a x$ 의 값은 점점 작아진다.

[3] 그래프는 점(1, 0)을 지나고, y 축이 점근선이다.

[4] $y=\log_a x$ 의 그래프는 $y=a^x$ 의 그래프와 $y=x$ 에 대하여 대칭이다.

예제 4. 14 함수 $y=\log_2 x$ 의 그래프를 그려라.

풀이 로그 함수 $y=\log_2 x$ 는 $y=2^x$ 의 역수이므로 $y=\log_2 x$ 와 $y=2^x$

의 그래프는 직선 $y=x$ 에 대하여 대칭이다. 따라서, 구하는 그래프는 그림과 같다. 이때 y 축은 $y=\log_2 x$ 의 점근선이다.

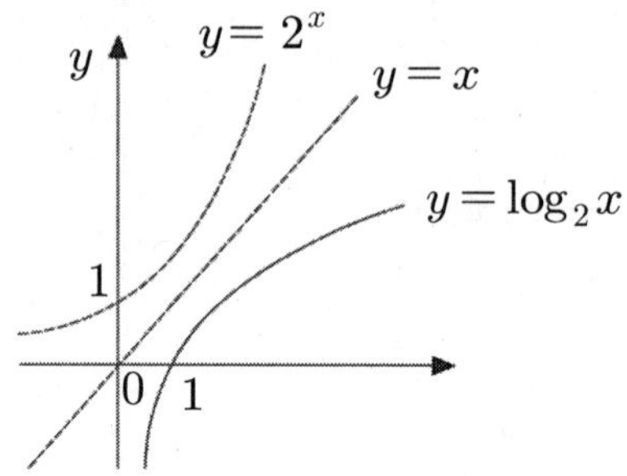

연습 문제

1. 다음 값을 구하라.

(1) 10°　(2) 2^{-3}　(3) $\left(\frac{1}{5}\right)^{-1}$　(4) $\frac{1}{3^{-2}}$

2. 다음 식을 간단히 하여라.

(1) $(2^{3})^{-2}$　(2) $2^{3}\times 2^{-2}\div 2^{-3}$

(3) $(a^{-2}b)^{-2}$　(4) $(a^{3})^{2}\div a^{5}\times a^{-2}$

3. 다음 값을 구하라.

(1) $\sqrt[4]{625}$　(2) $\sqrt[3]{-0.001}$

4. 다음 등식을 만족시키는 x 또는 a의 값을 구하라.

(1) $\log_{3}x=-\frac{1}{2}$　(2) $\log_{a}27=3$　(3) $\log_{a}0.04=2$

5. 다음 등식에서 로그로 나타낸 것을 지수로, 지수로 나타낸 것은 로그로 나타내어라.

(1) $10^{3}=1000$　(2) $16^{-\frac{1}{4}}=0.5$

(3) $\log_{2}32=5$　(4) $\log_{2}\frac{1}{8}=-3$

6. 다음 식을 간단히 하라.

(1) $\log_2 \frac{4}{3} + 2\log_2 \sqrt{12}$ (2) $\frac{1}{2}\log_3 \frac{4}{9} - \log_3 \frac{2}{27}$

7. 지수함수 $y=3^x$ 의 그래프를 이용하여 $y=-3^x$ 의 그래프를 그려라.

8. 다음 함수의 그래프를 그려라.

(1) $y=a^{|x|}$ (2) $y=\frac{3^x+3^{-x}}{2}$

9. $y=3^x$ 의 그래프를 이용하여 $y=\log_3 x$ 의 그래프를 그려라.

제5장

방정식과 부등식

5. 방정식과 부등식

5.1 방정식

1. 1차 방정식

$ax+b=0$ ($a\neq 0$, a, b는 상수)와 같은 미지수가 한 종류이고, 미지수 x의 차수가 1차인 방정식을 1차 방정식이라 한다. 예를 들어, $3x+1=0$, $4x-2=0$, $6x+2=2x-2$ 등은 1차 방정식이다. 1차 방정식에서 방정식을 만족하는 x의 값을 방정식의 근 도는 해라고 한다.

【1차 방정식의 해법】

$ax=b$ 의 근	
[1] $a \neq 0$ 일때	$x=\dfrac{b}{a}$
[2] $a=0,\ b\neq 0$ 일때	$x=\dfrac{b}{0}$ … 불능
[3] $a=0,\ b=0$ 일때	$x=\dfrac{0}{0}$ … 부정

예제 5.1 다음 x에 관한 1차 방정식을 풀어라.

(1) $3(x-6)=x-2$ (2) $x-2(2x+3)=0$

(3) $1.5x-3=1.2x-0.5$ (4) $|x-1|=2x+4$

풀이 (1) $3x-18=x-2$

$3x-x=-2+18 \rightarrow 2x=16$

$\therefore\ x=8$

(2) $x-4x-6=0$

$-3x=6$

$\therefore x=-2$

(3) 양변에 10을 곱하면

$15x-30=12x-3$

$15x-12x=30-3$

$\therefore\ x=9$

(4) $x\geq 1$ 일 때

$x-1=2x+4$

$\therefore\ x=-5$, 이것은 $x \geq 1$에 모순이다.

$x<1$일 때

$-x+1=2x+4$

$\therefore\ x=-1$, 이것은 $x<1$에 적합하다.

2. 2차 방정식

일반적으로 a, b, c가 상수이고 $a \neq 0$일 때 $ax^2+bx+c=0$과 같은 방정식을 x의 값을 해 또는 근이라 한다.

2차 방정식의 근을 구하는 데는 인수분해에 의한 방법과 근의 공식에 의한 방법과 근의 공식에 의한 방법의 두 가지 방법이 있다.

(1) 인수분해에 의한 해법

2차 방정식 $ax^2+bx+c=0(a \neq 0)$의 좌변이 인수분해가 되면 그 해를 간단히 구할 수 있다. 예를 들어, 2차 방정식 $x^2-x-2=0$에서 좌변을 인수분해하면,

$$(x+1)(x-2)=0 \cdots\cdots ①$$

이므로, 실수의 곱의 성질에서 ①의 좌변의 두 인수 $x+1$, $x-2$중 적어도 한 수는 0이어야 한다. 따라서,

$$x+1=0 \quad \text{또는} \quad x-2=0$$

$$\text{즉,}\quad x=-1,\quad x=2$$

이므로, 구하는 근은 {-1, 2}이다.

【 인수분해에 의한 해법 】

> 2차 방정식 $ax^2+bx+c=0(a\neq 0)$의 좌변이 $a(x-m)(x-n)$로 인수분해 될 때, 즉 $a(x-m)(x-n)=0$ 으로 표시될 때, 두 근은
>
> $x=m, \quad x=n$

(2) 근의 공식에 의한 해법

2차 방정식 $ax^2+bx+c=0(a\neq 0)$의 좌변이 간단히 인수분해가 되지 않을 경우에는 근의 공식을 사용해서 구할 수 있다.

2차 방정식 $ax^2+bx+c=0(a\neq 0)$을 완전제곱식으로 고쳐서 정리하면,

$$\left(x+\frac{b}{2a}\right)^2=\frac{b^2-4ac}{4a^2}$$

이므로, $x+\dfrac{b}{2a}=\pm\dfrac{\sqrt{b^2-4ac}}{2a}$

따라서, $x=\dfrac{-b\pm\sqrt{b^2-4ac}}{2a}$

이것을 2차 방정식의 근의 공식이라 한다.

【 근의 공식에 의한 해법 】

> 계수가 실수인 2차 방정식 $ax^2+bx+c=0(a\neq 0)$의 근은
>
> $x=\dfrac{-b\pm\sqrt{b^2-4ac}}{2a}$

예제 5.2 다음 2차 방정식의 근을 구하라.

(1) $x^2-5x+6=0$　　(2) $3x^2-7x+2=0$

(3) $x^2-6x-1=0$　　(4) $x^2+2\sqrt{2}\,x+1=0$

풀이 (1) $x^2-5x+6=0$의 좌변을 인수분해하면

$(x-2)(x-3)=0$

$\therefore\ x=2,\ x=3$

(2) $3x^2-7x+2=0$의 좌변을 인수분해하면

$(3x-1)(x-2)=0$

$\therefore\ x=\frac{1}{3},\quad x=2$

(3) $x^2-6x-1=0$ 에서 $a=1,\ b=-6,\ c=-1$ 이므로

$$x=\frac{-b\sqrt{b^2-4ac}}{2a}=\frac{-(-6)\pm\sqrt{(-6)^2-4\times1\times(-1)}}{2\times1}$$

$$=\frac{6\pm\sqrt{40}}{2}=\frac{6\pm2\sqrt{10}}{2}=3\pm\sqrt{10}$$

(4) $x^2+2\sqrt{2}\,x+1=0$에서 $a=1,\ b=-5,\ c=2$ 이므로

$$x=\frac{-b\pm\sqrt{b^2-4ac}}{2a}$$

$$=\frac{-(2\sqrt{2})\pm\sqrt{(2\sqrt{2})^2-4\times1\times1}}{2\times1}$$

$$=\frac{-2\sqrt{2}\pm2}{2}=-\sqrt{2}\pm1$$

(3) 판별식

방전식의 근이 실수이면 그 근을 실근, 허수이면 그 근을 허근이라고 한다. 계수가 실수인 2차 방정식 $ax^2+bx+c=0(a\neq 0)$의 근은

$$x=\frac{-b\pm\sqrt{b^2-4ac}}{2a}$$

이므로, 이 2차 방정식이 실근인가 허근인가는 근호 안의 수 b^2-4ac의 부호에 따라 판별된다. 이와 같은 뜻에서 b^2-4ac를 2차 방정식 $ax^2+bx+c=0$의 판별식이라 하고, 기호로는 일반적으로 D로 나타낸다. 특히, $D=0$일 때 두 근은 모두 $x=-\dfrac{b}{2a}$가 되어 일치하므로 이때의 근을 중근이라 한다.

2차 방정식의 판별법은 다음과 같다.

【 2차 방정식의 근의 판별법 】

> 계수가 실수인 2차 방정식 $ax^2+bx+c=0(a\neq 0)$은
>
> [1] $D=b^2-4ac>0$이면, 서로 다른 두 실근을 가진다.
>
> [2] $D=b^2-4ac=0$이면, 중근(실근)을 가진다.
>
> [3] $D=b^2-4ac<0$이면, 서로 다른 두 허근을 가진다.

따라서, 2차 방정식의 근이 위의 세 경우 중 어떤 경우인가를 알아보는 것을 그 방정식의 근을 판별한다고 한다.

예제 5.3 2차 방정식 $2x^2-5x+4=0$의 근을 판별하라.

풀이 $D=(-5)^2-4\cdot 2\cdot 4=-7<0$

따라서, 주어진 방정식은 서로 다른 두 허근을 가진다.

3. 고차방정식

x에 대한 n차의 다항식을 $P(x)=0$의 꼴을 x에 대한 n차 방정식이라고 한다. 특히, $n=3, 4 \cdots$ 일 때, 이 방정식을 3차 방정식, 4차 방정식 …이라 하고, 이를 통틀어 고차방정식이라고 한다.
3차 방정식, 4차 방정식의 일반적인 해법은 정도를 벗어나는 것이므로, 여기서는 인수분해에 의해서 풀 수 있는 간단한 방정식을 다루기로 한다.

예제 5.4 방정식 $x^3-3x^2-x+3=0$을 풀어라.

풀이 방정식의 좌변을 $P(x)$라 하면

$P(x)=x^3-3x^2-x+3$

$P(-1)=0$이므로 인수정리에 의해서 $P(x)$는 $x+1$을 갖는다.

그러므로 $P(x)=(x+1)(x^2-4x+3)$

이므로, 주어진 방정식은

$(x+1)(x-1)(x-3)=0$

$\therefore\ x=-1,\ x=1,\ x=3$

4. 연립방정식

(1) 2원 1차 연립방정식

미지수의 종류가 2개이고 차수가 1차만으로 되어 있는 연립방정식을 2원 1차 연립방정식이라 한다. 2원 1차 연립방정식은 푸는데 있어서, 먼저 미지수를 소거하여 1원 1차 방정식을 만든다. 미지수를 소거하는 방법에는

가감법, 등치법 및 대입법의 3가지가 있다.

예제 5.5 다음 2원 1차 연립방정식을 풀어라.

$$\begin{cases} 3x+2y-3=0 & \cdots\cdots ① \\ x-y-1=0 & \cdots\cdots ② \end{cases}$$

풀이 (1) 가감법에 의한 방법

① + ② ×2 하면

$5x-5=0 \qquad \therefore =1$

$x=1$을 식 ①에 대입하면, $y=0$

(2) 등치법에 의한 방법

식 ①에서

$y=\dfrac{-3x+3}{2}$ ⋯⋯ ③

식 ②에서

$y=x-1$⋯⋯ ④

③ = ④로 놓으면

$$\frac{-3x+3}{2}=x-1$$

$\therefore\ x=1$

$x=1$ 을 ④에 대입하면,

$y=0$

(3) 대입법에 의한 방법

식 ②에서

$y=x-1$

$y = x - 1$ 을 식 ①에 대입하면

$3x + 2(x-1) - 3 = 0 \qquad \therefore x = 1$

$x = 1$ 을 식 ②에 대입하면, $y = 0$

---

(2) 3원 1차 연립방정식

방정식 $x + y + 3z = 7$ 과 같이, 미지수가 3개인 1차 방정식을 3원 1차 방정식이라 한다.

그리고 몇 개의 3원 1차 방정식을 하나로 묶은 것을 3원 1차 연립방정식이라 한다.

3원 1차 연립 방정식을 풀어서 해를 구하는데, 주로 대입법으로 푼다.

예제 5.6 다음 3원 1차 연립 방정식을 풀어라.

$2x + 5y + 3z = 28 \quad \cdots\cdots ①$

$5x + 3y - 2z = 32 \quad \cdots\cdots ②$

$3x - 2y + 5z = 15 \quad \cdots\cdots ③$

풀이 식 ①, ②에서 z 를 소거하기 위해서 ①×2+②×3 를 하면,

$$\begin{array}{lr} ①\times 2 & 4x + 10y + 6z = 56 \\ ②\times 3 & +)\underline{15x + 9y - 6z = 96} \\ & 19x + 19y \qquad = 152 \end{array}$$

$\therefore \quad x + y = 8 \quad \cdots\cdots ④$

같은 방법으로, ②, ③에서 z 를 소거하기 위해서

②×5+③×2 하면,

$31x + 11y = 188 \quad \cdots\cdots ⑤$

또, ④, ⑤에서 y 를 소거하기 위하여 ⑤−④×11 하면,

$20x = 100$ 이므로 $x=5$ …… ⑥

⑥을 ④에 대입하면, $y=3$ …… ⑦

⑥, ⑦을 ①에 대입하면, $z=1$

5. 분수방정식

분모에 미지수를 포함하는 방정식을 분수방정식이라 하고, 이에 대하여 다항식만으로 된 방정식이라고 한다. 특히 정방정식과 분수방정식을 통틀어 유리방정식이라고 한다.

[분수방정식의 해법]

[1] 분수방정식의 분모에 최소공배수를 곱해서 정방정식으로 고친다. [2] 정방정식을 푼다. [3] 정방정식의 근 중에서 분수방정식의 분모를 0이 되게 하지 않는 것만을 근으로 택한다.

또한, 분수방정식의 분모를 0이 되게 하는 방정식의 근을 주어진 분수방정식의 무연근이라 한다.

예제 5.7 분수 방정식 $\frac{x+1}{x} - \frac{6x}{x+1} = 1$ 을 풀어라.

풀이 양변에 분모의 최소공배수 $x(x+1)$을 곱하면

$(x+1)^2 - 6x^2 = x(x+1)$

정리하여 인수분해하면

$(2x-1)(3x+1)=0$

$\therefore\ x=\frac{1}{2},\ x=-\frac{1}{3}$

이 값들은 모든 주어진 분수방정식의 분모를 0으로 되게 하지 않으므로 구하는 모두 구하는 근이 된다.

6. 무리방정식

방정식에서 미지수에 대한 무리수를 포함하는 방정식을 무리방정식이라 한다. 예를 들어,

$$\frac{x}{4}+\sqrt{x-2}=8,\ x^2-2x+\sqrt{x^2-4x+2}=0$$

등은 무리 방정식이다.

【무리방정식의 해법】

> [1] 양변을 제곱하여 정방정식으로 고친다.
>
> [2] 정방정식을 푼다.
>
> [3] 정방정식의 근 중에서 주어진 무리방정식을 만족시키는 것만을 근으로 택한다.

또한, 방정식의 근 중에서 무리방정식을 만족시키지 못하는 무리방정식의 근을 무연근이라고 한다.

예제 5.8 무리방정식 $\sqrt{x-1}=x-3$을 풀어라.

풀이 등식의 양변을 제곱하여 정방정식으로 고치고 정리하면

$x^2-7x+10=0$

인수분해해서 풀면

$(x-2)(x-5)=0$

$\therefore\ x=2,\ x=5$

(1) $x=2$일 때

좌변 $=\sqrt{2-1}=1$

우편 $=2-3=-1$

즉, 좌편 $\neq$ 우변으로 $x=2$는 근이 아니다.

(2) $x=5$일 때

좌편 $=\sqrt{5-1}=2$

우편 $=5-3=2$

즉, 좌변= 우변이므로 $x=5$는 주어진 무리방정식의 근이다.

5.2 도형의 방정식

1. 직선의 방정식

(1) 점 $A(x_1,\ y_1)$를 지나고 기울기가 m인 직선

점 $A(x_1,\ y_1)$를 지나고, 기울기가 m인 직선을 l이라고 하자. 직선 l이 x축의 양의 방향과 이루는 각의 크기를 $a(0^\circ < \alpha < 180^\circ,\ \alpha \neq 90^\circ)$라 하면,

$\tan\alpha = m$

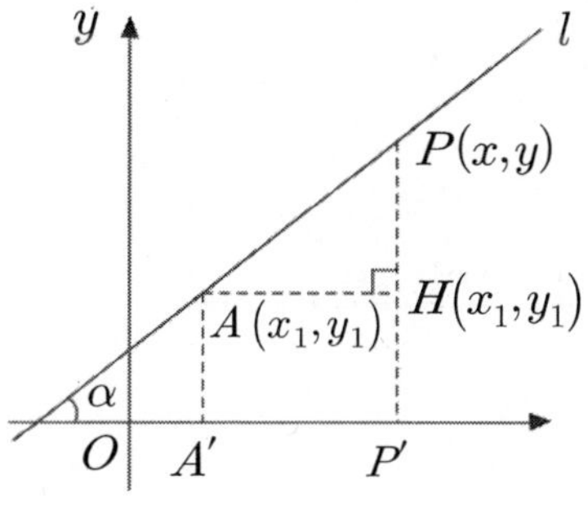

위의 그림과 같이 직선 l 위에 점 $A(x_1,\ y_1)$와 다른 임의의 점 $P(x,\ y)$을 잡아 두 점 A, P에서 x축에 수선 AA', PP'를 각각 긋고, 다시 A에 선분 PP'에 수선 AH를 그으면, $\angle PAH = \alpha$이므로,

$$\frac{\overline{PH}}{\overline{AH}} = \frac{y-y_1}{x-x_1} = \tan\alpha = m$$

이 식을 정리하면,

$$y-y_1 = m(x-x_1) \quad \cdots\cdots ①$$

①은 점 A의 좌표 $(x_1,\ y_1)$을 비롯해서 모두 직선 l 위위 모든 점의 좌표에 대하여 성립한다. 역으로, ①을 만족하는 점 $(x,\ y)$는 모두 직선 l 위에 있음이 명백하다. 따라서, 직선 l의 방정식은 ①이다.

그러므로, 점 $A(x_1,\ y_1)$를 지나고, 기울기 m인 직선의 방정식은 다음과 같다.

【 직선의 방정식(1) 】

$y-y_1 = m(x-x_1)$

【예제】 5.9 점 (-1, 2)을 지나고, 기울기가 $\frac{2}{3}$ 인 직선의 방정식을 구하라.

풀이 $x_1 = -1, \quad y_1 = 2, \quad m = \frac{2}{3}$

직선의 방정식에 대입하면,

$y-2 = \frac{2}{3}\{x-(-1)\}$

$\therefore\ 2x - 3y + 8 = 0$

(2) 점 $A(x_1,\ y_1)$를 지나고, 좌표축에 평행인 직선

아래 그림과 같이, 점 $A(x_1,\ y_1)$를 지나고 x축에 평행인 직선을 l이라 하고 l위의 임의의 점을 $P(x,\ y)$라 하면, 직선 l의 방정식은

$y = y_1 \quad \cdots\cdots ①$

또, 점 $A(x_1,\ y_1)$를 지나고, y축에 평행인 직선을 l'라 하면, 직선 l'의 방정식은

$x = x_1 \quad \cdots\cdots ②$

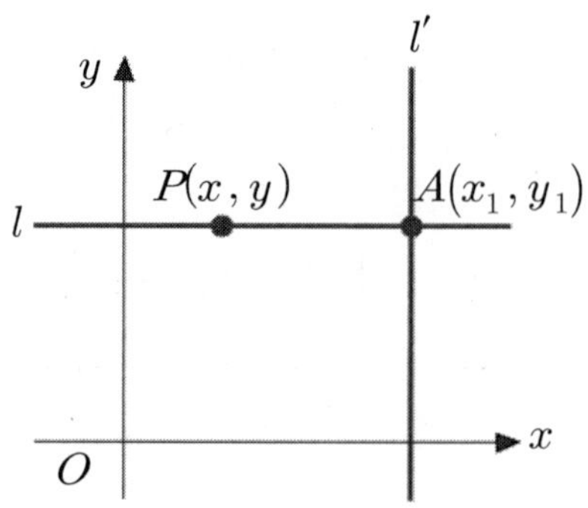

(3) 두 점 $A(x_1,\ y_1)$, $B(x_2,\ y_2)$를 지나는 직선

아래 그림과 같이, 두 점 $A(x_1,\ y_1)$, $B(x_2,\ y_2)$를 지나는 직선을 l이라 하고, 이 직선의 기울기를 m이라 하면, 직선 l의 방정식은

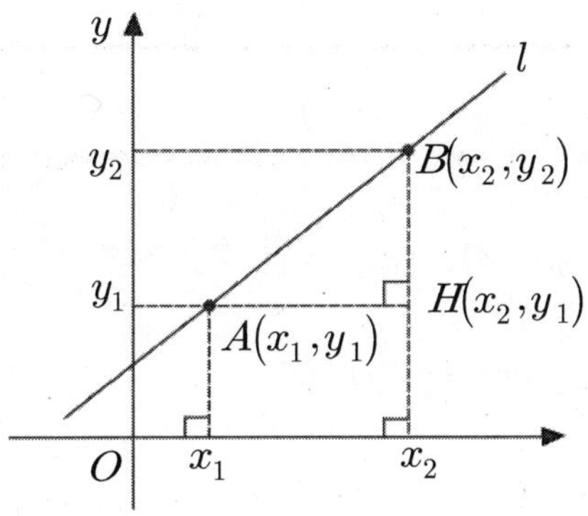

$$y-y_1=m(x-x_1)\quad \cdots\cdots ①$$

①에서 $x_1 \neq x_2$일 때,

$$m=\frac{y_2-y_1}{x_2-x_1}$$

이므로, 직선 l의 방정식은

$$y-y_1=\frac{y_2-y_1}{x_2-x_1}(x-x_1)$$

특히, $x_1=x_2$일 때의 직선 l 방정식은

$$x=x_1$$

따라서, 두 점 $A(x_1,\ y_1)$, $B(x_2,\ y_2)$를 지나는 직선의 방정식은 다음과 같다.

[직선의 방정식(2)]

[1] $x_1 \neq x_2$ 일 때, $y-y_1=\dfrac{y_2-y_1}{x_2-x_1}(x-x_1)$

[2] $x_1=x_2$ 일 때, $x=x_1$

예제 5.10 두 점 (−3, 2), (2, 5)를 지나는 직선의 방정식을 구하라.

풀이 $y-2=\dfrac{5-2}{2-(-3)}\{x-(-3)\}$

$\therefore\ 3x-5y+19=0$

2. 원의 방정식

좌표평면 위에 점 $C(a,\ b)$를 중심으로 하고, 반지름의 길이가 r인 원이 있을 때, 이 원을 나타내는 방정식을 구하여 보자.

아래 그림과 같이, 원주 위의 임의의 점을 $P(x,\ y)$라 하면,

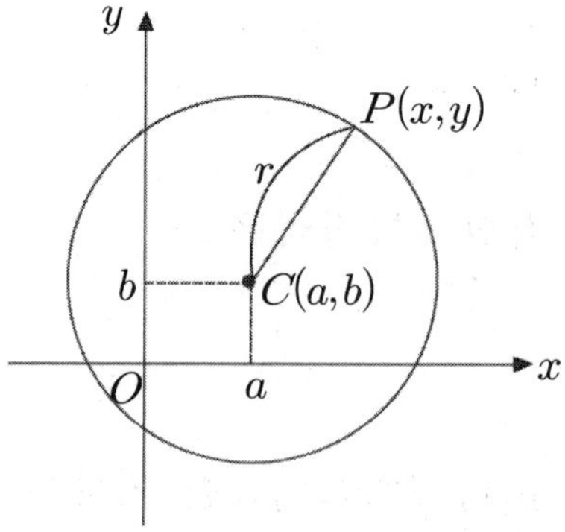

$$\overline{CP}=r$$

그런데,

$$\overline{CP}=\sqrt{(x-a)^2+(y-b)^2}$$

이므로,

$$(x-a)^2+(y-b)^2=r^2 \quad \cdots\cdots ①$$

역으로, $C(a,\ b)$를 중심으로 하고, 반지름의 길이가 r인 원의 방정식은 다음과 같다.

[원의 방정식]

$(x-a)^2+(y-b)^2=r^2$

특히, 원점을 중심으로 하고, 반지름의 길이가 r인 원의 방정식은

$$x^2+y^2=r^2$$

이다.

예제 5.11 두 점 $A(-1,\ -3)$, $B(5.\ 1)$를 지름의 양끝으로 하는 원의 방정식을 구하라.

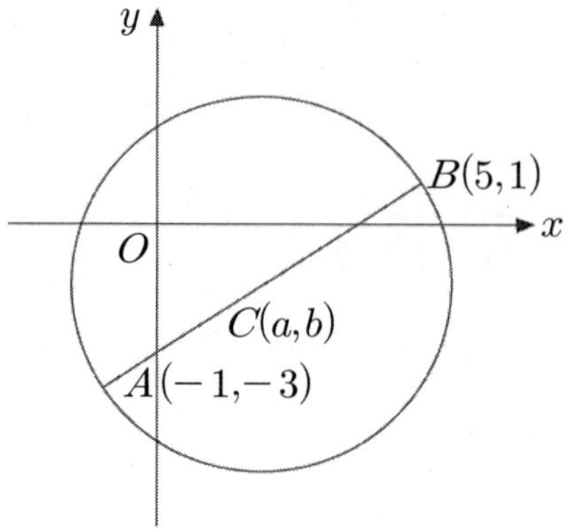

풀이 선분 A, B의 중점을 $C(a,\ b)$라 하면,

$$a=\frac{-1+5}{2}=2,\quad b=\frac{-3+1}{2}=-1$$

이고,

$$\overline{AB}=\sqrt{(5+1)^2+(1+3)^2}=2\sqrt{3}$$

이므로, 구하는 원의주심 좌표는 (2, −1)이고, 반지름의 길이는 $\sqrt{13}$ 이다.

$$\therefore\ (x-2)^2+(y+1)^2=13$$

예제 5.12 2차 방정식 $x^2+y^2-2x+6y=0$ 은 어떤 곡선을 나타내는가?

풀이 $(x^2-2x+1)+(y^2+6y+9)=4$

$$(x-1)^2+(y+3)^2=2^2$$

이므로, 아래 그림과 같이 중심이 점 (1, −3)이고, 반지름의 길이가 2인 원을 나타낸다.

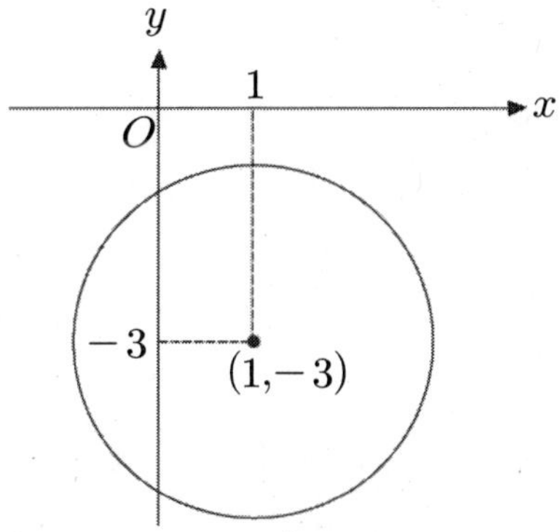

3. 포물선의 방정식

좌표평면 위에서, 한 정점 F와 그 정점을 지나지 않는 한 정지선 g에 이르는 거리가 같은 점 전체의 집합 $\{P|\overline{PF}=\overline{PH}, H\in g,\ PH\perp g\}$을 포물선이라 한다. 이때, 정점 F를 포물선의 초점, 정직선 g를 포물선의 준선이라 한다. 또, 포물선의 초점을 지나고, 준선에 수직인 직선을 포물선의 축, 포물선이 축과 만나는 점을 포물선의 꼭지점이라 한다.

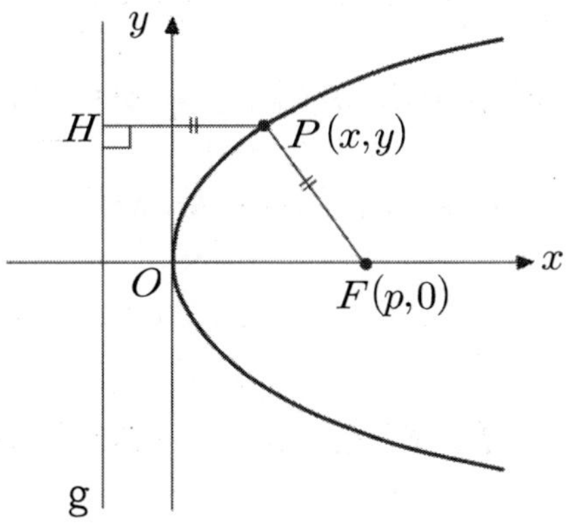

이제, 0이 아닌 실수 p에 대하여, 초점 F의 좌표를 $(x,\ y)$에서 준선 g에 내린 수선의 발를 H라 하면, 점 H의 좌표는 $(-p,\ y)$이다. 그런데 포물선의 정의에 의해서 $\overline{PF}=\overline{PH}$이므로,

$$\sqrt{(x-p)^2+y^2}=|x+p|$$

양변을 제곱해서 정리하면,

$$y^2=4px$$

이다.

이것을 포물선 방정식의 표준형라 한다. 이때, 포물선의 축은 x축과 일치하고, 원점이 이 포물선의 꼭지점이다. 초점이 $F(p,\ 0)$이고 준선이 $x+p=0$인 포물선의 방정식은 다음과 같다.

[포물선의 방정식]

$y^2=4px\ (p\neq 0)$ (표준형)

예제 5.13 포물선 $y^2=-12x$의 초점의 좌표와 준선의 방정식을 구하라.

풀이 포물선의 방정식 $y^2=-12x$를 변형하면, $y^2=4(-3)x$이므로, 표준형 $y=4px$와 비교하면 $p=-3$이다.

따라서, 초점은 $F(-3,\ 0)$이고, 준선의 방정식은 $x=3$이다.

4. 타원의 방정식

좌표평면 위의 두 정점 $F,\ F'$로부터의 거리의 합이 일정한 점 P전체의 집합

$$\{P\,|\,\overline{PF}+\overline{PF'}=2a\ (\text{일정})\}$$

을 타원이라 하고, 이때의 두 정점 $F,\ F'$를 타원의 초점이라 한다.

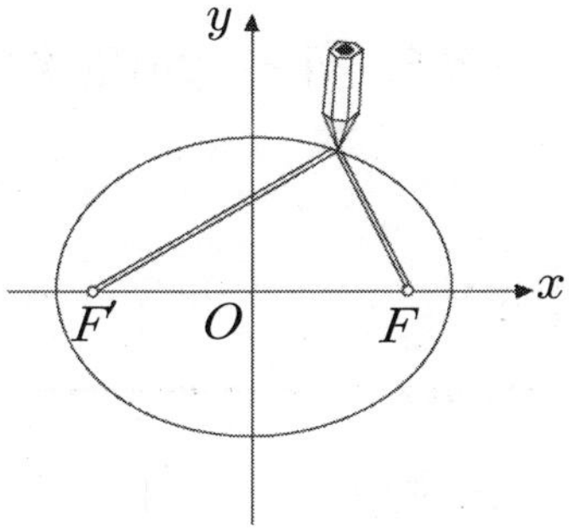

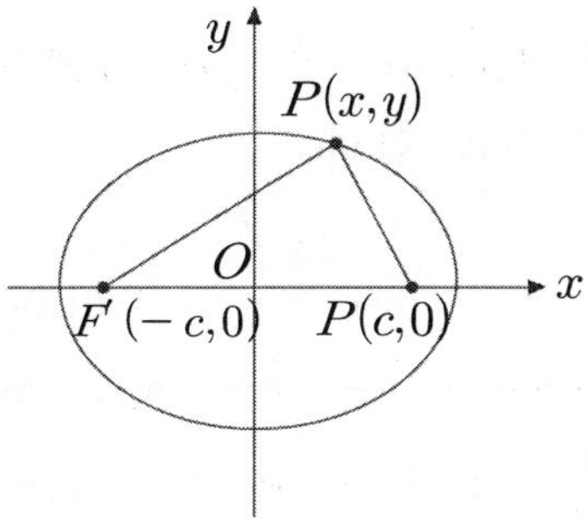

이제, 두 초점을 $F(c,\ 0)$, $F'(-c,\ 0)$이라 하고 점 $P(x,\ y)$에서 두 정점 F, F'에 이르는 거리의 합을 $2a$(일정)라 하면,

$$\overline{PF}+\overline{PF'}=2a\ (a>c>0)$$

이므로,

$$\sqrt{(x-c)^2+y^2}+\sqrt{(x+c)^2+y^2}=2a$$

즉,

$$\sqrt{(x-c)^2+y^2}=2a-\sqrt{(x+c)^2+y^2}$$

이 등식의 양변을 제곱하여 정리하면,

$$a\sqrt{(x+c)^2+y^2}=a^2+ax$$

다시, 양변을 제곱하여 정리하면,

$$(a^2-c^2)x^2+a^2y^2=a^2(a^2-c^2)$$

여기서, $a^2-c^2=b^2$이라 놓고, 양변을 a^2b^2으로 나누면

$$\frac{x^2}{a^2}+\frac{y^2}{b^2}=1\quad(a>b>0)$$

이것을 타원 방정식의 표준형이라 한다.

두 정점 $F(c, 0)$, $F'(-c, 0)$에 이르는 거리의 합이 $2a$(일정)인 타원의 방정식은 다음과 같다.

[타원의 방정식]

$$\frac{x^2}{a^2}+\frac{y^2}{b^2}=1 \quad (b^2=a^2-c^2,\ a>b>0) \quad \text{(표준형)}$$

예제 5.14 두 초점 $F(3, 0)$, $F'(-3, 0)$에 이르는 거리의 합이 10인 타원의 방정식을 구하라.

풀이 $2a=10$ 에서, $a=5$ 이고, $c=3$ 이므로,

$b^2=a^2-c^2=5^2-3^2=16$

따라서, 구하는 타원의 방정식은

$$\frac{x^2}{25}+\frac{y^2}{16}=1$$

5. 쌍곡선의 방정식

좌표평면 위의 두 정점 F, F' 로 부터의 거리의 차가 일정한 점 전체의 집합

$$\{P \mid \overline{PF}-\overline{PF'}=\pm 2a \text{ (일정)}\}$$

을 쌍곡선이라 하고, 이때의 두 정점 F, F' 를 쌍곡선의 초점이라고 한다.

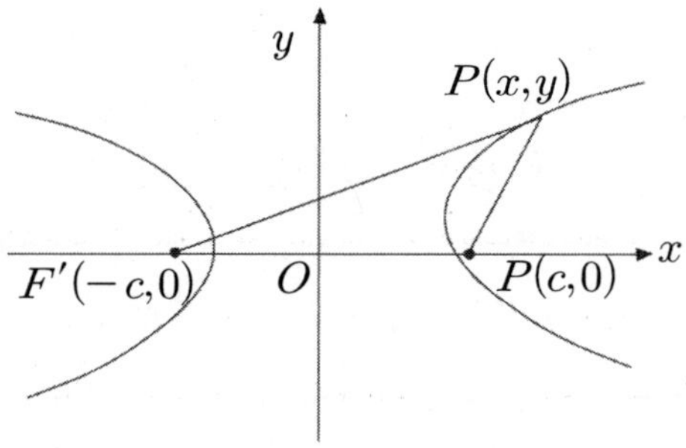

이제, 두 점 $F(c,\ 0)$, $F'(-c,\ 0)$를 초점으로 하고, 점 $P(x,\ y)$에서 이 두 정점 F, F'에 이르는 거리의 차를 $2a$(일정)라 하면,

$$\overline{PF}-\overline{PF'}=\pm 2a \quad (c>a>0)$$

이므로,

$$\sqrt{(x-c)^2+y^2}-\sqrt{(x+c)^2+y^2}=\pm 2a$$

$$\sqrt{(x-c)^2+y^2}=\sqrt{(x+c)^2+y^2}\pm 2a$$

이 등식의 양변을 제곱하여 정리하면,

$$\pm a\sqrt{(x-c)^2+y^2}=-a^2-ac$$

다시 양변을 제곱하여 정리하면,

$$(c^2-a^2)x^2-a^2y^2=a^2(c^2-a^2)$$

여기서, $c^2-a^2=b^2\,(b>0)$이라 놓고 양변을 a^2b^2으로 나누면,

$$\frac{x^2}{a^2}-\frac{y^2}{b^2}=1$$

이것을 쌍곡선 방정식의 표준형이라고 한다.

두 정점 $F(c,\ 0)$, $F'(-c,\ 0)$에 이르는 거리의 차가 $2a$(일정)인 쌍곡선의 방정식을 구하라.

[쌍곡선의 방정식]

$$\frac{x^2}{a^2}-\frac{y^2}{b^2}=1\quad (b^2=c^2-a^2,\qquad c>a>0,\ \ b.0)\qquad \text{(일정)}$$

예제 5.15 두 초점 $F(3,\ 0)$, $F'(-3,\ 0)$에 이르는 거리의 차가 4인 쌍곡선의 방정식을 구하라.

풀이 $2a=4$, $a=2$ 이고, $c=3$ 이므로,

$b^2=c^2-a^2=3^2-2^2=5$

따라서, 구하는 쌍곡선의 방정식은

$$\frac{x^2}{4}-\frac{y^2}{5}=1$$

5.3 방정식

1. 부등식의 기본 성질

두 수나 식의 대소 관계를 부등호 (<, ≤, >, ≥)를 써서 나타낸 식을 부등식이라고 한다. 부등식에 포함된 문자는 모두 실수를 나타낸다.

두 실수 a, b의 대소 관계는 다음과 같다.

$a-b \geq 0$일 때, $\quad a \geq b$

$a-b \leq 0$일 때, $\quad a \leq b$

부등식을 푸는 데는 다음과 같은 성질이 이용한다.

{부등식의 기본 성질}

[1] $a>b,\ b>c \Rightarrow a>c$

[2] $a>b \Rightarrow a+c>b+c,\ \ a->b-c$

[3] $a>b,\ c>0 \Rightarrow ac>bc,\ \dfrac{a}{c}>\dfrac{b}{c}$

[4] $a>b,\ c<0 \Rightarrow ac<bc,\ \dfrac{a}{c}>\dfrac{b}{c}$

2. 1차 부등식

부등식의 모든 항을 좌변으로 이항하였을 때,

$ax+b>0,\ ax+b<0$

$ax+b \geq 0,\ ax+b \leq 0$ (단, $a \neq 0$)

와 같은 골이 되는 부등식을 x에 대한 1차 부등식이라 한다.

x에 대한 부등식에서 그 부등식을 만족시키는 x의 값을 부등식의 해라고 한다. 또한 부등식의 해를 구하는 것을 부등식을 푼다고 한다.

【1차 부등식의 해】

부등식 $ax > b$ 의 해는
[1] $a > 0$ 일 때, $x > \frac{b}{a}$ (부등호의 방향은 그대로 된다.)
[2] $a < 0$ 일 때, $x < \frac{b}{a}$ (부등호의 방향은 그대로 된다.)
[3] $a = 0$ 일 때, $b \geq 0$ 이면 해는 없다.
[4] $a = 0$ 일 때, $b < 0$ 이면 x 는 모든 실수 값

예제 5.16 $\frac{x+2}{3} > x-4$ 의 1차 부등식을 풀어라.

풀이 양변에 3을 곱하면 $x+2 > 3x-12$

이항하면 $x-3x > -12-2$

$\therefore\ x < 4$

---

3. 연립부등식

연립부등식을 풀 때에는 각각의 부등식을 푼 다음 그들의 공통 범위를 구하면 된다. 그리고 공통범위를 구할 때에는 수직선을 이용하면 편리하다.

예제 5.17 다음 부등식을 동시에 만족하는 x 의 범위를 구하라.

$$\begin{cases} x-2 \leq 5 & \cdots\cdots ① \\ 2x+7 > 3 & \cdots\cdots ② \end{cases}$$

풀이 ①을 풀면, $x \le 7$ …… ③

②를 풀면, $2x > -4$ $\therefore x > -2$ …… ④

따라서 구하는 해는 ③, ④를 동시에 만족시키는 실수의 집합이므로

③

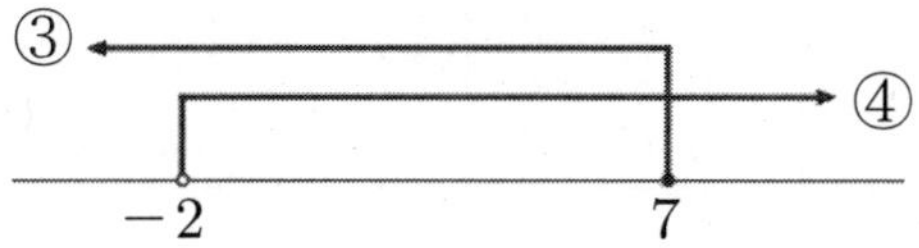

$$-2 < x \le 7$$

4. 2차 부등식

부등식에서 모든 항을 좌변으로 이항하였을 때, 그 부등식이

$$ax^2 + bx + c > 0, \quad ax^2 + bx + c < 0$$

$$ax^2 + bx + c \ge 0, \quad ax^2 + bx + c \le 0 \quad (\text{단, } a \ne 0)$$

와 같은 형태로 되는 부등식을 2차 부등식이라고 한다.

2차 부등식

$$x^2 + 2x - 8 > 0 \text{ …… ①}$$

의 좌변을 인수분해하여

$$(x+4)(x-2) > 0$$

으로 나타낼 수 있으며, 좌변식의 값의 부호는 다음 표와 같이 두 인수 $x+4, x-2$의 부호로서 정해진다.

표에서 부등식 ①이 성립하는 것은 $x-4$ 인 범위의 값이거나, $x>2$ 인 범위의 값이다. 이것을 수직선 위에 나타내면, 굵은 선으로 나타난 부분이다.

따라서, 구하는 x 의 값의 범위는

x	$x<-4$	$x=-4$	$-4<x<2$	$x=2$	$x>2$
$x+4$	$-$	0	$+$	$+$	$+$
$x-2$	$-$	$-$	$-$	0	$+$
$(x+4)(x-2)$	$+$	0	$-$	0	$+$

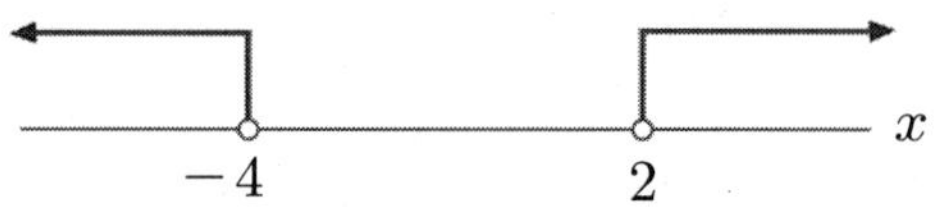

$x<-4$ 또는 $x>2$

또한, 위의 표에서

$$x^2+2x-8<0$$

을 만족시키는 x 의 값의 범위는

$$-4<x<2$$

임을 알 수 있다.

2차 방정식

$$a^2+bx+c=0 \ (a,\ b,\ c\text{는 실수 } a\neq 0)$$

이 서로 다른 두 실근 α, $\beta(\alpha<\beta)$를 가지면,

$$ax^2+bx+c=a(x-a)(x-\beta)$$

이다.

따라서 2차 방정식의 근과 2차 방정식의 해 사이에는 다음과 같은 관계가 있다.

[2차 부등식의 해]

2차 방정식 $a^2+bx+c=0$ (a, b, c는 실수 $a\neq0$)의 두 근을 α, β ($\alpha<\beta$)라 하면,

[1] $a>0$인 경우

(1) $a^2+bx+c>0$, 즉 $a(x-\alpha)(x-\beta)>0$의 해는

$x<\alpha$ 또는 $x>\beta$

(2) $a^2+bx+c<0$, 즉 $a(x-\alpha)(x-\beta)<0$의 해는

$\alpha<x<\beta$

[2] $a<0$인 경우

(1) $a^2+bx+c>0$, 즉 $a(x-\alpha)(x-\beta)>0$의 해는

$\alpha<x<\beta$

(2) $a^2+bx+c<0$, 즉 $a(x-\alpha)(x-\beta)<0$의 해는

$x<\alpha$ 또는 $x>\beta$

예제 5.18 부등식 $6x-1\geq 2x^2$을 풀어라.

풀이 이항하면, $2x^2-6x+1\leq 0$

$2x^2-6x+1=0$ 의 해는

$$x=\frac{3\pm\sqrt{7}}{2}$$

그러므로, 주어진 부등식은

$$2\left(x-\frac{3-\sqrt{7}}{2}\right)\left(x-\frac{3+\sqrt{7}}{2}\right)\leq 0$$

따라서, 구하는 x의 값의 범위는

$$\frac{3-\sqrt{7}}{2}\leq x\leq \frac{3+\sqrt{7}}{2}$$

5. 절대부등식

등식을 항등식과 방정식으로 나눈 것과 같이, 부등식도 절대부등식과 조건 부등식으로 나눌 수 있다.

부등식

$$x+2>x,\quad (x-1)^2\geq 0$$

과 같이, 문자에 어떠한 실수값을 대입하여도 성립하는 부등식을 절대부등식이라 하고,

$$x-1>0,\quad (x-1)(x+2)<0$$

과 같이, 문자에 어떤 범위 안의 수를 대입할 때에만 성립하는 부등식을 조건부등식이라 한다.

따라서 절대부등식에서는 그 부등식이 성립하는 이유를 분명히 하는 증명을 필요로 한다. 그리고 절대부등식의 증명에는 다음과 같은 성질을 이용한다.

{ 부등식의 동치관계 }

임의의 실수 a, b에 대하여

[1] $a^2 \geq 0$, $|a^2| = a^2$

[2] $a^2 + b^2 = 0 \Leftrightarrow a = b = 0$

[3] $a \geq 0$, $b \geq 0$ 일 때, $a > b \Leftrightarrow a^2 > b^2$

예제 5.19 부등식 $a^2 + b^2 \geq ab$가 임의의 실수 a, b에 대하여 항상 성립함을 증명하라.

증명 $a^2 - ab + b^2 = \left(a - \frac{b}{2}\right)^2 + \frac{3}{4}b^2$ 이고

$\left(a - \frac{b}{2}\right)^2 \geq 0$, $\frac{3}{4}b^2 \geq 0$이므로

$a^2 - ab + b^2 \geq 0$

따라서, $a^2 + b^2 \geq ab$

또한, 이 부등식에서 등호가 성립하는 것은 $a - \frac{b}{2} = 0$, $b = 0$일 때

즉, $a = b = 0$인 경우이다.

연습 문제

1. 다음 x에 관한 1차 방정식을 풀어라

(1) $3(x-7)=2x-1$　　(2) $x-3(2x+5)=0$

(3) $\frac{3x+4}{2}-\frac{x-1}{3}=7$　　(4) $|x-1|=2x+4$

2. 다음 2차 방정식의 근을 구하라.

(1) $x^2+5x-150=0$　　(2) $x(2x+4)=7-x$

(3) $(x+2)^2-3(x+2)-4=0$　　(4) $\frac{1}{2}(x^2+1)=\frac{1}{3}(x+2)$

3. 다음 방정식의 근을 판별하고 그 방정식을 풀어라.

(1) $x^2-5x+2=0$　　(2) $3x^2-4x+2=0$

(3) $2x^2+x+1=0$　　(4) $2x^2-\sqrt{6}x+\frac{3}{4}=0$

4. 다음 연립방정식을 풀어라.

(1) $\begin{cases} y=x+1 \\ x^2+y^2=25 \end{cases}$　　(2) $\begin{cases} -3x+y=5 \\ 6x^2+y^2=25 \end{cases}$　　(3) $\begin{cases} x+y=6 \\ xy=8 \end{cases}$

5. 다음 분수방정식을 풀어라.

(1) $\frac{1}{x+1}-\frac{2}{x^2+4x+3}=\frac{1}{3}$

(2) $\dfrac{1}{x+2}-\dfrac{1}{x+4}=\dfrac{1}{x-6}-\dfrac{1}{x-4}$

(3) $\dfrac{x-1}{x-4}+\dfrac{x+1}{x+2}+\dfrac{x+1}{x+4}=3$

6. 다음 무리방정식을 풀어라.

(1) $\sqrt{x-1}=x-3$

(2) $3\sqrt{x-5}=\sqrt{x+3}$

(3) $\sqrt{3x-10}-\sqrt{x+2}=\sqrt{2x-3}-\sqrt{2x-5}$

(4) $\sqrt{x+5}-2=3x$

7. 다음 부등식을 풀어라.

(1) $x-3<\dfrac{1}{2}x-1$　　(2) $\dfrac{x}{2}\le\dfrac{2(x+5)}{3}-2$

(3) $|x+3|<4$　　(4) $6x-1>2x^2$

8. 다음 주 직선이 평행이 되도록 상수 k 의 값을 정하라.

$$\begin{cases} 2x+y=4 \cdots ① \\ x-ky=5 \cdots ② \end{cases}$$

9. 세 점 (0. 0), (2, −1), (4, 3) 을 지나는 원의 방정식을 구하라.

제6장

함수와 그래프

6. 함수와 그래프

6.1 함수

일정한 수 또한 양을 나타내는 것을 정수라 하고, 변하는 수 또는 양을 나타내는 것을 변수라고 한다.

두 개의 변수 x와 y가 있어 값이 정해질 때, 이에 따라서 y의 값이 정해지면 y를 x의 함수라고 한다. y가 x의 함수인 경우에는 x의 값이 정해질 때 y의 값이 정해지므로 x와 y사이에는 어떤 관계가 성립한다. 이 관계를 x와 y사이의 함수관계라 한다. x의 함수를 나타내면,

$$f(x),\ \ F(x)\cdots$$

등과 같은 기호로 표시하며, y가 x의 함수로 나타내면,

$$y=f(x),\ \ y=F(x)\cdots$$

등과 같은 등식을 나타낸다.

한편, $y=f(x)$ 에서 정의구역 안의 x의 값에 따라 y의 값이 정해지므로 x를 독립변수, y를 종속변수라고 한다.

함수 $y=f(x)$ 에서 x의 모든 원소가 오직 y의 한 원소에만 대응할 때, 이 함수를 상수함수라 한다.

1. 역함수

y가 x의 함수이면, x도 역시 y의 함수가 된다. 예를 들면, $y=2x+1$인 경우에 대해서 이것을 x에 관해서 풀면, $x=\dfrac{y-1}{2}$가 되고 x는 y의 함수가 된다. 이 경우에 두 개의 함수 $2x+1$, $\dfrac{y-1}{2}$를 서로 역함수라 한다.

일반적으로 $y=f(x)$일 때 x를 y의 함수로서 $x=g(y)$를 얻었다면 여기서 x와 y를 교환해서 $y=g(x)$가 나온다. 이때 $g(x)$를 $f(x)$의 역함수라 한다. 기호로는 $f^{-1}(x)$와 같이 나타낸다.

예제 6.1 다음의 역함수를 구하라.

(1) $y=3x+1$ (2) $y=\sqrt{a^2-x^2}$

풀이 (1) $y=3x+1$를 x에 대해서 풀면, $x=\dfrac{y-1}{3}$ 이므로

따라서, 문자 x와 y를 바꾸어 놓으면, 구하는 역함수는

$$f^{-1}(x)=\frac{x-1}{3}$$

(2) $y=\sqrt{a^2-x^2}$ 에 양변을 제곱을 해서 정리하면

$y^2=a^2-x^2 \Rightarrow x^2=a^2-y^2$ 되고

$x=\pm\sqrt{a^2-y^2}$

여기서 x와 y를 바꾸어서 정리하면,

$y=\pm\sqrt{a^2-x^2}$

구하는 역함수는

$f^{-1}(x)=\pm\sqrt{a^2-x^2}$

2. 함수의 그래프

x의 함수 $f(x)$가 주어졌다고 할 때, 이것을 y라 놓으면 x와 y사이의 함수 관계

$$y=f(x)$$

를 얻는다.

이 관계식을 만족시키는 x, y의 한 쌍의 값은 무한히 많고, 또한 이 x, y의 한 쌍의 값을 좌표로 하는 점도 무한히 많게 된다. 이들 점은 전체로서 하나의 곡선을 만든다. 이 곡선을 함수 $f(x)$의 그래프라고 한다. 그리고 $y=f(x)$를 그 곡선의 방정식이라 한다.

실제로 함수 $f(x)$를 주고 곡선을 그리려면 x에 값에 대한 $f(x)$의 값을 많이 구해서 x값을 x좌표, $f(x)$의 값을 y좌표로 하는 점을 찍고, 이점을 부드러운 선으로 이으면 된다. 또한, 곡선을 주는 방정식을 구하려면 곡선상의 임의의 점을 잡고, 이점의 좌표 사이의 관계식을 구하면 된다.

함수 $y=f(x)$가

$$f(-x)=f(x)$$

인 관계를 만족시키는 경우에는 $f(x)$을 우함수라 한다.

또한 함수 $f(x)$가

$$f(-x)=-f(x)$$

인 관계를 만족하는 경우에는, $f(x)$을 기함수라 한다.

예를 들면, x^2, $x^2+\dfrac{1}{x^4}$ 등은 우함수이고, x, $x^3-\dfrac{1}{x}$ 등은 기함수이다.

$f(x)$가 우함수인 경우에는 $f(-a)=f(a)$이므로, 점 (a, b)가 곡선 $y=f(x)$ 위에 있으므로 점 $(-a, b)$도 또한 이 곡선 위에 있게 된다. 그런데 점 (a, b)와 점 $(-a, b)$는 y축에 관해서 대칭이므로 $f(x)$가 우함수인 경우에는 $f(x)$의 그래프는 y축에 관해서 대칭이 된다. 또한, x^2, x^4-x^2 등의 그래프는 y축에 관해서 대칭이 된다.

$f(x)$가 기함수인 경우에는 $f(-a)=-f(a)$이므로, 점 (a, b)가 곡선상의 점이면 점 $(-a, b)$도 그 곡선상의 점이 된다. 그런데 점 (a, b)와 점 $(-a, -b)$는 x축에 관해서 대칭이므로, $f(x)$가 기함수인 경우에는 $f(x)$의 그래프는 x축에 관해서 대칭이 된다.

6.2 1차 함수

함수 $y=f(x)$가 x에 대한 1차의 다항식일 때, 함수

$$y=ax+b \quad (a\neq 0,\ a,\ b\text{는 상수})$$

를 1차 함수라 한다. 1차 함수 $y=ax+b$의 그래프는 직선이다.

1차 함수는 다음과 같은 특징을 가진다.

{ $y=ax+b$의 1차 함수 }

[1] $y=ax+b$에서 a의 성질

$a>0$일 때, x가 점점 커지면 y도 점점 커지고, 오른쪽 위로 올라가는 직선

$a<0$일 때, x가 점점 커지면 y도 점점 작아지고, 오른쪽 아래로 내려가는 직선

$a=0$이면 x축에 평행한 직선

$y=ax+b$가 x축의 양의 방향과 이루는 각을 θ라 하면,

$a=\tan\theta$이며, 이때 a를 기울기라 한다.

[2] $y=ax+b$에서 b의 성질에서 $b>0$이면, 원점 위쪽에서 만나고, $b<0$이면, 원점 아래쪽에서 만나고, $b=0$이면, 원점을 지난다. 이때 b를 y의 절편이라 한다.

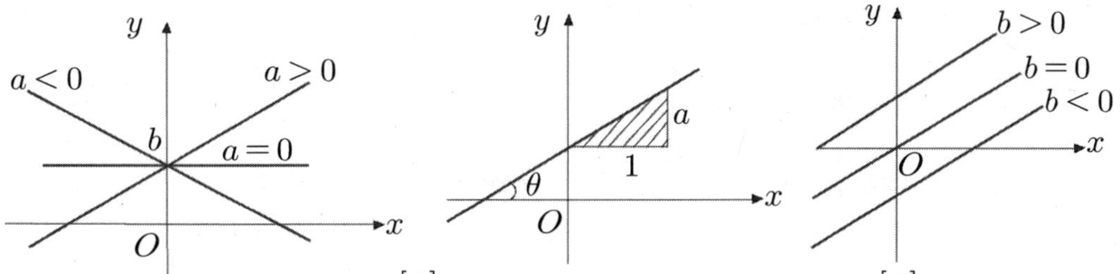

[1] [2]

【예제】 6.2 다음 1차 함수 $x+y-1=0$의 그래프를 그리고, 기울기, y 절편, x축의 양의 방향과 이루는 각을 각각 구하라.

풀이 $y=ax+b$의 형태로 변형하면,

$y=-x+1$이므로

따라서, 기울기 : -1

절 편 : 1

x축의 양의 방향과 이루는 각 θ는

$\tan\theta = -1 \qquad \therefore\ \theta = 135^\circ$

1. 절대값 기호가 있는 1차 함수

양수나 음수를 막론하고 그 수가 항상 양의 값을 나타내는 것을 절대값이라 한다. 절대값을 표시하는 기호로는 $|\ |$를 쓰고, $|a|$를 절대값 a리 한다.

절대값 안에 들어 있는 수가 양이든 음이든 절대값은 항상 양수이다. 즉, $a \geq 0$일 때, $|a| = a$이고, $a < 0$일 때, $|a| = -a$이다.

예를 들면, 절대값을 가진 1차 함수 $y = |x+1| - 1$의 그래프를 그려보자.

(1) $x \geq -1$일 때, $|x+1| = x+1$

$\therefore\ y = (x+1) - 1 = x$

(2) $x \leq -1$일 때, $|x+1| = -(x+1)$

$\therefore\ y = -(x+1) - 1 = -x-2$

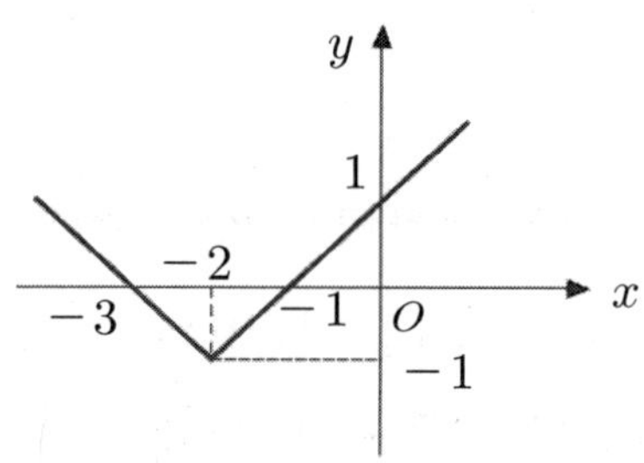

따라서, 그래프는 위의 그림과 같다. 이 그래프를 보면, $(-1,\ -1)$에서 그래프가 꺾였다. 일반적으로 x에 절대값 기호가 붙은 식에서 꺾인 점의

좌표를 구하면,

첫째, 절대값 기호 안을 0으로 하는 x값을 구한다. (이것이 x좌표이다.)

둘째, 이 x값을 준식에 대입하여 y를 구한다. (이것이 y좌표이다.)

【 절대값을 가진 1차 함수의 성질】

[1] 절대값 기호를 없앤 $y=f(x)$의 그래프를 그린다.

[2] $y=f(x)$의 그래프에서 x축 윗 부분은 그대로 살리고, x축 아래 부분은 x축을 대칭으로 하려 위로 꺾어 올린다.

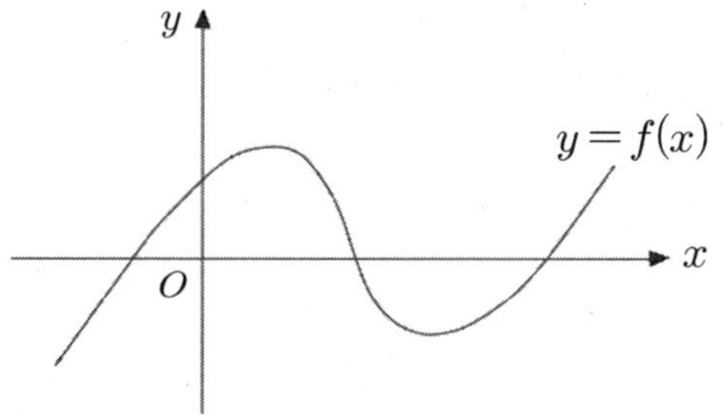

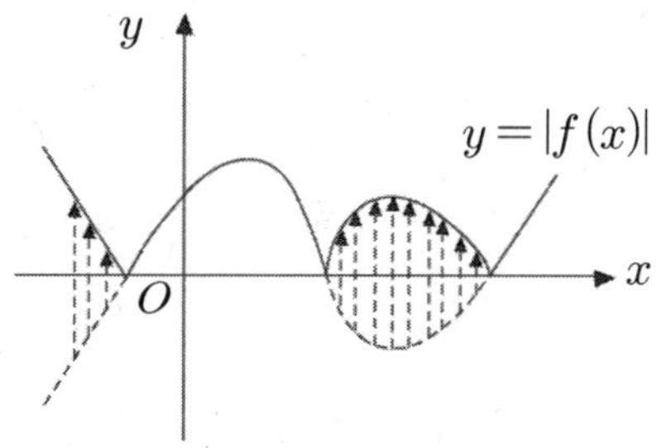

예제 6.3 다음 함수의 그래프를 그려라.

(1) $y=|x+2|+|x-1|$ (2) $|x|+|y|=2$

풀이 (1) $y=|x+2|+|x-1|$에서

① $x<-2$일 때, $y=|x+2|+|x-1|=-x-2-x+1=-2x-1$

② $-2\le x<1$일 때, $y=|x+2|+|x-1|=x+2-x+1=3$

③ $x\ge 1$일 때, $y=|x+2|+|x-1|=x+2+x-1=2x+1$

따라서 그래프는 아래와 같다.

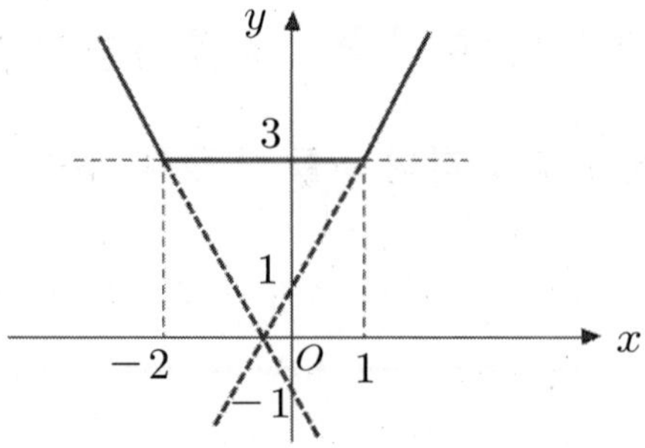

(2) x, y에 다 같이 절대값 부호가 있을 때에는 다음 네 가지 경우로 나누어서 나타내다.

① $x \geq 0$, $y \geq 0$일 때,

$x+y=2 \quad \therefore\ y=-x+2$

② $x \geq 0$, $y < 0$일 때,

$x-y=2 \quad \therefore\ y=x-2$

③ $x < 0$, $y \geq 0$일 때,

$-x+y=2 \quad \therefore\ y=x+2$

④ $x < 0$, $y < 0$일 때,

$-x-y=2 \quad \therefore\ y=-x-2$

따라서 그래프는 아래 그림과 같다.

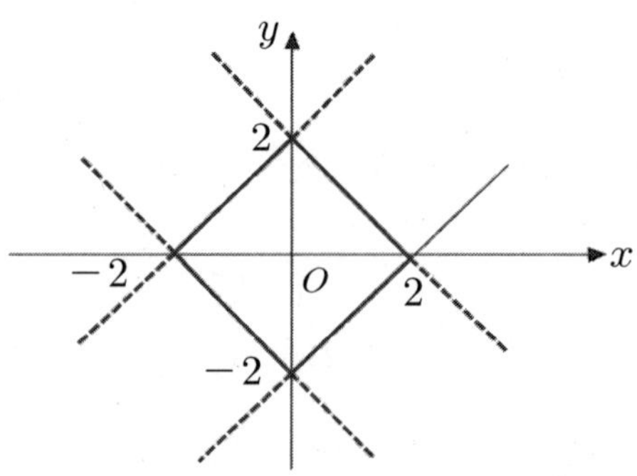

6.3 2차 함수

함수 $y=f(x)$가 x에 대한 2차의 다항식일 때. 함수

$y=ax^2+bx+c$ ($a\neq 0$, a, b, c는 상수)

를 2차 함수라 한다.

2차 함수 $y=ax^2$의 그래프는 $a>0$이면 아래로 볼록하고, $a<0$이면 위로 볼록하고 원점을 꼭지점으로 하고 y축을 대칭축으로 하는 포물선이다. 또한, $|a|$가 커질수록 곡선은 y축에 가까워진다.

[2차 함수 $y=ax^2$의 성질]

[1] $a>0$이면 아래로 볼록하고, $a<0$이면 위로 볼록하다.
[2] 원점을 꼭지점으로 하고 y축을 대칭축으로 하는 포물선이다.
[3] a의 값이 커질수록 y축에 가까워진다.

2차 함수 $y=a(x-m)^2+n$은 $y=ax^2$에서 x대신에 $x-m$, y대신에 $y-n$을 대입한 것인데 다음과 같은 성질을 갖는다.

[2차 함수 $y=a(x-m)^2+n$의 성질]

$y=ax^2$의 그래프를 x축에 따라 m만큼 y축에 따라 n만큼 평행 이동한 것이다. 따라서 $y=ax^2$의 그래프와 합동인 포물선이고,
꼭지점 : (m, n) 대칭축 : $x=m$

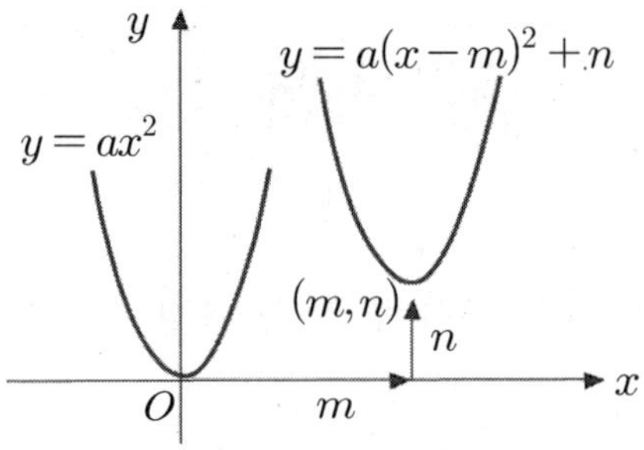

2차 함수 $y=ax^2+bx+c(a\neq 0)$에 있어서

$$y=ax^2+bx+c$$

$$=a\left\{x-\left(-\frac{b}{2a}\right)\right\}^2-\frac{b^2-4ac}{4a} \cdots\cdots ①$$

이므로, ①의 그래프는 $y=ax^2$을 x축의 양의 방향으로 $-\frac{b}{2a}$, y축의 양의 방향으러 $-\frac{b^2-4ac}{4a}$만큼 평행 이동한 것이다. 이때, 대칭축의 방정식은 $x=-\frac{b}{2a}$, 꼭지점의 좌표는 $\left(-\frac{b}{2a},\ -\frac{b^2-4ac}{4a}\right)$이다.

2차 함수 $y=ax^2+bx+c(a\neq 0)$에는 다음과 같은 성질이 있다.

{ 2차 함수 $y=ax^2+bx+c$ 의 성질 }

2차 함수 $y=ax^2+bx+c\,(a\neq 0)$ 에 있어서

[1] $a>0$ 일 때, 아래로 볼록하고, 최소값은

$$y=-\frac{(b^2-4ac)}{4a}$$

[2] $a<0$ 일 때, 위로 볼록하고, 최대값은

$$y=-\frac{(b^2-4ac)}{4a}$$

꼭지점 : $\left(-\frac{b}{2a},\ -\frac{b^2-4ac}{4a}\right)$

대칭축 : $x=-\frac{b}{2a}$

y 절편 : c

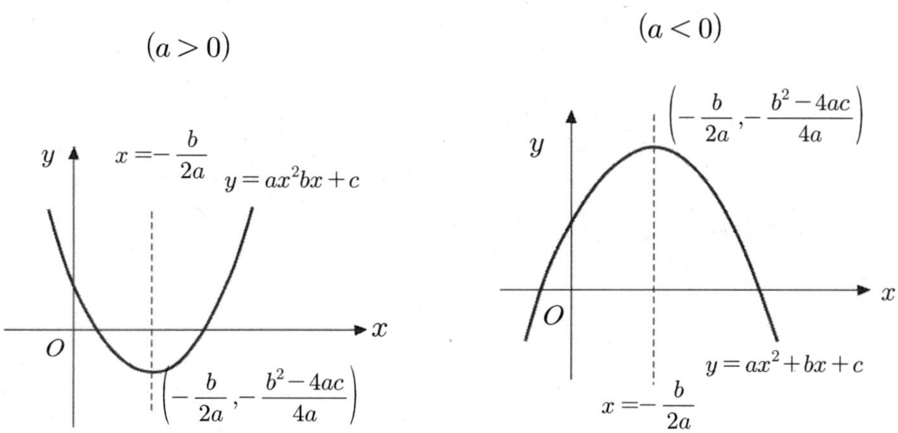

예제 6.4 다음 함수의 그래프를 그려라.

(1) $y=2x^2+1$　　(2) $y=2x^2-1$

(3) $y=x^2-4x+1$　　(4) $y=-2x^2-3x$

풀이 (1)은 $y=2x^2$ 의 그래프를 y축에 따라 1 만큼 평행이동 한 것이다.

(2)은 $y=2x^2$ 의 그래프를 y축에 따라 -1 만큼 평행이동 한 것이다.

따라서 그래프는 아래와 같다.

(3) $y=x^2-4x+3=x^2-4x+2^2+3=(x-2)^2-1$

꼭지점 : (2, -1)　　대칭축 : $x=2$

x절편 : $x=1,\ 3,$　　y축 : $y=3$

(4) $y=-2x^2-3x$

$$=-2\left\{x^2+\frac{3}{2}x+\left(\frac{3}{4}\right)^2-\left(\frac{3}{4}\right)^2\right\}$$

$$=-2\left(x+\frac{3}{4}\right)^2+\frac{9}{8}$$

꼭지점 : $\left(-\frac{3}{4},\ \frac{9}{8}\right)$,　　대칭축 : $x=-\frac{3}{4}$

x절편 : $x=0,\ -\frac{3}{2}$,　　y축 : $y=0$

(1)

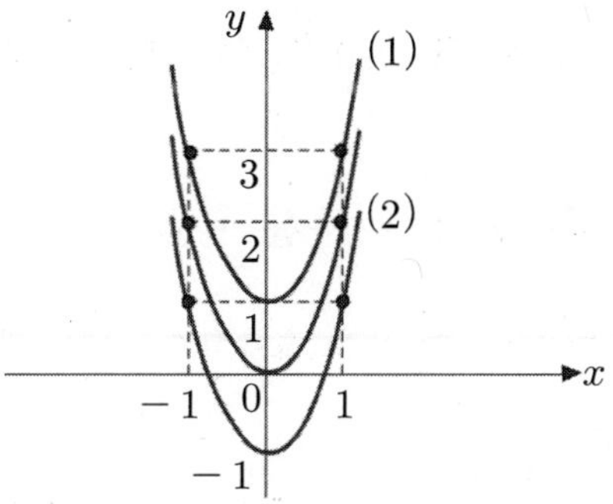

(2)

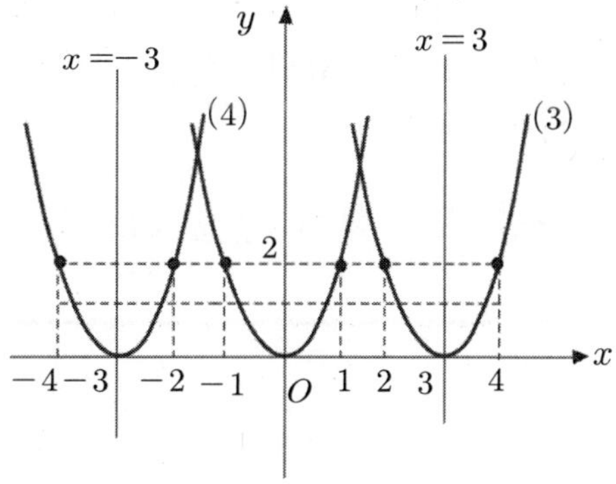

(3)

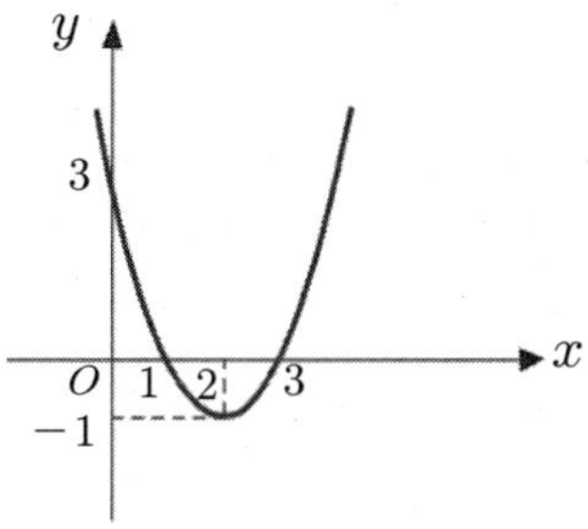

(4)

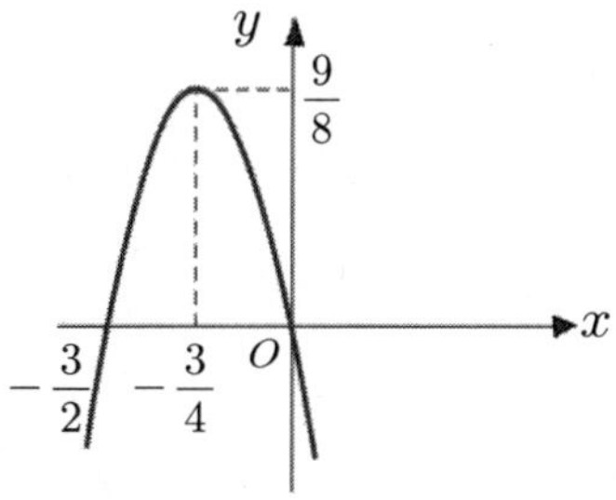

6.4 3차 함수

함수 $y=f(x)$에서 $f(x)$가 x에 대한 3차의 다항식 일 때, 함수

$$y=ax^3+bx^2+cx+d(a\neq 0,\ a,\ b,\ c,\ d\text{는 상수})$$

을 3차 함수라 한다.

여기서는 3차 함수 중에서 간단한 것만 다루기로 한다.

3차 함수 $f(x)=x^3$ 에서 $f(-x)=-x^3=-f(x)$ 이므로, $f(x)=x^3$ 의 그래프는 원점에 대해 대칭이다. 그러므로, 이 함수의 그래프를 그리려면 $x \geq 0$일 때의 그래프와 $x \leq 0$일 때의 그래프는 원점에 대칭임을 이용하여 그리는 것이 편리하다.

$x \leq 0$인 x의 여러 값에 대한 y의 값을 구하면 다음과 같다.

x	0	1	2	3	…
y	0	1	8	27	…

위의 표에 의하여 $y=x^3$의 그래프를 그리면 아래 그림과 같다.

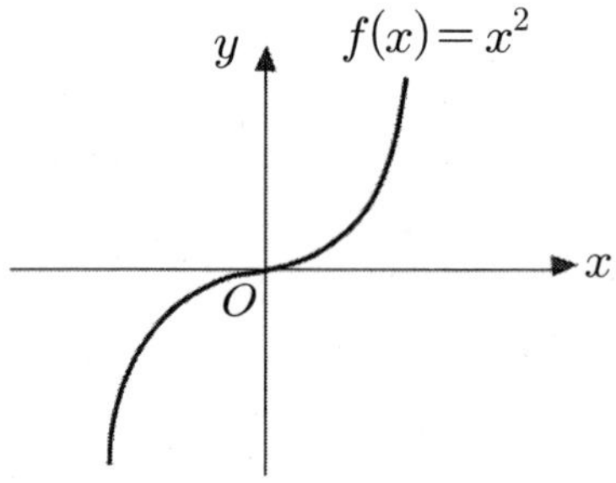

【 3차 함수 $y=ax^3$의 성질 】

[1] $a>0$ 이면, x가 증가할 때, y의 값은 증가한다.

[2] $a<0$ 이면, x가 증가할 때, y의 값은 감소한다.

[3] 원점에 대하여 대칭이다.

【 3차 함수 $y=a(x-p)^3+q$ 의 성질 】

$y=ax^3$의 그래프를 x축 방향으로 p만큼 평행이동한 식 $y=a(x-p)^3$의 그래프를 다시 y축 방향으로 q만큼 평행 이동한 그래프이다.

예제 6.5 다음 함수의 그래프를 그려라.

(1) $y=\frac{1}{2}x^3$ (2) $y=x^3+3x^2+3x$

풀이 (1) $y=\frac{1}{2}x^3$ 의 그래프는 $y=x^3$ 의 그래프에 비해 x축에 더 접근한 그래프로 아래와 같다.

(2) $y=x^3+3x^2+3x$를 변형하면

$y=x^3+3x^2+3x+1-1=(x+1)^3-1$ 이므로, 그래프는 아래와 같다.

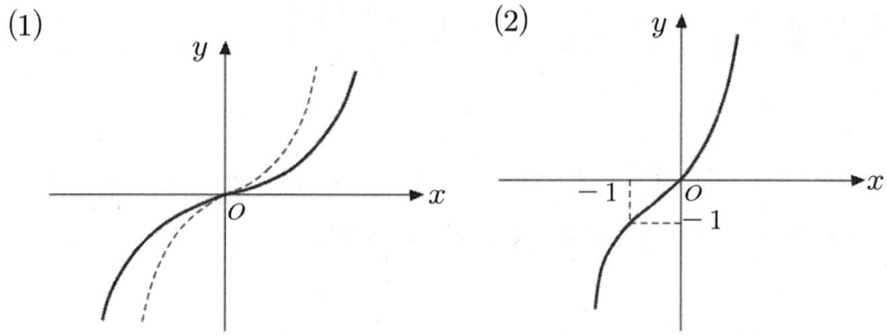

예제 6.6 3차 함수 $y=x^3$의 역함수의 그래프를 그려라.

풀이 함수 $y=x^3$에서 x와 y를 바꾸어 놓으면

$x=y^3$

그런데, 역함수의 그래프를 $y=x^3$의 그래프와 $y=x$에 대칭이므로, 오른쪽 그림과 같다.

함수 $y=x^3$의 역함수는 $y=x^{\frac{1}{3}}$ 이다.

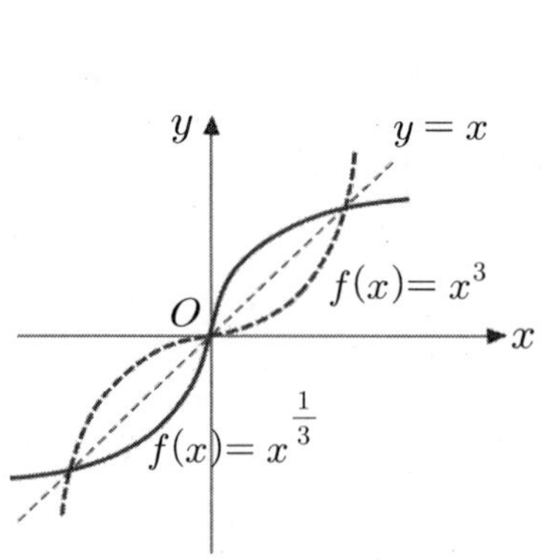

6.5 분수 함수

함수 $y=f(x)$가 x에 대한 유리수일 때, 이 함수응 유리함수라 하고, 분모가 상수가 아닌 유리함수 예를 들어,

$$\frac{1}{2x},\ \frac{1}{x-3},\ \frac{x-1}{2x+1}$$

을 분수함수라고 한다.

분수함수 $y=\frac{a}{x}\,(a\neq 0)$에 있어서, a의 값을 $a=\cdots,\ -2,\ -1,\ -\frac{1}{2}\ \frac{1}{2},$ 1, 2, ⋯ 와 같이 여러 가지로 변환시켜서 그래프를 그리면, 다음과 같은 쌍곡선이 된다. 쌍곡선 $y=\frac{a}{x}$의 그래프는 x의 절대값이 커짐에 다라 점점 x축에 접근하고, x의 값이 0에 가까워지면 점점 y축에 접근한다. 따라서, 이 쌍곡선의 점근선은 x축, y축이다. 특히, 점근선이 수직인 쌍곡선을 직각쌍곡선이라 한다.

【 분수함수 $y=\frac{a}{x}\,(a\neq 0)$의 성질 】

[1] 원점에 대하여 대칭이다. [2] 점근선은 x축, y축이다. [3] $a>0$이면, 그래프는 제 1, 3사분면에 있고, $a<0$이면, 그래프는 제 2, 4사분면에 있다. [4] $\|a\|$가 클수록 곡선은 원점에서 멀어진다.

이제 유리함수 $y=\frac{2x+3}{x+1}$의 그래프에 대하여 알아보자.

이 식을 변형하면,

$$y=\frac{2x+3}{x+1}=\frac{1}{x+1}+2$$

그러므로, $y=\frac{2x+3}{x+1}$의 그래프는 $y=\frac{1}{x}$의 그래프를 x축의 양의 방향으로 -1, y축의 양의 방향으로 2만큼 평행 이동한 것이다. 따라서 $x=-1$, $y=2$가 점근선이 된다.

일반적으로, 유리함수

$$y=\frac{ax+b}{cx+d}\quad(ad\neq bc,\ c\neq 0)\text{는}$$

$$y=\frac{k}{x-p}+q\ \cdots\cdots\ ①$$

와 같이 변형할 수 있다.

①의 그래프는 $y=\frac{k}{x}$의 그래프를 x축의 양의 방향으로 p, y축의 양

의 방향으로 q만큼 평행 이동한 것이다. 이 때, 두 직선 $x=p$, $y=q$는 이 쌍곡선의 점근선이다.

【 유리함수 $y=\dfrac{k}{x-p}+q\,(k\neq 0)$의 성질 】

> [1] $y=\dfrac{k}{x}\,(k\neq 0)$의 그래프를 x축에 따라
>
> p만큼, y축에 따라 q만큼 평행 이동한 것이다.
>
> [2] 점 $(p,\ q)$에 대하여 대칭인 지각쌍곡선이다.
>
> [3] 점근선은 $x=p$, $y=q$이다.

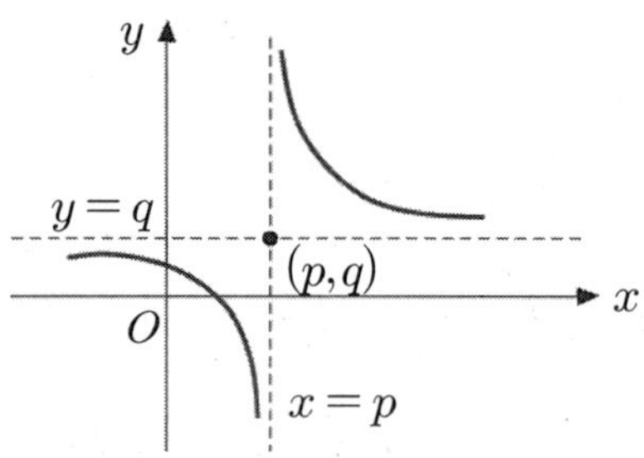

【예제】 6.7 다음 각 함수의 그래프를 그려라.

(1) $y=\dfrac{1}{x}$　　　　(2) $y=\dfrac{1}{x+3}+2$

【풀이】 (1) $y=\dfrac{1}{x}$은 $(x\neq 0)$인 범위에서 그래프를 그리면 아래와 같다.

(2) $y=\dfrac{1}{x+3}+2$의 그래프는 $y=\dfrac{1}{x}$의 그래프를 x축에 따라 -3, y축에 따라 2만큼 평행 이동한 것이다.

점근선 : $x=-3$, $y=2$

x 절편 : $y=0$ 으로부터 $x=-\dfrac{7}{3}$

y 절편 : $x=0$ 으로부터 $y=\dfrac{7}{3}$

(1)

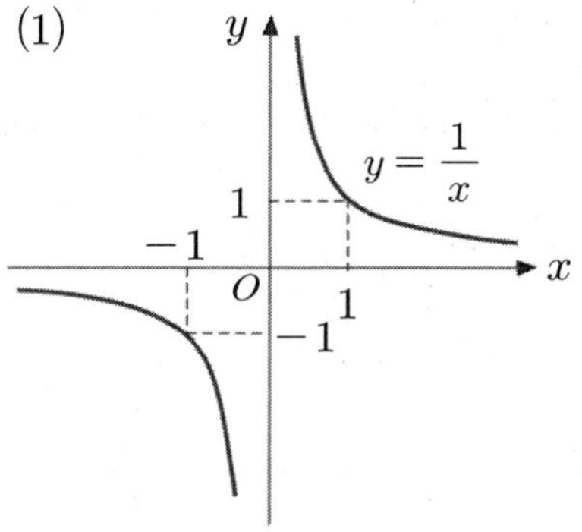

(2)

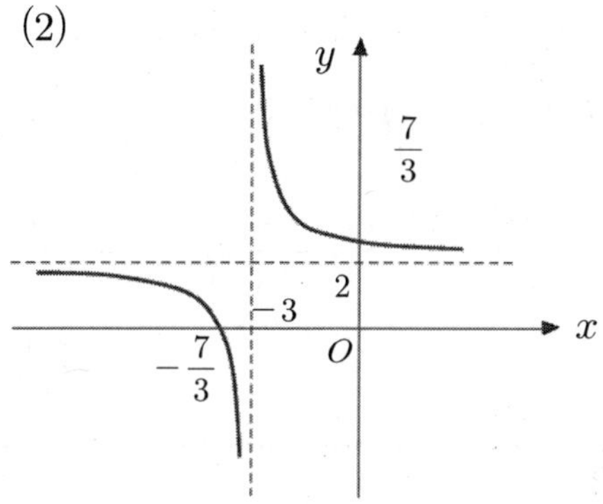

6.6 무리함수

함수 $y=f(x)$ 에서 $f(x)$ 가 x 에 대한 무리수일 때, 함수 $y=f(x)$ 를 무리함수라 한다. 예를 들어, $y=\sqrt{x}$ 의 그래프를 그려보자. x 에 $x \geq 0$ 인 여러 가지 값들을 대입하고, 이에 대응하는 y 값을 얻어 그 x 값을 x 좌표, y 값을 y 좌표로 하는 점들의 집합을 생각하면, 다음과 같은 그래프를 얻는다.

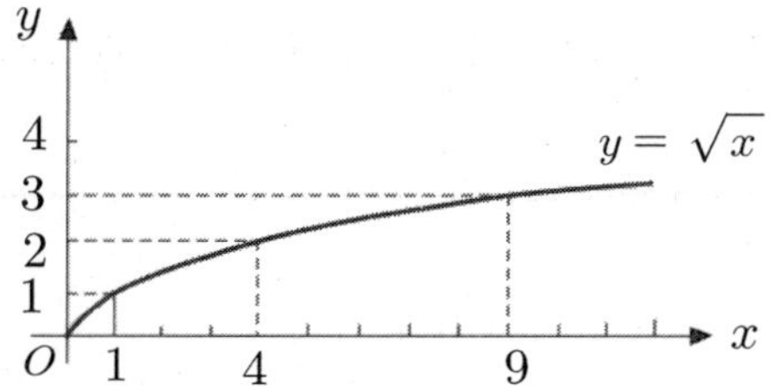

무리함수 $y=\sqrt{ax+b}+c(a\neq 0)$의 그래프를 알아보자.

이 식을 변형하면,

$$y=\sqrt{a\left(x+\frac{b}{a}\right)}+c$$

그러므로, 무리함수 $y=\sqrt{ax+b}+c$의 그래프는 $y=\sqrt{ax}$의 그래프를 x축의 양의 방향으로 $-\frac{b}{a}$, y축의 양의 방향으로 c만큼 평행이동한 것이다.

무리함수는 다음과 같은 성질을 갖는다.

{ 무리함수의 성질 }

[1] 무리함수 $y=\sqrt{ax}$의 그래프는

$a>0$일 때, $x\geq 0$이고

$a<0$일 때, $x\leq 0$이고 그래프는 아래와 같다.

[2] $y=\sqrt{x}$, $y=-\sqrt{-x}$의 그래프는 x축에 대칭이다.

[3] $y=\sqrt{-x}$, $y=-\sqrt{-x}$의 그래프는 x축에 대칭이다.

[4] $y=\sqrt{x}$의 역함수는 $y=x^2(x\geq 0)$이다.

[5] $y=\sqrt{ax+b}+c(a\neq 0)$

$$=\sqrt{a\left(x+\frac{b}{a}\right)}+c$$

의 그래프는 $y=\sqrt{ax}$의 그래프를 x축의 양의 방향으로 $-\frac{b}{a}$, y축의 양의 방향으로 c만큼 이동한 것이다.

예제 6.8 다음 무리함수의 그래프를 그려라.

(1) $y=\sqrt{x-2}-1$ (2) $y=\sqrt{4x-1}+1$

풀이 (1) $y=\sqrt{x-2}-1$의 그래프는 $y=\sqrt{x}$의 그래프를 x축으로 2만큼, y축으로 -1만큼 평행 이동한 것이다.

(2) $y=\sqrt{4x-1}+1=\sqrt{4\left(x-\frac{1}{4}\right)}+1$이므로

$y=\sqrt{4x-1}+1$의 그래프는 $y=\sqrt{4x}$의 그래프를 x축의 양의 방향으로 $\frac{1}{4}$, y축의 양의 방향으로 1 만큼 평행 이동한 것이다.

(1)

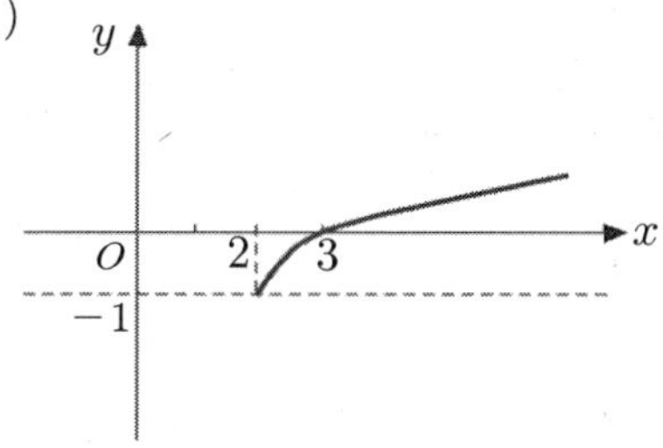

(2)

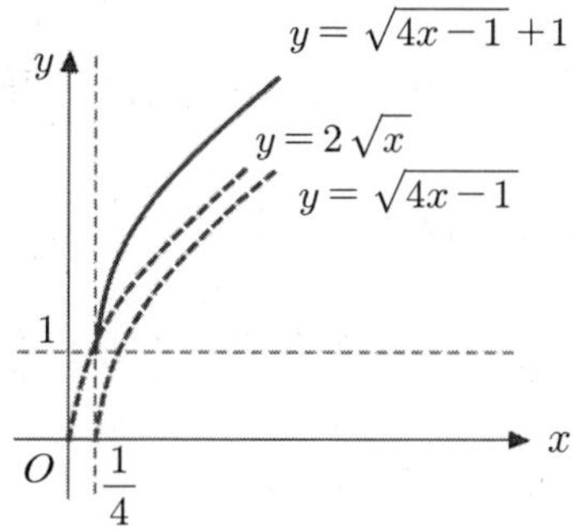

연습 문제

1. 다음 함수의 역함수를 구하라.

(1) $y = -2x+5$ (2) $y = 3x-5$

2. 다음 함수의 그래프를 그리고, 기울기, y 절편, x 축의 양의 방향과 이루는 각을 구하라.

(1) $y = 3x+2$ (2) $2x+y-1=0$

3. 다음 1차 함수의 그래프를 그려라.

(1) $y = |x+1|-1$ (2) $y = -2x+3$

4. 다음 2차 함수의 그래프를 그려라.

(1) $y = x^2-4x+3$ (2) $y = -2x^2-3x$

5. 다음 각 함수의 최대값과 최소값을 구하라.

(1) $y = 2x^2-5x+4$ (2) $y = 4x-5x$

6. 다음 분수 함수의 그래프를 그려라.

(1) $y = \frac{2}{x}+1$ (2) $y = \frac{x+1}{2x-1}$

7. 다음 무리 함수의 그래프를 그려라.

(1) $y = -\sqrt{x}$ (2) $\sqrt{-2x+4}$

제7장

미분법

7. 미분법

7.1 함수의 극한과 연속

1. 함수의 수렴

변수 x가 어떤 수 a에 한없이 가까워질 때 x는 a에 수렴한다고 하고 $x \to a$라고 쓴다. 이때 x는 결코 a와 같아지는 것을 말하는 것은 아니다.

함수 $f(x)$에서 x가 a와 다른 값을 가지면서 a에 한없이 가까워질 때 $f(x)$의 값이 유한한 크기의 일정한 값 α에 한없이 가까워지면 x가 a에 수렴할 때 함수 $f(x)$에 α에 수렴한다 하고, α를 $f(x)$의 극한값이라 한다. 이것을 기호로는

$$x \to a \text{ 일 때,} \qquad f(x) \to \alpha \qquad \text{또는} \qquad \lim_{x \to a} f(x) = \alpha$$

와 같이 나타낸다.

예제 7.1 $f(x)=x+1$ 이고 x가 1에 수렴할 때 $f(x)$의 극한값을 구하라.

풀이 $\lim_{x\to 1} f(x)=1+1=2$

$f(1)=2$ 이며 $f(1)=\lim_{x\to 1} f(x)$ 인 경우이다.

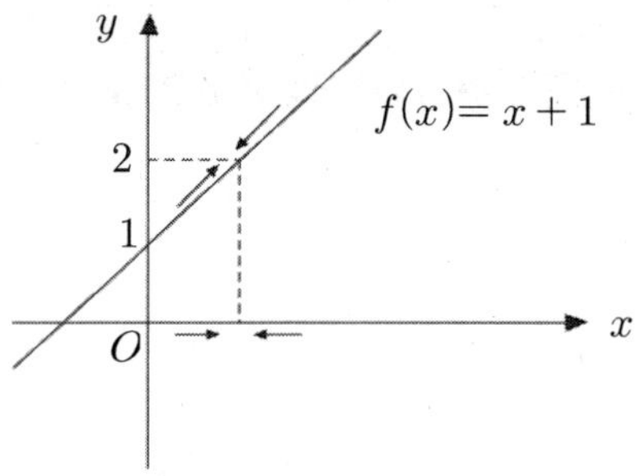

예제 7.2 $f(x)=\dfrac{x^2-4}{x-2}$ 일 때 $\lim_{x\to 1} f(x)$ 를 구하라.

풀이 $f(x)$는 $x=2$에서 정의 되지 않는다.

그러나 $x\neq 2$인 모든 실수 x에 대해

$$f(x)=\frac{(x-2)(x+2)}{x-2}=x+2$$

이므로 $\lim_{x\to 2} f(x)=2+2=4$이다.

일반적으로 $x=a$에서 함수의 값 $f(a)$가 존재하지 않아도 $x\to a$일 때, $f(x)$의 극한값은 존재할 수 있다. $x\to a$는 x가 a보다 큰 쪽과 작은 쪽 양쪽으로부터 a에 가까워짐을 뜻한다. 만일 함수 $f(x)$에서 x가 a보다 작은 값을 가지면서 a에 한 없이 가까워질 때 $f(x)$의 값이 α에 한 없이 가까워지면

$$x \to a-0 \text{일 때, } f(x) \to \alpha \text{ 또는 } \lim_{x \to a-0} f(x) = \alpha$$

로 나타내며 α를 $f(x)$의 좌극한값이라 한다.

함수 $f(x)$에서 x가 a보다 큰 값을 가지면서 a에 한없이 가까워질 때 $f(x)$의 값이 α에 한없이 가까워지면

$$x \to a+0 \text{일 때, } f(x) \to \alpha \text{ 또는 } \lim_{x \to a+0} f(x) = \alpha$$

로 나타내며 α를 $f(x)$의 우극한값이라 한다. 한편, α가 0이면 $x \to 0+0$을 $x \to +0$으로, $x \to 0-0$은 $x \to -0$으로 나타낸다. 좌극한값과 우극한값이 같지 않으면 극한값 $\lim_{x \to a} f(x)$는 존재하지 않는다. 즉, $\lim_{x \to a} f(x) = \alpha$는 $\lim_{x \to a+0} f(x)$ $\lim_{x \to a-0} f(x) = \alpha$를 뜻한다.

예제 7.3 함수 $f(x) = \dfrac{x}{|x|}$의 $x=0$에서 좌극한값과 우극한값을 구하라.

풀이 $x>0$이면, $f(x) = \dfrac{x}{|x|} = \dfrac{x}{x} = 1$

$x<0$이면, $f(x) = \dfrac{x}{|x|} = -\dfrac{x}{x} = -1$이므로

$x \to +0$일 때, $f(x) \to 1$이고 $x \to -0$일 때, $f(x) \to -1$이다.

즉, $\lim_{x \to +0} f(x) = 1$, $\lim_{x \to -0} f(x) = -1$이다.

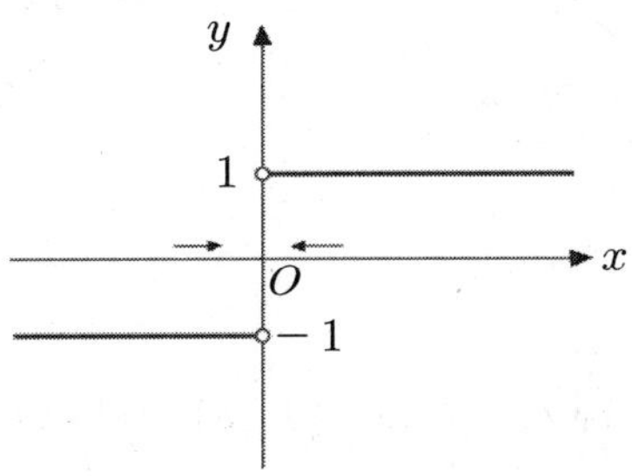

변수 x가 임의의 어떤 수보다 커질 때 무한대가 된다고 한다. x가 양이면서 그 크기가 무한대가 될 때는 x는 양의 무한대가 된다고 말하며 $x \to +\infty$라 쓰며, x는 음의 무한대가 된다고 말하며 $x \to -\infty$라 쓴다.

예제 7.4 다음 극한값을 구하라.

(1) $\lim_{x \to \pm\infty} \frac{1}{x}$ (2) $\lim_{x \to \pm\infty} \left\{\frac{1}{x} + 2\right\}$

풀이 (1) $\lim_{x \to \pm\infty} \frac{1}{x} = \frac{1}{+\infty} = 0$

(2) $\lim_{x \to \pm\infty} \left\{\frac{1}{x} + 2\right\} = \frac{1}{+\infty} + 2 = 2$

2. 함수의 발산

함수 $f(x) = \frac{1}{x^2}$은 $x \to 0$일 때 $f(x) = \infty$이고, 함수 $g(x) = -\frac{1}{x^2}$은 $x \to 0$일 때 $g(x) = -\infty$이다.

[그림 7-1]

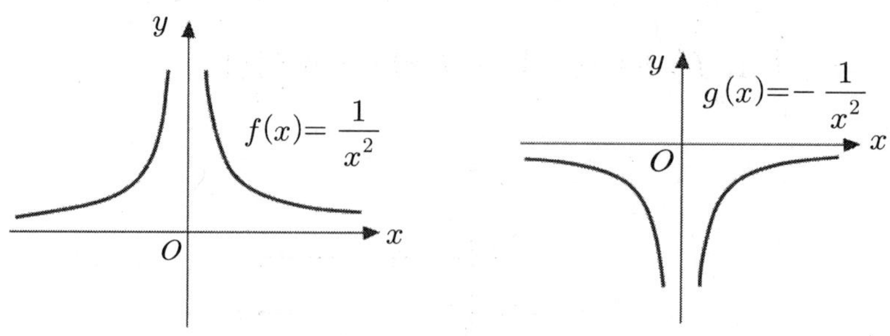

일반적으로 함수 $f(x)$에서 $x \to a$일 때 $f(x)$의 값이 한없이 커지면, $x \to a$일 때 $f(x)$는 양의 무한대로 발산한다고 하고

$$x \to a \text{ 일 때, } f(x) \to \infty \qquad \text{또는} \quad \lim_{x \to a} f(x) = \infty$$

로 나타낸다. 함수 $f(x)$에서 $x \to a$일 때 $f(x)$의 값이 음수로서 그 절대값이 한없이 커지면, $x \to a$일 때 $f(x)$는 음의 무한대로 발산한다고 하고

$$x \to a \text{ 일 때, } f(x) \to -\infty \qquad \text{또는} \quad \lim_{x \to a} f(x) = -\infty$$

로 나타낸다.

예제 7.5 다음 극한값을 구하라.

(1) $\displaystyle\lim_{x \to -1 \pm 0} \frac{1}{(1+x)}$ (2) $\displaystyle\lim_{x \to \pm\infty} x^2$ (3) $\displaystyle\lim_{x \to \pm\infty} \left(\frac{1}{2}\right)^x = 0$

풀이 (1) $\displaystyle\lim_{x \to -1 \pm 0} \frac{1}{(1+x)} = \pm\infty$

(2) $\displaystyle\lim_{x \to \pm\infty} x^2 = \infty$

(3) $\displaystyle\lim_{x \to +\infty} \left(\frac{1}{2}\right)^x = 0$

$$\lim_{x \to -\infty} \left(\frac{1}{2}\right)^x = \left(\frac{1}{2}\right)^{-\infty} = 2^{\infty} = \infty$$

---

3. 극한값의 계산

함수의 극한에는 다음과 같은 성질이 있다.

【 극한값의 기본성질 】

$\lim_{x \to a} f(x) = \alpha$, $\lim_{x \to a} g(x) = \beta$ 일 때

[1] $\lim_{x \to a} \{kf(x)\} = k\lim_{x \to a} f(x) = k\alpha$ (k는 상수)

[2] $\lim_{x \to a} \{f(x) \pm g(x)\} = \lim_{x \to a} f(x) + \lim_{x \to a} g(x) = \alpha \pm \beta$ (복호 동순)

[3] $\lim_{x \to a} \{f(x) g(x)\} = \lim_{x \to a} f(x) \cdot \lim_{x \to a} g(x) = \alpha\beta$

[4] $\lim_{x \to a} \dfrac{f(x)}{g(x)} = \dfrac{\lim_{x \to a} f(x)}{\lim_{x \to a} g(x)} = \dfrac{\alpha}{\beta}$

예제 7.6 다음 함수의 극한값을 구하라.

(1) $\lim_{x \to 2} \dfrac{x+1}{2x+1}$ (2) $\lim_{x \to 1} (x-2)(x^2+x-1)$ (3) $\lim_{x \to 1} 3\sqrt{2x+1}$

풀이 (1) $\lim_{x \to 2} \dfrac{x+1}{2x+1} = \dfrac{2}{5}$

(2) $\lim_{x \to 1} (x-2)(x^2+x-1) = -1$

(3) $\lim_{x \to 1} 3\sqrt{2x+1} = 3\sqrt{3}$

n이 양의 정수값을 가지면서 한없이 커질 때, $\lim_{n \to \infty} \left(1+\dfrac{1}{n}\right)^n$의 값은

2.71828182845⋯ 인 무리수로 알려져 있으며, 그 값을 e로 나타내어 아래와 같이 정의한다.

$$e=\lim_{n\to\infty}\left(1+\frac{1}{n}\right)^{n}$$

윗식에서 $\frac{1}{x}=x$라 하면, $n\to\infty$일 때, $x\to 0$이다. 따라서 무리수는 e는 다음과 같이 나타낼 수 있다.

$$e=\lim_{x\to 0}(1+x)^{\frac{1}{x}}$$

무리수 e를 밑으로 하는 $\log_e x=\ln x$를 자연로그라 한다.

예제 7.7 다음 극한값을 구하라.

(1) $\lim_{x\to 0}\frac{\ln(1+x)}{x}$　　　　(2) $\lim_{h\to 0}\frac{e^{h}-1}{h}$

풀이 (1) $e=\lim_{x\to 0}(1+x)^{\frac{1}{x}}$의 양변에 e를 밑으로 하는 로그를 취하면

$$1=\ln e=\ln\left\{\lim_{x\to 0x}(1+x)^{1}\right\}=\lim_{x\to 0}\left\{\ln(1+x)^{\frac{1}{x}}\right\}=\lim_{x\to 0}\left\{\frac{1}{x}\ln(1+x)\right\}$$

$$\therefore \lim_{x\to 0}\frac{\ln(1+x)}{x}=1$$

(2) $\ln(1+x)=h$라 하면, $1+x=e^{h}$이므로

$$\frac{\ln(1+x)}{x}=\frac{\ln e^{h}}{(e^{h}-1)}=\frac{h}{(e^{h}-1)}$$

$x\to 0$일 때, $h=\ln(1+x)\to 0$이므로, 윗식에서

$$1 = \lim_{x \to 0} \frac{\ln(1+x)}{x} = \lim_{h \to 0} \frac{h}{e^h - 1}$$

$$\therefore \lim_{h \to 0} \frac{e^h - 1}{h} = 1$$

4. 함수의 연속성

두 실수 a, $b(a < b)$ 에 대하여

$$a \leqq x \leqq b, \quad a < x < b, \quad a \leqq x < b, \quad a < x \leqq b$$

를 만족시키는 모든 실수의 집합을 기호로는 각각

$$[a, b], \quad (a, b), \quad [a, b), \quad (a, b]$$

와 같이 나타낸다. 또한 실수 a 에 대하여

$$x \leqq a, \quad x < a, \quad a \geqq a, \quad x > a$$

를 만족시키는 모든 실수의 집합을 기호로 각각

$$(-\infty, a], \quad (-\infty, a), \quad [a, \infty), \quad (a, \infty)$$

와 같이 나타낸다. 이들을 수직선 위에 그림을 나타내면 다음과 같다.

[그림 7-2]

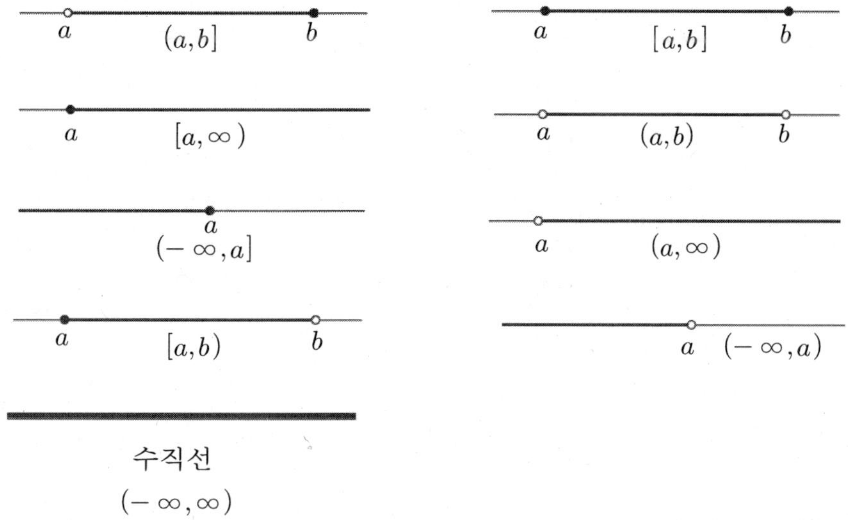

여기서 $(a,\ b)$, $(a,\ \infty)$, $(-\infty,\ a)$를 개구간, $[a,\ b]$, $[a,\ \infty)$, $(-\infty,\ a]$를 폐구간이라고 하며, 실수 전체의 집합을 $(-\infty,\ \infty)$와 같이 나타내고, 이 구간을 개구간인 동시에 폐구간이라고 정한다.

함수 $f(x)$가 연속이라는 것은 그 그래프가 어떠한 점에서도 끊어져 있지 않은 곡선으로 되어 있음을 말한다. 예를 들어, 함수 $f(x)=x+1$은 $(-\infty,\ \infty)$에서 연속이며, 어떠한 점에서도 끊어져 있지 않다.

함수 $f(x)=x+1$에서는 a가 임의의 실수이면 $f(a)=a+1$인 실수이고 $\lim_{x\to a} f(x)=\lim_{x\to a}(x+1)=f(a)$, 즉 $\lim_{x\to a} f(x)=f(a)$를 만족한다.

[그림 7-3]

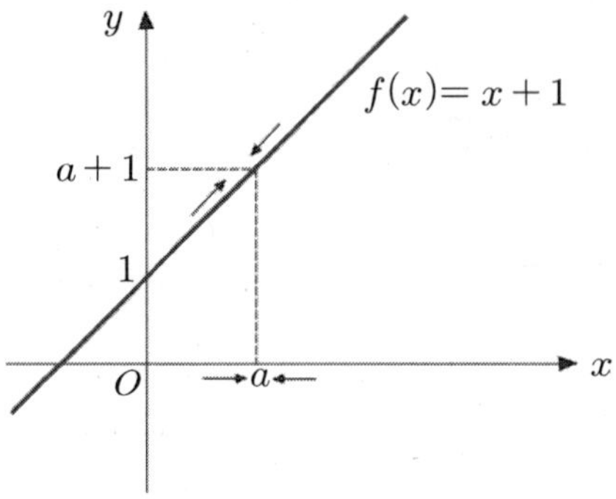

함수 $g(x)=\dfrac{x}{|x|}$ 는 그림에서 보듯이 $x=0$ 에서 불연속이다. 그러나 $x \neq 0$ 일 때 $x \neq 0$ 이면 $g(x)=1$, $x<0$ 이면 $g(x)=-1$ 이므로 함수 $g(x)$ 는 $(-\infty,\ 0)$ 과 $(0,\ \infty)$ 구간에서는 연속이다. 그런데 $x=0$ 에서 함수 $g(0)$ 가 정의되지 않고 $\lim_{x\to+0} g(x)=1$, $\lim_{x\to-0} g(x)=-1$ 이므로 $\lim_{x\to 0} g(x)$ 는 존재하지 않는다.

[그림 7-4]

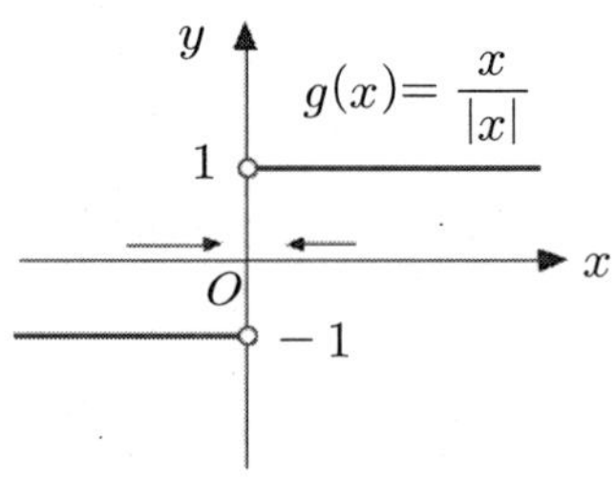

일반적으로 함수의 연속성은 임의의 점 또는 구간에서 분석하게 된다. 함수 $f(x)$ 가 $x=a$ 인 점에서 연속되기 위해서는 함수 $f(x)$ 가

(i) $x=a$ 에서 정의되어 있어야 하고

(ii) $\lim_{x\to a} f(x)$ 가 존재하며

(iii) $\lim_{x \to a} f(x) = f(a)$ 이면,

이 함수는 $x=a$ 에서 연속이라고 한다.

함수 $f(x)$ 가 어떤 구간 안의 모든 점에서 연속이면, $f(x)$ 는 이 구간에서 연속이라고 한다. 그리고 함수 $f(x)$ 가 $x=a$ 에서 연속이 아니면, 이 함수는 $x=a$ 에서 불연속이라고 한다.

예제 7.8 다음 함수의 연속성을 조사하라.

(1) $f(x) = x^2 + 4x + 5$ (2) $f(x) = \begin{cases} x^2 + 1 & (x \neq 0) \\ 0 & (x = 0) \end{cases}$

(3) $f(x) = \begin{cases} \dfrac{x}{|x|} & (x \neq 0) \\ 1 & (x = 0) \end{cases}$

풀이 (1) 임의의 실수 a 에 대해 $f(a) = a^2 + 4a + 5$ 이며.

$\lim_{x \to a} f(x) = \lim_{x \to a} (x^2 + 4x + 5) = f(a)$ 이다.

즉, $\lim_{x \to a} f(x) = f(a)$ 이므로, 구간 $(-\infty, \infty)$ 에서 $f(x)$ 는 연속이다.

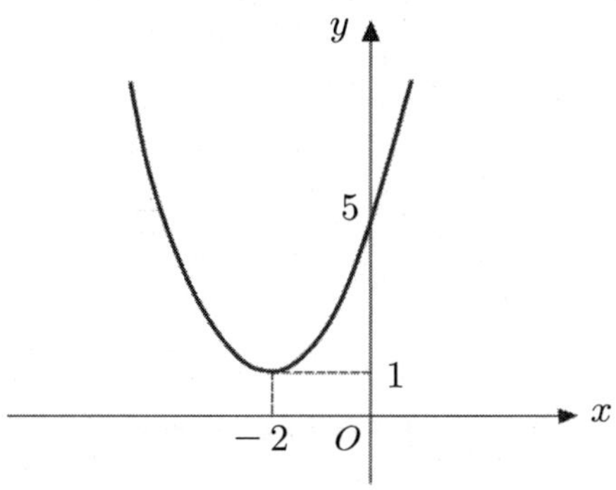

(2) $\lim_{x \to 0} f(x) = \lim_{x \to 0} x^2 + 1 = 1$

$f(0)=0$ 이므로, $\lim_{x\to 0} f(x) \neq f(0)$ 이다.

따라서, 함수 $f(x)$ 는 $x=0$ 이다.

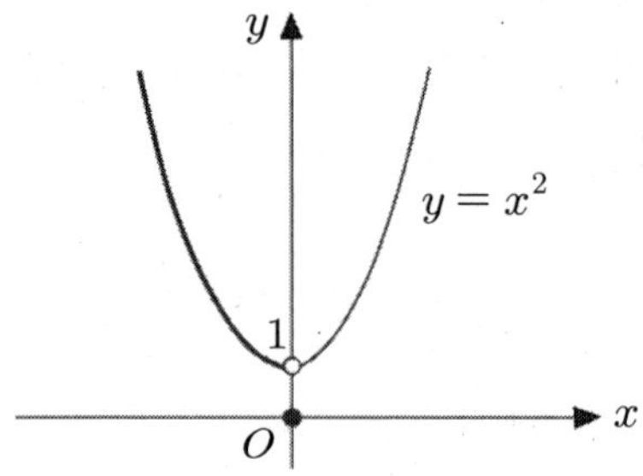

(3) $f(0)=1$ 이고,

$$\lim_{x\to +0} f(x) = \lim_{x\to 0}\frac{x}{x} = 1,\quad \lim_{x\to -0} f(x) = \lim_{x\to -0}\frac{x}{-x} = -1$$

이므로, $\lim_{x\to 0} f(x)$ 가 존재하지 않는다.

따라서, 함수 $f(x)$ 는 $x=0$ 에서 불연속이다.

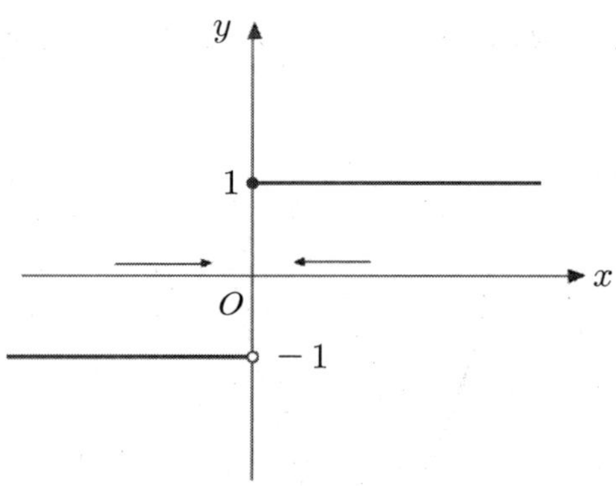

7.2 변화율과 도함수

1. 평균 변화율

시속 36km의 속도로 서서히 달리던 자동차가 브레이크를 작동시켜 10초 후에 정지하였다. 브레이크를 작동시키고부터 t(초) 동안에 움직인 거리를 S(m), S와 t 사이에는 $S(t)=10t-0.5t^2$ 의 관계가 있다고 하자. 매초마다 처음부터 움직인 거리를 계산하면 아래 표와 같다.

t	0	1	2	3	4	5	6	7	8	9	10
S(m)	0	9.5	18	25.5	32	37.5	42	45.5	48	49.5	50

브레이크를 밟고 1초에서 2초 사이의 거리의 평균변화율, 즉 평균속도는

$$\frac{S(2)-S(1)}{2-1}=\frac{18-9.5}{2-1}=8.5m/\text{sec}$$

이고, 브레이크를 밟은 후 3초에서 5초 사이의 평균속도는

$$\frac{S(5)-S(3)}{5-3}=\frac{37.5-25.5}{5-3}=6\,m/\text{sec}$$

이다.

그림 7-5 와 같은 함수 $f(x)$ 에서 x 가 a 에서 b 가지 변화할 때 함수 $f(x)$ 는 $f(a)$ 에서 $f(b)$ 까지 변화한다. 이때 $\frac{f(b)-f(a)}{b-a}$ 를 x 가 a 에서 b 까지 변할 때의 평균변화율이라 한다.

[그림 7-5]

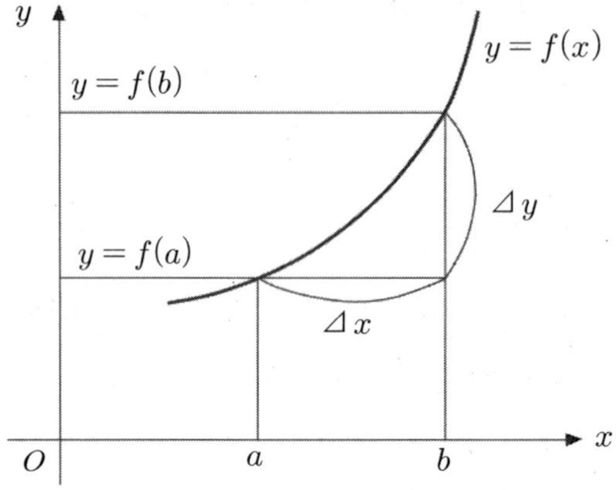

여기서, $b-a=\Delta x$, $f(b)-f(a)=\Delta y$ 라 놓고, Δx 를 x 의 증분 Δy 를 y 의 증분이라고 하면 함수 $f(x)$ 의 평균변화율은 다음과 같이 나타낼 수 있다.

$$\frac{\Delta y}{\Delta x}=\frac{f(b)-f(a)}{b-a}=\frac{f(a+\Delta x)-f(a)}{\Delta x}$$

예제 7.9 함수 $f(x)=x^2+1$ 에서 다음 구간에서의 평균변화율을 구하라.

(1) x 가 1에서 $1+\Delta x$ 까지 변한다.

(2) x 가 1에서 3까지 변한다.

풀이 (1) $\Delta y=f(1+\Delta x)-f(1)=(1+\Delta x)^2-1^2=\Delta x(2+\Delta x)$

$$\therefore \ \frac{\Delta y}{\Delta x}=2+\Delta x$$

(2) $\Delta y=f(3)-f(1)=10-2=8$

$$\therefore \ \frac{\Delta y}{\Delta x}=\frac{8}{2}=4$$

---

2. 미분계수

함수 $y=f(x)$ 에서 x가 x_1에서 $x_1+\Delta x$가지 변할 때, 이 함수의 평균 변화율은

$$\frac{\Delta y}{\Delta x}=\frac{f(x_1+\Delta x)-f(x_1)}{\Delta x}$$

이다. 여기서 $\Delta x\to 0$일 때 윗식의 극한값

$$\lim_{\Delta x\to 0}\frac{\Delta y}{\Delta x}=\lim_{\Delta x\to 0}\frac{f(x_1+\Delta x)-f(x_1)}{\Delta x}$$

이 존재하면, 함수 $f(x)$는 $x=x_1$에서 미분가능하다고 한다. 또, 이 극한값을 $x=x_1$에서의 미분계수 또는 순간변화율이라 하고, 기호로는 $f'(x_1)$으로 나타낸다. 따라서

$$f'(x_1)=\lim_{\Delta x\to 0}\frac{f(x_1+\Delta x)-f(x_1)}{\Delta x}$$

함수 $f(x)$가 어떤 구간 내의 모든 점에서 미분계수를 가지면 함수 $f(x)$는 이 구간에서 미분가능하다고 한다.

예제 7.10 함수 $f(x)=3x-2$ 에서 $f'(a)$을 구하라.

풀이 $$f'(a)=\lim_{\Delta x\to 0}\frac{f(a+\Delta x)-f(a)}{\Delta x}=\lim_{\Delta x\to 0}\frac{3(a+\Delta x)-2-(3a-2)}{\Delta x}$$

$$=\lim_{\Delta x\to 0}\frac{3\Delta x}{\Delta x}=3$$

예제 7.11 함수 $f(x)=3x^2+1$의 $f'(2)$를 구하라.

풀이 $$f'(2)=\lim_{\Delta x\to 0}\frac{f(2+\Delta x)-f(2)}{\Delta x}$$

$$= \lim_{\Delta x \to 0} \frac{\{3(2+\Delta x)^2+1\}-\{3\times 2^2+1\}}{\Delta x}$$

$$= \lim_{\Delta x \to 0} \frac{\{3(2^2+4\Delta x+\Delta x^2)+1\}-\{3\times 2^2+1\}}{\Delta x}$$

$$= \lim_{\Delta x \to 0} \frac{12\Delta x+3\Delta x^2}{\Delta x} = 12$$

3. 미분가능과 연속함수

폐구간 $[a, b]$에서 미분가능인 함수를 $f(x)$라 하면, 이 구간에 속하는 임의의 점 x_0에 대하여

$$f'(x_0) = \lim_{\Delta x \to 0} \frac{f(x_0+\Delta x)-f(x_0)}{\Delta x}$$

가 존재한다. 그런데,

$$\lim_{\Delta x \to 0} f(x_0+\Delta x)-f(x_0)$$

$$= \lim_{\Delta x \to 0} \left\{\frac{f(x_0+\Delta x)-f(x_0)}{\Delta x} \cdot \Delta x\right\}$$

$$= f'(x_0) \cdot \lim_{\Delta x \to 0} \Delta x = f'(x_0) \cdot 0 = 0$$

따라서 $\lim_{\Delta x \to 0} f(x_0+\Delta x) = f(x_0)$

그러므로, 함수 $f(x)$는 점 x_0에서 함수의 연속에 대한 3가지 조건을 만족하는 연속함수임을 알 수 있다. x_0는 구간 $[a, b]$에 속하는 임의의 점이므로, 구간 $[a, b]$에서 미분가능인 함수는 이 구간에서 연속이다.

일반적으로 미분가능인 함수는 연속함수이지만, 연속인 함수가 반드시 미분가능하지는 않는다. 예를 들어 그림 7-6에서 함수 $f(x)=|x|$는 $x=0$에서 연속이지만, $x=0$에서 미분계수가 존재하지 않는다. 즉,

$$\lim_{\Delta x \to +0} \frac{f(0+\Delta x)-f(0)}{\Delta x} = \lim_{\Delta x \to +0} \frac{\Delta x}{\Delta x} = 1$$

$$\lim_{\Delta x \to -0} \frac{f(0+\Delta x)-f(0)}{\Delta x} = \lim_{\Delta x \to -0} -\frac{\Delta x}{\Delta x} = -1$$

따라서 $\lim_{x \to 0} f'(x) \neq \lim_{x \to -0} f'(x)$이므로, 함수 $f(x)=|x|$는 $x=0$에서 미분계수가 존재하지 않는다.

{ 그림 7-6 }

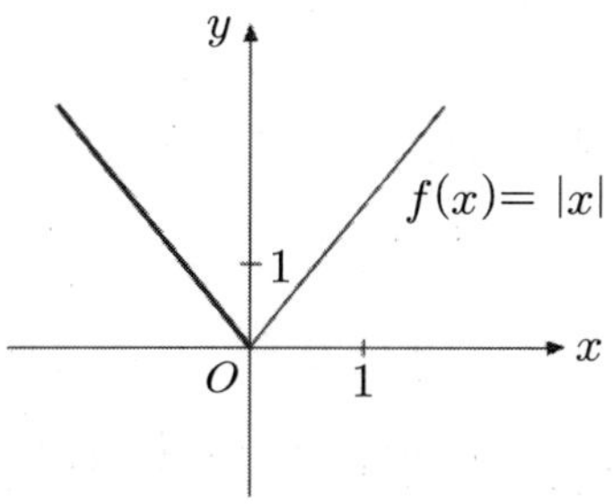

4. 미분계수와 그래프

그림 7-7과 같은 함수 $y=f(x)$에서 변수 x가 x_1에서 x_2까지 변할 때 함수 $f(x)$의 평균변화율

$$\frac{f(x_2)-f(x_1)}{x_2-x_1}$$

[그림 7-7]

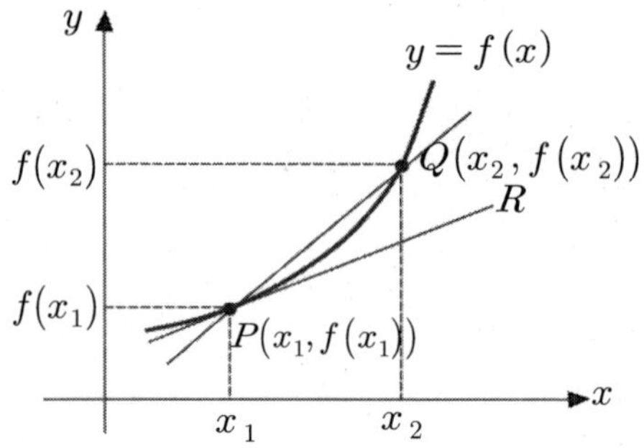

은 $y=f(x)$의 위의 두 점 P와 Q를 잇는 직선의 기울기가 된다. 여기서 x_2가 x_1에 한없이 가까워지면 점 Q는 곡선을 따라 점 P에 한없이 가까워진다.

이때,

$$\lim_{x_2 \to x_1} \frac{f(x_2)-f(x_1)}{x_2-x_1} = f'(x_1)$$

이므로 직선 PQ의 기울기는 미분계수 $f'(x_1)$에 한없이 가까워진다. 점 P를 지나고 기울기가 $f'(x_1)$인 직선을 PR이라 하면, x_2가 x_1에 한없이 가까워짐에 다라 직선 PQ는 직선 PR에 한없이 가까워진다.

[그림 7-8]

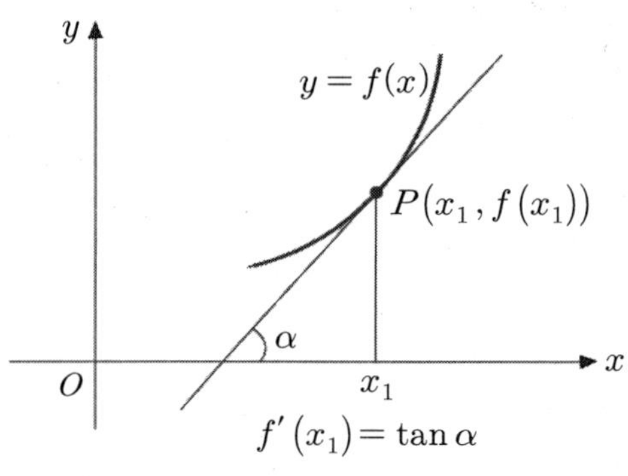

이와 같은 직선 PR을 곡선 $y=f(x)$위의 점 P에서의 접선, 점 P를 접점이라 한다.

일반적으로 함수 $y=f(x)$ 위의 점 $P(x_1, f(x_1))$에서의 접선의 기울기를 나타낸다. 따라서 그림 7-8 에서와 같이 곡선 $y=f(x)$위의 점 $P(x_1, f(x_1))$에서의 접선이 x축의 양의 방향과 이루는 각의 크기를 α라 하면, 다음 등식이 성립한다.

$$f'(x_1)=\tan\alpha$$

예제 7.12 곡선 $y=x^2+1$의 점 P의 x좌표가 $x=-1$일 때, 점 P에서 접선의 기울기를 구하라.

풀이 $$f'(-1)=\lim_{\Delta x\to 0}\frac{f(-1+\Delta x)-f(-1)}{\Delta x}$$

$$=\lim_{\Delta x\to 0}\frac{\{(-1+\Delta x)^2+1\}-\{(-1)^2+1\}}{\Delta x}$$

$$=\lim_{\Delta x\to 0}\frac{-2\Delta x+\Delta x^2}{\Delta x}=\lim_{\Delta x\to 0}(-2+\Delta x)=-2$$

예제 7.13 x좌표가 $x=a$인 점에서 접선의 기울기를 구하라.

(1) $y=2x+1$ (2) $y=x^2-3$

풀이 (1) $$f'(a)=\lim_{\Delta x\to 0}\frac{f(a+\Delta x)-f(a)}{\Delta x}$$

$$=\lim_{\Delta x\to 0}\frac{\{2(a+\Delta x)+1\}-\{2a+1\}}{\Delta x}$$

$$=\lim_{\Delta x\to 0}\frac{2\Delta x}{\Delta x}=2$$

(2) $f'(a) = \lim_{\Delta x \to 0} \frac{f(a+\Delta x) - f(a)}{\Delta x}$

$$= \lim_{\Delta x \to 0} \frac{\{(a+\Delta x)^2 - 3\} - \{a^2 - 3\}}{\Delta x}$$

$$= \lim_{\Delta x \to 0} \frac{2a\Delta x + (\Delta x)^2}{\Delta x}$$

$$= \lim_{\Delta x \to 0} (2a + \Delta x) = 2a$$

7.3 미분법

1. 도함수

함수 $f(x) = x^2$ 의 $x = a$ 에서 미분계수는 $f'(a) = 2a$ 이다. 여기서 a 를 변수로 $f'(a) = 2a$ 는 a 의 함수가 된다. 일반적으로 함수 $y = f(x)$ 에서 x 의 값이 정해지고, 이 x 에서 미분계수 $f(x)$ 가 존재한다면 $f'(x)$ 는 x 에 따라 결정되는 새로운 함수이다. 이 함수 $f'(x)$ 를 함수 $f(x)$ 의 도함수라고 하며 다음과 같다.

$$f'(x) = \lim_{h \to 0} \frac{f(x+h) - f(x)}{h}$$

함수 $y = f(x)$ 의 도함수를 기호로는

$$y', \ f'(x), \ \frac{dy}{dx}, \ \frac{d}{dx}f(x)$$

와 같이 나타낸다.

함수 $y=f(x)$ 에서 도함수 $f'(x)$ 를 구하는 것을 함수 $f(x)$ 를 x 에 대해서 미분한다고 하고, 그 계산법을 미분법이라고 한다.

예제 7.14 다음 함수의 도함수를 구하라.

(1) $y=3x^2+2x$ (2) $y=\sqrt{x}$

풀이 (1) $$\frac{f(x+h)-f(x)}{h}=\frac{\{3(x+h)^2+2(x+h)\}-\{3x^2+2x\}}{h}$$

$$=\frac{6xh+2h+3h^2}{h}=6x+2+3h$$

$$f'(x)=\lim_{h\to 0}(6x+2+3h)=6x+2$$

(2) $$\frac{f(x+h)-f(x)}{h}=\frac{\sqrt{x+h}-\sqrt{x}}{h}$$

$$=\frac{(\sqrt{x+h}-\sqrt{x})(\sqrt{x+h}+\sqrt{x})}{h(\sqrt{x+h}+\sqrt{x})}$$

$$=\frac{x+h-x}{h(\sqrt{x+h}+\sqrt{x})}=\frac{1}{(\sqrt{x+h}+\sqrt{x})}$$

$$f'(x)=\lim_{h\to 0}\frac{1}{(\sqrt{x+h}+\sqrt{x})}=\frac{1}{2\sqrt{x}}$$

2. 도함수의 계산

함수의 도함수를 구할 때마다 정의에 의해서 구하는 것은 불편하므로 도함수를 간편하게 구하는데 필요한 성질을 알고 기계적으로 환산해 나가는 것이 편리하다.

{ 미분법(1) }

[1] $\{x^n\}' = \dfrac{d}{dx}x^n = nx^{n-1}$ (n은 정수)
[2] $c' = 0$ (c는 상수)

예제 7.15 다음 함수의 도함수를 구하라.

(1) $f(x) = x^2$　　(2) $f(x) = 3$　　(3) $f(x) = x^{-3}$

풀이 (1) $f'(x) = 2x^{2-1} = 2x$

(2) $f'(x) = 0$

(3) $f'(x) = -3x^{-3-1} = -3x^{-4}$

{ 미분법(2) }

[3] $\{f(x) \pm g(x)\}' = f'(x) \pm g'(x)$ (복호동순)
[4] $\{c \cdot f(x)\}' = c \cdot f(x)$
[5] $\{f(x) \cdot g(x)\}' = f'(x) \cdot g(x) + f(x) \cdot g'(x)$
[6] $\left\{\dfrac{f(x)}{g(x)}\right\}' = \dfrac{f'(x)g(x) - f(x) \cdot g'(x)}{g(x)^2}$

예제 7.16 다음 함수의 도함수를 구하라.

(1) $f(x) = 3x^2 + 2x$　　(2) $y = (4x+1)(x^2+3x-1)$

(3) $y = \dfrac{2x+5}{3x+1}$　　(4) $y = \dfrac{x}{x^2+1}$

(5) $y = 2x^{-3}$ (6) $y = \sqrt{x}$

풀이 (1) $f'(x) = (3x^2) + (2x)' = 3(x^2)' + 2 = 3\times 2x + 2\,6x + 2$

(2) $y' = (4x+1)'(x^2+3x-1) + (4x+1)(x^2+3x-1)'$

$= 4(x^2+3x-1) + (4x+1)(2x+3)$

$= 12x^2 + 26x - 1$

(3) $y' = \dfrac{(2x+5)'(3x+1) - (2x+5)(3x+1)'}{(3x+1)^2}$

$= \dfrac{2 \cdot (3x+1) - (2x+5) \cdot 3}{(3x+1)^2}$

$= \dfrac{-13}{(3x+1)^2}$

(4) $y' = \dfrac{(x)'(x^2+1) - (x)(x^2+1)'}{(x^2+1)^2} = \dfrac{(x^2+1) - x \cdot 2x}{(x^2+1)^2}$

$= \dfrac{1-x^2}{(x^2+1)^2}$

(5) $y' = 2(x^{-3})' = -6x^{-4} = -\dfrac{6}{x^4}$

(6) $y' = \left(x^{\frac{1}{2}}\right) = \dfrac{1}{2}x^{\frac{1}{2}-1} = \dfrac{1}{2}x^{-\frac{1}{2}} = \dfrac{1}{2\sqrt{x}}$

3. 합성함수의 도함수

함수 $y = (2x-1)^2$ 은 두 함수

$$y = u^2, \quad u = 2x-1$$

의 합성으로 볼 수 있다. 일반적으로 합성함수

$$y = f\{g(x)\}$$

에서 두 함수 $y = f(u)$, $u = g(x)$가 미분 가능하면 y의 x에 대한 도함수는 y의 u에 대한 도함수와 u의 x에 대한 도함수를 구해서 이용하는 것이 편리할 경우가 있다.

x의 증분을 $\varDelta x$, u의 증분을 하고 $\varDelta u$라 하고, $\varDelta u$에 대한 y의 증분을 $\varDelta y$라 하면, x가 $\varDelta x$만큼 변화하면 u는 $\varDelta u$만큼 변화하고, 이에 따라서 y는 $\varDelta y$만큼 변화한다. 따라서 $f(u)$와 $g(x)$가 미분 가능하면

$$\frac{dy}{dx} = \lim_{\varDelta x \to 0} \frac{\varDelta y}{\varDelta x} = \lim_{\varDelta u \to 0} \frac{\varDelta y}{\varDelta u} \frac{\varDelta u}{\varDelta x}$$

$$= \lim_{\varDelta x \to 0} \frac{\varDelta y}{\varDelta u} \cdot \lim_{\varDelta x \to 0} \frac{\varDelta u}{\varDelta x} = \frac{dy}{du} \cdot \frac{du}{dx}$$

따라서 합성함수의 도함수는 다음과 같다.

【합성함수의 도함수】

> $y = f(x)$, $u = g(x)$가 미분가능할 때, 합성함수 $y = f\{g(x)\}$의 도함수는
>
> $$\frac{dy}{dx} = \frac{dy}{du} \cdot \frac{du}{dx}$$

즉, y의 x에 관한 도함수는 y의 u에 관한 도함수와 u의 x에 관한 도함수의 곱이 된다.

예제 7.17 다음 함수의 도함수를 구하라.

(1) $y = (2x-3)^2$ (2) $y = \sqrt{a^2 - x^2}$ (3) $y = \sqrt{x^2 + 2x - 3}$

풀이 (1) $u = 2x - 3$이라 하면, $y = u^2$이므로

$$\frac{dy}{du}=\frac{d}{du}u^2=2u=2(2x-3)$$

$$\frac{du}{dx}=\frac{d}{dx}(2x-3)=2$$

$$\therefore\ \frac{dy}{dx}=\frac{dy}{du}\cdot\frac{du}{dx}=2(2x-3)2=4(2x-3)$$

(2) $u=a^2-x^2$ 이라 하면, $y=u^{\frac{1}{2}}$ 이므로

$$y'=\frac{dy}{dx}=\frac{dy}{du}\cdot\frac{du}{dx}=\frac{d}{du}u^{\frac{1}{2}}\frac{d}{dx}(a^2-x^2)$$

$$=\frac{1}{2}\frac{1}{u^{\frac{1}{2}}}(-2x)=-\frac{x}{\sqrt{a^2-x^2}}$$

(3) $u=x^2+2x-3$ 이라 하면, $y=\sqrt{u}$ 이므로

$$\frac{dy}{du}=\frac{d}{du}\sqrt{u}=\frac{1}{2\sqrt{u}}=\frac{1}{2\sqrt{x^2+2x-3}}$$

$$\frac{du}{dx}=\frac{d}{dx}(x^2+2x-3)=2x+2$$

$$\therefore\ \frac{dy}{dx}=\frac{dy}{du}\cdot\frac{du}{dx}=\frac{1}{2\sqrt{x^2+2x-3}}\cdot 2(x+1)$$

$$=\frac{x+1}{\sqrt{x^2+2x-3}}$$

4. 여러 가지 함수의 미분법

(1) 삼각함수의 미분법

함수 $y=\sin x$ 에서 x 의 증분 Δx 에 대한 y 의 증분을 Δy 라 하면

$$\Delta y = \sin(x + \Delta x) - \sin x$$

이므로, 삼각함수의 공식

$$\sin\alpha - \sin\beta = 2\sin\frac{\alpha - \beta}{2}\cos\frac{\alpha + \beta}{2}$$

를 이용하면

$$\Delta y = 2\sin\frac{\Delta x}{2}\cos\left(x + \frac{\Delta x}{2}\right)$$

이다. 그러므로

$$\frac{dy}{dx} = \frac{d}{dx}\sin x = \lim_{\Delta x \to 0}\frac{\Delta y}{\Delta x}$$

$$= \lim_{\Delta x \to 0}\frac{2\sin\frac{\Delta x}{2}\cos\left(x + \frac{\Delta x}{2}\right)}{\Delta x}$$

$$= \lim_{\Delta x \to 0}\frac{\sin\frac{\Delta x}{2}}{\frac{\Delta x}{2}} \cdot \lim_{\Delta x \to 0}\cos\left(x + \frac{\Delta x}{2}\right)$$

$$= 1 \cdot \cos x$$

$$= \cos x$$

따라서, 다음의 관계식이 성립한다.

$$\frac{d}{dx}\sin x = \cos x$$

예제 7.18 다음 등식이 성립함을 보여라.

(1) $(\cos x)' = -\sin x$ (2) $(\tan x)' = \sec^2 x$

풀이 (1) $\cos x = \sin\left(\frac{\pi}{2} - x\right) = \sin$, $u = \frac{\pi}{2} - x$ 라 하면

$$\frac{d}{dx}\cos x = \frac{d}{dx}\sin u \frac{du}{dx} = \cos u(-1)$$

$$= -\cos\left(\frac{\pi}{2} - x\right) = -\sin x$$

(2) $\tan x = \dfrac{\sin x}{\cos x}$ 이므로 몫의 미분법 공식을 이용하면 된다.

$$\frac{d}{dx}\tan x = \frac{d}{dx}\frac{\sin x}{\cos x} = \frac{(\sin x)'(\cos x) - (\sin x)(\cos x)'}{\cos^2 x}$$

$$= \frac{\cos^2 x + \sin^2 x}{\cos^2 x} = \frac{1}{\cos^2 x} = \sec^2 x$$

삼각함수의 도함수는 다음과 같다.

[삼각함수의 미분법]

$(\sin x)' = \cos x$ $(\cos x)' = -\sin x$

$(\tan x)' = \sec^2$ $(\cot x)' = -\operatorname{cosec}^2 x$

$(\sec)' = \sec x \tan x$ $(\operatorname{cosec} x)' = -\operatorname{cosec} x \cot x$

삼각함수 $\sin x$, $\cos x$ 는 모든 실수에 대하여 도함수가 존재하므로, 구간 $(-\infty, \infty)$ 에서 연속이고 $\tan x$ 는 $x = \pm\pi/2$, $x = \pm 3\pi/2$, $x = \pm 5/2\pi$, … 등에서 불연속이다.

예제 7.19 다음 함수의 도함수를 구하라.

(1) $y=\sin\left(2x+\frac{\pi}{3}\right)$ (2) $y=\tan 3x$

(3) $y=\cos^2 x$ (4) $y=\sin x\cos x$

풀이 (1) $2x+\frac{\pi}{3}=u$ 라 하면, $y=\sin u$ 이므로

$$\frac{dy}{dx}=\frac{d}{dx}\sin u=\frac{d}{du}\sin u\cdot\frac{du}{dx}$$

$$=\cos u\cdot 2=2\cos\left(2x+\frac{\pi}{3}\right)$$

(2) $3x=u$ 라 하면, $y=\tan u$ 이므로

$$\frac{dy}{dx}=\frac{d}{dx}\tan u=\frac{d}{du}\tan u\cdot\frac{du}{dx}$$

$$=\sec^2 u\cdot 3=3\sec^2 3x$$

(3) $\cos x=u$ 라 하면, $y=u^2$

$$\frac{dy}{dx}=\frac{d}{du}u^2\cdot(-\sin x)=-2\cos x\cdot\sin x$$

(4) $y'=(\sin x)'\cos x+\sin x(\cos x)'=\cos^2 x-\sin^2 x=\cos 2x$

(2) e^x 의 미분법

함수 $y=e^x$ 에서

$$\frac{\Delta y}{\Delta x}=\frac{e^{x+\Delta x}-e^x}{\Delta x}=\frac{e^x e^{\Delta x}-e^x}{\Delta x}=e^x\frac{e^{\Delta x}-1}{\Delta x}$$

예제 7.7에서 보듯이 $\lim_{h \to 0} \frac{e^h - 1}{h} = 1$ 이므로

$$\{e^x\}' = e^x \lim_{\Delta x \to 0} \frac{e^{\Delta x} - 1}{\Delta x} = e^x \cdot 1 = e^x$$

따라서, e^x 의 도함수는 아래와 같다.

{ e^x 의 도함수 }

$$\{e^x\}' = \frac{d}{dx} e^x = e^x$$

즉, 정수 e 를 밑으로 하는 지수함수 e^x 는 미분해도 변하지 않는다.

예제 7.20 $y = e^{ax}$ 을 미분하라

풀이 $u = ax$ 이라 하면 $y = e^u$ 이고, y 의 x 에 관하여 미분은

$$\frac{dy}{dx} = \frac{dy}{du} \cdot \frac{du}{dx} = \frac{d}{du} e^u \frac{d}{dx}(ax) = e^u \cdot a = ae^{ax}$$

---

(3) $\ln x$ 함수의 미분법

$\ln x$ 이면, 정의에 의해서 $x = e^y$ 이므로

$$\frac{dy}{dx} = \frac{1}{\frac{dx}{dy}} = \frac{1}{\frac{d}{dy} e^y} = \frac{1}{e^y} = \frac{1}{x}$$

따라서, $\ln x$ 의 도함수는 아래와 같다.

{ $\ln x$ 의 도함수 }

$$\{\ln x\}' = \frac{d}{dx}\{\ln x\} = \frac{1}{x}$$

즉, x 의 자연로그의 도함수는 $\frac{1}{x}$ 과 같다.

예제 7.21 $y=\ln(1+x)$ 를 미분하라.

풀이 $u=1+x$ 라 하면 $y=\ln u$ 이고, x 에 대해 미분하면

$$\frac{dy}{dx} = \frac{dy}{du} \cdot \frac{du}{dx} = \frac{d}{du}\ln u \cdot \frac{d}{dx}(1+x) = \frac{1}{u} \cdot 1 = \frac{1}{1+x}$$

---

(4) 고계도함수

함수 $y=f(x)$ 의 도함수 $y'=f'(x)$ 는 x 의 함수이다. 함수 $f'(x)$ 가 미분가능이면

$$\frac{dy'}{dx} = \lim_{\Delta x \to 0} \frac{f'(x+\Delta x)-f'(x)}{\Delta x}$$

가 존재하며, 이것을 $y=f(x)$ 의 제2계 도함수라고 하고 기호로는

$$y'',\ f''(x),\ \frac{d^2y}{dx^2},\ \frac{d^2f(x)}{dx^2}$$

와 같이 나타낸다.

제2계 도함수를 제3계 도함수라 하며, 처음 도함수 $f'(x)$ 을 제1계 도함수라고 한다. 일반적으로 이렇게 차례 차례로 나가면 n 차 도함수를 얻을 수 있다.

$$y^{(n)},\ f^{(n)}(x),\ \frac{d^n y}{dx^n},\ \frac{d^n f(x)}{dx^n}$$

제2계 이상의 도함수를 고계도함수라고 한다.

예제 7.22 다음 함수의 제2계 도함수를 구하라.

(1) $y=3x^2+2x-3$ (2) $y=\dfrac{1}{x-1}$ (3) $y=e^x\cos x$

풀이 (1) $y'=6x+2\ y'=6$

(2) $y=(x-1)^{-1},\ y'=-(x-1)^{-2},$

$$y''=2(x-1)^{-3}=\frac{2}{(x-1)^3}$$

(3) $y'=e^x\cos x-e^x\sin x$

$$y''=e^x\cos x-e^x\sin x-e^x\cos x=-2e^x\sin x$$

7.4 미분법의 응용

1. 곡선의 접선

함수 $y=f(x)$의 $x=x_1$에서의 미분계수 $f'(x_1)$은 곡선 $y=f(x)$ 위의 점 P에서 의 접선의 기울기를 나타내므로, 이 점에서의 접선의 방정식은

$$y-f(x_1)=f'(x_1)(x-x_1)$$

이 된다.

【그림 7-9】

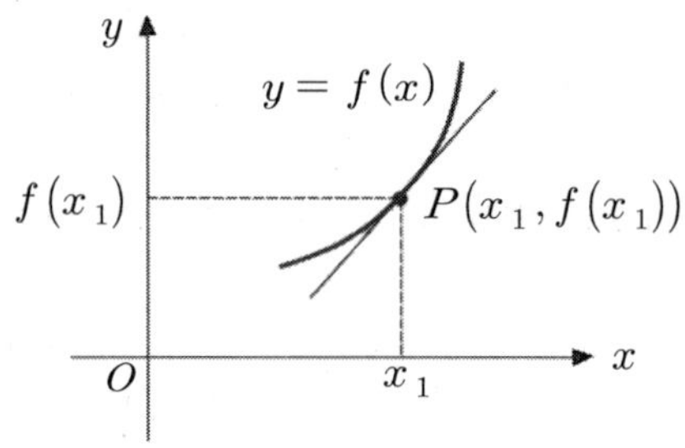

【예제】 7.23 곡선 $f(x)=-x^2+4x$ 위의 점(1, 3)에서 그은 접선의 방정식을 구하라.

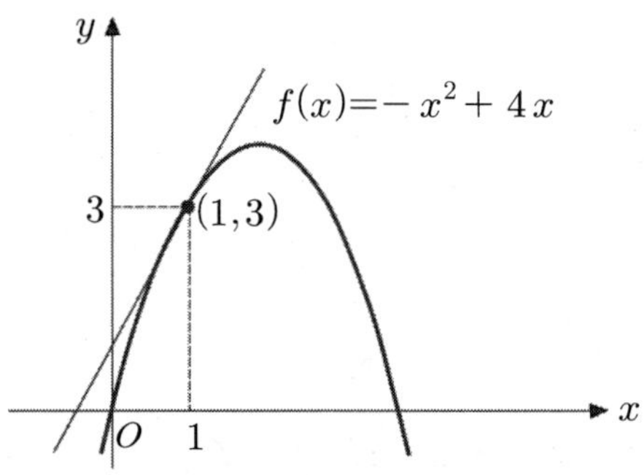

풀이 $f'(x)=-2x+4$ 이므로 점(1, 3)에서 접선의 기울기는 $f'(1)=2$ 이다.

따라서, 구하는 접선의 방정식은

$y-3=2(x-1)$

$\therefore y=2x+1$

【예제】 7.24 곡선 $f(x)=x^2+4x-1$ 에서 다음을 구하라.

(1) 접선이 x 축에 평행일 때 접점의 좌표를 구하라.

(2) 기울기가 -2 인 접선의 방정식을 구하라.

풀이 (1) x 축에 평행인 접선의 기울기는 0 이므로

$f'(x) = 2x + 4 = 0$

$\therefore x = -2$

$y = f(-2) = (-2)^2 + (-2) - 1 = -5$

따라서, 구하는 접점의 좌표는 (−2, −5)이다.

(2) 기울기가 -2 이므로

$f'(x) = 2x + 4 = -2$

$\therefore x = -3$

$y = f(-3) = (-3)^2 + 4(-3) - 1 = -4$

따라서, (−3, −4)를 지나고 기울기가 -2 인 접선의 방정식은

$y + 4 = -2\{x - (-3)\}$

$\therefore y = -2x - 10$

2. 함수의 증가, 감소

그림 7-10에서 곡선을 따라 왼쪽에서 오른쪽으로 움직이면 곡선은 올라간다. 즉, x 가 증가하면 함수값 y 는 증가한다. 그림 7.11에서는 곡선을 따라 왼쪽에서 오른쪽으로 움직일 때 곡선은 내려간다. 즉, x 가 증가함에 따라 함수값 y 는 감소한다. 함수 $y = f(x)$ 에서 x 가 증가할 때 y 도 증가하면 함수 $f(x)$ 는 증가한다라고 하며, x 가 증가할 때 y 가 감소하면 함수 $f(x)$ 는 감소한다라고 한다.

【그림 7-10】

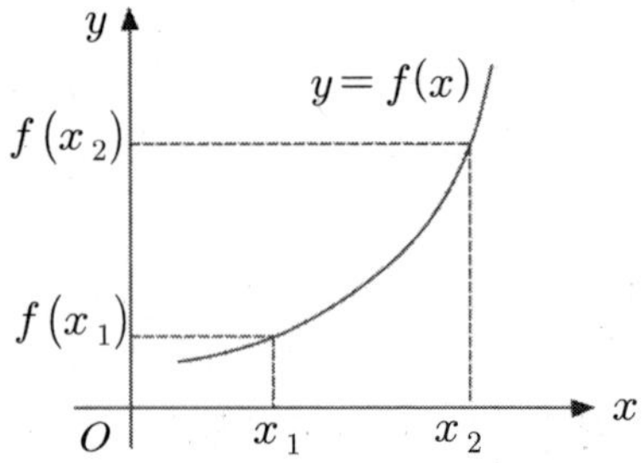

【그림 7-11】

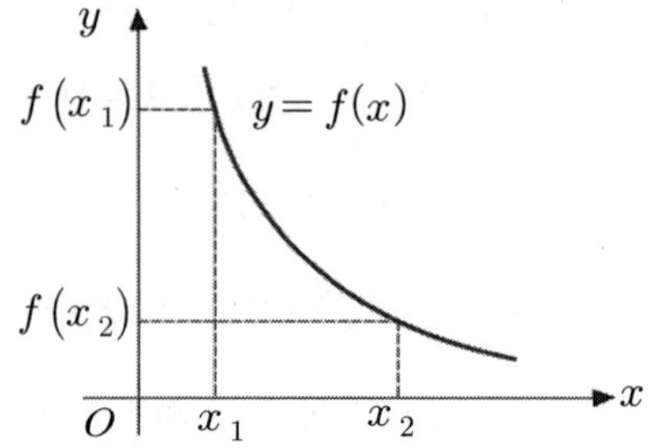

이제 그림 7-12와 같은 함수의 그래프를 생각해 보자. x축의 왼쪽에서 오른쪽으로 따라가 보면 x값이 증가함에 따라 점 $x=1$에 이르기까지 y값은 커지고, $x=1$부터 $x=2$까지는 y값은 작아지며, 또 $x=2$를 지나면 y값은 증가하게 된다. 정리하면

【그림 7-12】

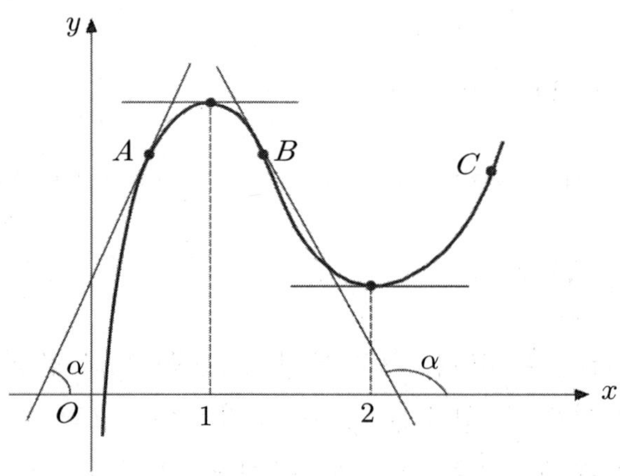

(i) x가 $-\infty$부터 1까지 증가하면 함수 $f(x)$는 증가한다.

(ii) 1에서 2까지는 함수 $f(x)$가 감소한다.

(iii) 2에서 ∞ 가지는 함수 $f(x)$ 가 증가한다.

함수 $f(x)$ 가 어떤 구간에서 증가하면 이 구간에서 증가함수라 하고, 감소하면 감소함수라고 한다.

그림 7-12에서 그래프상의 점 A 에서 함수는 증가하고 접선이 x 축과 이루는 각 α 는 $0 < \alpha < 90^\circ$ 이며, 그 기울기 $\tan\alpha > 0$ 이다. 점 B 의 부근에서는 함수는 감소하고, 그 접선이 x 축과 이루는 각 α 는 90° 보다는 크고, 그 기울기 $\tan\alpha$ 는 0보다 작은 값이다.

일반적으로 어떤 구간에서 함수 $f(x)$ 가 미분가능하면 도함수는

$$f'(x) = \lim_{h \to 0} \frac{f(x+h) - f(h)}{h}$$

이다.

$$h > 0 \text{ 일 때, } x < x+h$$

이므로 $f(x)$ 가 증가함수이면

$$f(x+h) - f(h) > 0$$

$$f'(x) = \lim_{h \to 0} \frac{f(x+h) - f(h)}{h} > 0$$

$f(x)$ 가 감수함수이면

$$f(x+h) - f(h) < 0$$

$$f'(x) = \lim_{h \to 0} \frac{f(x+h) - f(h)}{h} < 0$$

이다.

따라서, 함수의 도함수의 부호와 함수의 증가, 감소는 다음과 같다.

{ 함수의 증가감소 }

함수 $f(x)$ 가 어떤 구간 안의 모든 점에서 미분가능하고

(1) $f'(x) > 0$ 이면, $f(x)$ 는 증가함수이다.

(2) $f'(x) < 0$ 이면 $f(x)$ 는 감소함수이다.

예제 7.25 다음 함수의 증가, 감소를 알아보아라

(1) $f(x) = 4x - 2x^2$

(2) $f(x) = 2x^3 - 9x^2 + 12x - 3$

(3) $f(x) = \sin x (0 \leq x \leq \pi)$

풀이 (1) $f'(x) = 4 - 2x = 2(2 - x)$

$x < 2$ 일 때 $f'(x) > 0$, $x > 2$ 일 때 $f'(x) < 0$

따라서, 구간 $-\infty < x < 2$ 에서 $f(x)$ 는 증가,

구간 $2 < x < \infty$ 에서 $f(x)$ 는 감소

(2) $f'(x) = 6x^2 - 18x + 12 = 6(x-1)(x-2)$

$x < 1$ 일 때 $f'(x) > 0$, $1, x < 2$ 에서 $f'(x) < 0$, $x > 2$ 에서 $f'(x) > 0$

따라서, $-\infty < x < 1$ 일 때 $f(x)$ 는 증가, $1 < x < 2$ 에서 $f(x)$ 는 감소, $2 < x < \infty$에서 $f(x)$ 는 증가

(3) $f'(x) = \cos x$

$0 < x < \pi/2$ 에서 $f(x)$ 는 감소, $\pi/2 < x < \pi$ 에서 $f(x)$ 는 증가

---

3. 함수의 극대, 극소

함수 $f(x)=\frac{1}{3}x^3-4x$ 에서 $f'(x)=x^2-4=(x-2)(x+2)$ 이므로, $f'(x)$ 부호 변화는 다음 표와 같고 $f(x)$ 의 그래프는 그림 7.13와 같다.

x	$\cdots$	-2	$\cdots$	2	$\cdots$
$f'(x)$	$+$	0	$-$	0	$+$
$f(x)$	↗	$\frac{16}{3}$	↘	$-\frac{16}{3}$	↗

[그림7-13]

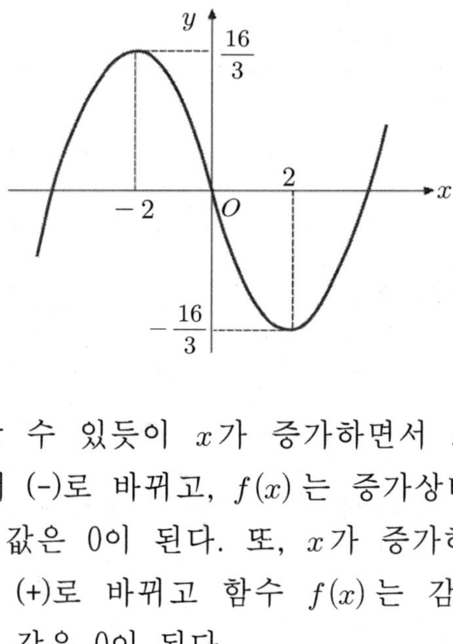

그림 7.13에서 알 수 있듯이 x가 증가하면서 $x=-2$를 지날 때 함수 $f'(x)$의 값은 (+)에서 (-)로 바뀌고, $f(x)$는 증가상태에서 감소상태로 변하게 되며, $f'(-2)$의 값은 0이 된다. 또, x가 증가하면서 $x=2$를 지날 때 $f'(x)$의 값은(-)에서 (+)로 바뀌고 함수 $f(x)$는 감소상태에서 증가상태로 변하게 되며 $f'(2)$의 값은 0이 된다.

함수 $f(x)=\frac{1}{3}x^3-4x$ 에서 $f(-2)$ 의 값은 $x=-2$의 직전과 직후, 즉

$-2-\Delta x$ 와 $-2+\Delta x$ 에서의 $f(x)$ 의 값보다 큰 값을 가지게 되며, $f(2)$ 의 값은 $x=2$ 의 직전과 직후에서의 $f(x)$ 의 값보다 작은 값을 가지게 된다.

일반적으로 $x=a$ 에서 함수 $f(x)$ 가 연속이고 x 가 증가함에 따라 $f(x)$ 가 증가상태에서 감소상태로 변하게 되면 $f(x)$ 는 $x=a$ 에서 극대라 하고, $f(a)$ 를 극대값이라고 한다. 또, x 가 증가하면서 $f(x)$ 가 감소상태에서 증가상태로 변하게 되면 $f(x)$ 는 $x=a$ 에서 극소라 하고 $f(a)$ 를 극소값이라고 한다.

일반적인 $f(x)$ 의 극대, 극소의 판정법은 다음과 같다.

【극대, 극소의 판정법(1)】

함수 $y=f(x)$ 가 $x=a$ 에서 연속이고, x 가 증가하면서 a 를 지날 때

[1] $f'(x)$ 의 부호가 +에서 −로 변하면, $f(x)$ 는 $x=a$ 에서 극대가 되고, 극대값은 $f(a)$ 이다.

[2] $f'(x)$ 의 부호가 −에서 +로 변하면, $f(x)$ 는 $x=a$ 에서 극소가 되고, 극소값은 $f(a)$ 이다.

예제 7.26 $y=x^3-6x+9x-3$ 의 극대값과 극소값을 구하라.

풀이 $f(x)=x^3-6x^2+9x-3$

$f'(x)=3x^2-12x+9=3(x-1)(x-3)$ 이므로

$f'(x)=0$ 에서 $x=1$, $x=3$

$f'(x)$ 의 부호 변화에 다른 $f(x)$ 의 증감표는

x	$\cdots$	1	$\cdots$	3	$\cdots$
$f'(x)$	$+$	0	$-$	0	$+$
$f(x)$	↗	1	↘	-3	↗

따라서, $x=1$ 에서 극대이고 극대값은 1

$x=3$ 에서 극소이고 극소값은 -3

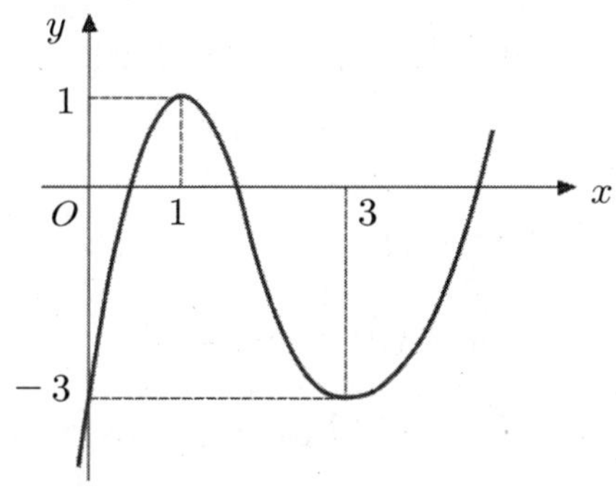

이미 다루었던 함수 $f(x)=\dfrac{1}{3}x^3-4x$ 는 $x=-2$ 에서 극대이고 $x=2$ 에서 극소이다. 극대, 극소에서 $f(x)$ 의 제2계 도함수의 성질을 살펴보자.

$$f'(x)=x^2-4=(x-2)(x+2)$$

이므로 제2계 도함수는

$$f''(x)=2x$$

이다. 따라서, 극대점 $x=-2$ 에서 $f''(-2)=-4<0$ 이고, 극소값$x=2$ 에서 $f''(2)=4>0$ 이다.

일반적으로 $f'(x)$의 제2계 도함수를 이용한 극대값과 극소값의 판정법은 아래와 같다.

【극대, 극소의 판정법(2)】

함수 $y=f(x)$에 있어서 $f'(a)=0$ 일 때

[1] $f''(a)>0$ 이면, $f(x)$는 $x=a$에서 극소이고 극소값은 $f(a)$

[2] $f''(a)<0$ 이면, $f(x)$는 $x=a$에서 극대이고 극대값은 $f(a)$

예제 7.27 제 2계 도함수를 이용하여 $f(x)=x^3-6x-9x+11$의 극대값과 극소값을 구하라.

풀이 $f(x)=x^3-3x^2-9x+11$

$f'(x)=3x^2-6x-9=3(x+1)(x-3)$

이므로 $f'(x)=0$을 만족하는 x는 $x=-1$, $x=3$

$f''(x)=6x-6$

$f''(x)=-12<0$, $f''(3)=12>0$

이므로 $x=-1$에서 함수 $f(x)$는 극대이고 극대값은 $f(-1)=16$

$x=3$에서 함수 $f(x)$는 극소이고 극소값은 $f(3)=-16$

예제 7.28 변의 길이가 12cm인 정사각형 철판의 네 귀에서 동일한 정사각형을 잘라내어 가장 큰 부피의 윗면이 없는 상자를 만들려고 한다. 베어내어야 할 정사각형의 변의 길이는 얼마로 해야 하는가?

풀이 x를 작은 정사각형을 변(상자의 길이가 된다)이라고 하자. 그러면$12-2x$는 상자의 밑면이 되는 정사각형의 길이가 된다. 따라

서 상자의 부피를 $V(x)$라 하면

$$V(x)=(12-2x)^2 x$$

그러므로

$$V'(x)=(12-2x)^2-4x(12-2x)$$

$$=12^2-96x+12x^2=12(x-6)(x-2)$$

$V'(x)=0$을 만족하는 x값은 $x=2$, $x=6$이면 철판을 점부 베어내게 되어서 상자를 만들 재료가 없어지게 된다.

$$V'(x)=-96+24x$$

그러므로

$$V''(2)=-32<0$$

따라서, $x=2$일 때 $V(2)=128$은 극대값이며 상자 부피가 최대인 값이다.

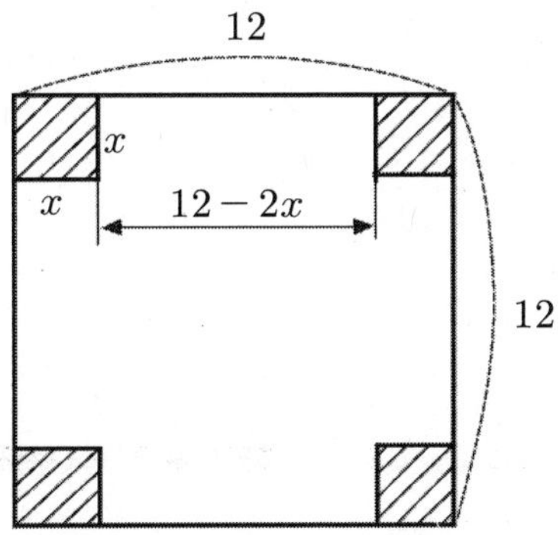

4. 속도와 가속도

직선상의 한 점 P가 운동하고 있는데, 시각 t에서의 위치를 $x=f(t)$라고 하면 시각 t가 $t+\Delta t$로 변화 했을 때 위치의 변화는

$$\Delta x=f(t+\Delta t)-f(t)$$

가 된다. 따라서 $\dfrac{\Delta x}{\Delta t}$ 는 시각 t 와 $t+\Delta t$ 사이에서 물체에서 평균속도가 된다.

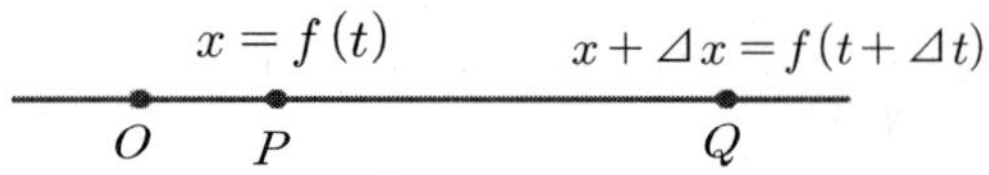

시각 t 에서 속도는 v 는

$$v=\frac{dx}{dt}=\lim_{\Delta t\to 0}\frac{\Delta x}{\Delta t}=\lim_{\Delta t\to 0}\frac{f(t+\Delta t)-f(t)}{\Delta t}$$

이다.

속도 v 에는 부호가 있으며, $|v|$ 는 속력으로 한다. $v>0$ 이면 t 가 증가함에 따라서 x가 증가, 운동의 방향은 좌표축의 음의 방향과 일치한다.

같은 방법으로 Δt 동안에 물체의 속도 변화를 Δv 라고 하면, 속도의 변화율인 가속도는

$$a=\frac{dv}{dt}=\lim_{\Delta t\to 0}\frac{v(t+\Delta t)-v(t)}{\Delta t}$$

이다.

예제 7.29 축 위를 움직이는 점 P의 좌표 x와 시각 t 사이에 $x=\dfrac{1}{3}t^3-\dfrac{3}{2}t^2+2$ 있을 때

(1) $t=2$ 에서의 속도와 가속도를 구하라.

(2) 속도가 4가 되는 순간의 시각과 그대의 가속도를 구하라.

풀이 (1) $v(t)=\dfrac{dx}{dt}=t^2-3t$, $a(t)=\dfrac{dv}{dt}=2t-3$

$v(2) = -2, \quad a(2) = 1$

(2) $v(t) = t^2 - 3t = 4$ 이므로

$t^2 - 3t - 4 = (t-4)(t+1) = 0$ 을 만족하는 t 는 $t = -1, \ t = 4$

시각 t 는 $t \geq 0$ 이어야 하므로 $t = 4$

따라서, 시각 $t = 4$ 에서 $a(4) = 5$

예제 7.30 지상에서 초속 v_0 로서 위로 던져진 물체의 t 초 후의 높이 S는

$$S = v_0 t - \frac{1}{2} g t^2$$

로 주어지고, g 는 중력가속도이다. $g = 10m/\text{sec}$ 라 가정하고 초속 $v_0 = 20m/\text{sec}$ 일 때 다음에 답하라.

(1) 발사 후 3초 후의 속도와 가속도를 구하라.

(2) 최고점에 도달하는데 걸리는 시간과 최고점의 높이를 구하라.

풀이 (1) $S = 20t - 5t^2$

속도 $v = \dfrac{ds}{dt} = 20 - 10t$ 이므로, $v(3) = -10m/\text{sec}$

가속도 $a = \dfrac{dv}{dt} = -10m/\text{sec}^2$

(2) 최고점에 도달한다는 것은 높이의 극대값을 구하는 것이므로

$S'(t) = v(t) = 20 - 10t = 0$ 에서 $t = 2\text{sec}$

최고 높이 $S(2) = 20m$

연습 문제

1. 다음 극한값을 구하라.

(1) $\lim_{x \to 2} 2x$ (2) $\lim_{x \to 2} (x^2 + 3x + 4)$

(3) $\lim_{x \to \infty} \left(\frac{1}{x+1}\right)$ (4) $\lim_{x \to \infty} \frac{3x}{4x+3}$

(5) $\lim_{x \to \frac{\pi}{2}} \frac{\cos x + 1}{2 - \sin x}$ (6) $\lim_{x \to \infty} \frac{1}{(3x-2)}$

(7) $\lim_{x \to \infty} (3^x - 4^x)$ (8) $\lim_{x \to \infty} \left(1 + \frac{2}{x}\right)^x$

2. 다음 함수의 도함수를 구하라.

(1) $y = 3x^2$ (2) $y = 2x^3 - 4x + 3$

(3) $y = (3x+1)(2+x^2)$ (4) $y = \frac{2x^3 + 3x + 1}{x^2}$

(5) $y = \frac{x}{x+1}$ (6) $y = x\sqrt{x}$

(7) $y = (2x+3)^2$ (8) $y = \sqrt{2x^3 - 3x + 2}$

3. 다음 함수를 미분하라.

(1) $y = x\sin x$ (2) $y = \cos\left(3x + \frac{\pi}{2}\right)$

(3) $y = \sin x \cos x$ (4) $y = 2x\tan x$

(5) $y=\sin^3 x$ (6) $y=2\cos^2 3x$

(7) $y=(1-x^2)\tan x$ (8) $y=\sec^2 3x$

(9) $y=\cos^2\left(\frac{1}{x}\right)$ (10) $y=-\frac{\cos x+2}{\sin x}$

4. 다음 함수를 미분하라.

(1) $y=\ln(3x+2)$ (2) $y=\ln|\sin x|$

(3) $y=e^{2x+3}$ (4) $y=e^x\sin x$

5. 다음 함수의 제2계 도함수를 구하라.

(1) $y=2x^3+3x^2+1$ (2) $y=\frac{1}{x+1}$

(3) $y=\ln(x+2)$ (4) $y=e^x\sin x$

6. 곡선 $f(x)=x^2-3x+2$ 위의 점(2, 0)에서 그은 접선의 방정식을 구하라.

7. 함수 $f(x)=x^3-12x+2$ 의 극대값과 극소값을 구하라.

8. 지상에서 초속 200km/ 초의 속도로 똑바로 쏘아올린 물체의 t 초 후의 높이를 xm 라 하면, x 와 t 사이에는 $x=200t-10t^2$ 인 관계가 있다고 하자.

(1) 발사 후 15초 후의 속도와 가속도를 구하라.

(2) 최고점에 도달하는데 몇 초가 걸리는가?

(3) 지상에서 최고점까지의 높이를 구하라.

9. 반지름 10㎝인 원에 내접하는 최대 넓이의 직사각형을 구하라.

제8장

적분법

8. 적분법

8.1 부정적분

1. 부정적분

함수 $F(x)$ 를 미분하여 도함수 $f(x)$ 를 구하는 미분과는 반대로 $F'(x) = f(x)$를 만족하는 함수 $F(x)$ 를 구하는 것을 적분이라 한다. 이때 함수 $f(x)$ 를 피적분함수, $F(x)$ 를 $f(x)$ 의 부정적분 또는 원시함수라 하고 수식으로 아래와 같이 쓴다.

$$F(x) = \int f(x)dx$$

따라서 적분의 계산법은 미분과 밀접한 관계가 있다. 예를 들어 피적분함수 $f(x) = 1$ 의 원시함수는 $F(x) = x$, 피적분함수가 $f(x) = x$ 이면 원시함수는 $F(x) = \frac{1}{2}x^2$ 일 수 있다.

x^2, x^2+1, x^2+2, x^2+3 인 함수들의 도함수는 같은 $2x$ 이다. 역으로 $2x$ 의 원시함수는 x^2+C의 형태로 주어지고 C의 값에 다라 무수히 많은 수가 존재하게 된다. 일반적으로 $f(x)$ 의 부정적분의 하나를 $F(x)$ 라 할 때 임의의 함수 $f(x)$ 의 부정적분은

$$\int f(x)\,dx = F(x) + C$$

가 되고, 이때 C는 적분상수라고 한다.

피적분함수 $f(x)$ 가 되는 함수 $F(x)$ 를 구하는 것이 되므로 적분은 바로 미분의 역연산이 된다. 따라서 미분과 적분사이에는 아래와 같은 관계가 있다.

$$\int f(x)dx = F(x), \quad \text{즉} \quad f(x) = F'(x)$$

일 때

$$\int \left(\frac{d}{dz} f(x) \right) dx = f(x) + C$$

$$\frac{d}{dx}\left(\int f(x)dx \right) = f(x)$$

2. 부정적분의 계산

함수의 부정적분을 구하는 과정은 원시함수의 도함수를 구하는 과정의 역산이므로 기본적인 부정적분의 공식은 도함수의 공식으로부터 얻을 수 있다.

함수 x^n 의 도함수는 $\frac{d}{dx}(x^n) = nx^{n-1}$ 이고 $\ln x$ 의 도함수가 $\frac{1}{x} = x^{-1}$ 이므로 x^n 의 부정적분은 아래 식과 같다.

{ x^n 의 부정적분 }

(1) $n \neq -1$ 일 때, $\int x^n \, dx = \dfrac{x^{n+1}}{n+1} + C$

(2) $n = -1$ 일 때, $\int \dfrac{1}{x} dx = \ln x + C$

예제 8.1 다음 부정적분을 구하라.

(1) $\int 3dx$ (2) $\int x^2 dx$ (3) $\int x^{-2} dx$

풀이 (1) $\int 3dx = 3x + C$

(2) $\int x^2 dx = \dfrac{1}{3} x^3 + C$

(3) $\int x^{-2} dx = -\dfrac{1}{3} x^{-3} + C$

함수의 부정적분에는 다음과 같은 성질이 있다.

{ 부정적분의 기본 공식 }

[1] $\int \{f(x) \pm g(x)\} dx = \int f(x) dx \pm \int g(x) dx$ (복호동순)

[2] $\int cf(x) = c \int f(x) dx$ (c 는 상수)

예제 8.2 다음을 계산하라.

(1) $\int (x^2+5x-3)dx$

(2) $\int \left(\frac{4}{x}-3x^{\frac{1}{2}}\right)dx$

(3) $\int \frac{1}{(x+1)}dx$

풀이 (1) $\int (x^2+5x-3)dx = \int x^2 dx + 5\int x dx - \int 3 dx$

$$= \frac{1}{3}x^3+\frac{5}{2}x^2-3x+C$$

(2) $\int \left(\frac{4}{x}-3x^{\frac{1}{2}}\right)dx = 4\ln x - 3\times\frac{2}{3}x^{\frac{3}{2}}+C = 4\ln x - 2x^{\frac{3}{2}}+C$

(3) $\int \frac{1}{(x+1)}dx = \ln(x+1)+C$

지수함수 $y=a^z(a>0,\ a\neq 1)$ 의 미분에서

$$(a^x)'=a^x\ln a,\quad (e^x)'=e^x$$

이므로 지수함수의 부정적분은 다음과 같다.

[지수함수의 부정적분]

[1] $\int a^x dx = \frac{a^x}{\ln a}+C \quad (a>0,\ a\neq 1)$

[2] $\int e^x dx = e^x + C$

예제 8.3 다음 부정적분을 구하라.

(1) $\int(3^x - 2^x)dx$ (2) $\int(3e^x - 2^x)dx$

풀이 (1) $\int(3^x - 2^x)dx = \dfrac{3^x}{\ln 3} - \dfrac{2^x}{\ln 2} + C$

(2) $\int(3e^x - 2^x)dx = 3e^x - \dfrac{2^x}{\ln 2} + C$

삼각함수의 미분법으로부터 아래와 같은 삼각함수의 적분공식을 얻는다.

【 삼각함수의 부정적분 】

[1] $\dfrac{d}{dx}(\sin x) = \cos x \quad \int \cos x\,dx = \sin x + C$

[2] $\dfrac{d}{dx}(\cos x) = -\sin x \quad \int \sin s\,dx = -\cos x + C$

[3] $\dfrac{d}{dx}(\tan x) = \sec^2 x \quad \int \sec^2 x\,dx = \tan x + C$

[4] $\dfrac{d}{dx}(\cot x) = -\csc^2 x \quad \int \csc^2 x\,dx = -\cot x + C$

[5] $\dfrac{d}{dx}(\sec x) = \sec x \tan x \quad \int \sec x \tan x\,dx = \sec x + C$

[6] $\dfrac{d}{dx}(\mathrm{cosec}\,x) = -\mathrm{cosec}\,x cot\,x \quad \int \mathrm{cosec}\,x \cot x = -\mathrm{cosec}\,x + C$

예제 8.4 다음의 부정적분을 구하라.

(1) $\int (\cos x + \sqrt{3}\sin x)dx$　　(2) $\int \sin^2 x dx$

(3) $\int \tan^2 x dx$　　(4) $\int \frac{\cos^2 x}{1-\sin x}dx$

풀이 (1) $\int (\cos x + \sqrt{3}\sin x)dx = \sin x - \sqrt{3}\cos x + C$

(2) $\int \sin^2 x dx \int \left(\frac{1-\cos 2x}{2}\right)dx = \int \frac{1}{2}\left(x - \frac{1}{2}\sin 2x\right) + C$

(3) $\int \tan^2 x dx = \int (\sec^2 x - 1)dx$

$= \int \sec^2 x dx - \int 1 dx = \tan x - x + C$

(4) $\int \frac{\cos^2 x}{1-\sin x}dx \int \frac{1-\sin^2 x}{1-\sin x}dx = \int \frac{(1+\sin x)(1-\sin x)}{1-\sin x}dx$

$= \int (1+\sin x)dx = x - \cos x + C$

3. 치환적분

부정적분 $F(x) = \int f(x)dx$ 에서 $x = g(t)$ 를 만족하는 새로운 변수 t 를 도입하면

$$F(x) = F\{g(t)\}$$

가 되고, 이 식을 t 로 미분하면

$$\frac{dF(x)}{dt} = \frac{dF(x)}{dx} \cdot \frac{dxdt}{} F'(x) \cdot \frac{d\{g(t)\}}{dt} = f\{g(t)\}g'(t)$$

가 되므로

$$F(x)=\int f(x)dx=\int f\{g(t)\}g'(t)dt$$

를 얻는다.

[치환적분법]

$$\int f(x)dx=\int f\{g(t)\}g'(t)dt$$

함수 $f(x)$ 의 x 에 대한 $x=g(t)$ 인 관계를 만족하는 변수 t 가 존재하면 $f\{g(t)\}\cdot g'(t)$ 에 t 에 관한 부정적분으로 변환할 수 있다. 이 방법을 이용하면 복잡한 꼴의 부정적분을 적당한 변수의 변환에 의해서 간단한 꼴의 함수의 부정적분으로 바꿔 놓을 수도 있다. 이러한 적분법을 치환적분법이라고 부른다.

예제 8.5 다음을 적분하라.

(1) $\int \cos(3x+1)dx$ (2) $\int (2x-1)^2 dx$

(3) $\int e^{3x-1}dx$ (4) $\int \frac{x}{\sqrt[3]{2x-1}}dx$

풀이 (1) $3x+1=t$ 라 하면 $x=\frac{1}{3}(t-1)$, $\frac{dx}{dt}=\frac{1}{3}$ 이고

$dx=\frac{1}{3}dt$ 이므로

$$\int \cos(3x+1)dx=\int \frac{\cos t}{3}dt=\frac{1}{3}\sin t+C$$

$$=\frac{1}{3}\sin(3x+1)+C$$

(2) $2x-1=t$ 라 하면 $x=\frac{1}{2}(t+1)$, $\frac{dx}{dt}=\frac{1}{2}$ 이고

$dx=\frac{1}{2}dt$ 이므로

$$\int(2x-1)^2dx=\int\frac{t^2}{2}dt=\frac{1}{6}t^3+C=\frac{1}{6}(2x-1)^3+C$$

(3) $3x-1=t$ 라 하면 $x=\frac{1}{3}(t+1)$, $\frac{dx}{dt}=\frac{1}{3}$ 이고

$dx=\frac{1}{3}dt$ 이므로

$$\int e^{3x-1}dx=\int\frac{e'}{3}dt=\frac{1}{3}e'+C=\frac{1}{3}e^{(3x-1)}+C$$

(4) $\sqrt[3]{2x-1}=t$ 라 하면 $x=\frac{1}{2}(t^3+1)$, $dx=\frac{3}{2}t^2dt$ 이므로

$$\int\frac{x}{\sqrt[3]{2x-1}}dx=\int\frac{t^3+1}{2t}\cdot\frac{3}{2}t^2dt=\frac{3}{4}\int(t^4+t)dt$$

$$=\frac{3}{4}\left(\frac{t^5}{5}+\frac{t^2}{2}\right)+C=\frac{3}{40}t^2(2t^3+5)+C$$

$$=\frac{3}{40}(4x+3)\sqrt[3]{(2x-1)^2}+C$$

4. 부분적분법

두 함수 $f(x)$ 와 $g(x)$의 곱 $f(x)\cdot g(x)$ 를 미분하면

$$\{f(x)\cdot g(x)\}'=f'(x)g(x)+f(x)g'(x)$$

윗식의 양변을 적분하면

$$f(x)g(x)=\int f'(x)g(x)dx+\int f(x)g'(x)dx$$

따라서 아래와 같은 식이 성립한다.

【 부분적분법 】

$$\int f(x)' g(x) dx = f(x) g(x) - \int f(x) g'(x) dx + C$$

윗식은 좌변과 같은 꼴의 피적분함수를 적분하는 것 보다 우변의 두 번째항을 적분하는 것이 쉬운 경우에 사용하며 이러한 적분법을 부분적분법이라고 한다.

【예제】 8.6 다음을 계산하라.

(1) $\int x e^x dx$ (2) $\int \ln x dx$

(3) $\int x \sin 2x dx$ (4) $\int e^x \sin x dx$

【풀이】 (1) $f'(x) = e^x$, $g(x) = x$ 리 하면

$f(x) = e^x$, $g'(x) = 1$

$$\int x e^x dx = e^x x - \int e^x \cdot 1 dx = e^x x - e^x + C = e^x (x-1) + C$$

(2) $\int \ln x dx = \int 1 \cdot \ln x dx$ 이므로

$f'(x) = 1$, $g(x) = \ln x$ 라 하면 $f(x) = x$, $g'(x) = \frac{1}{x}$

$$\int \ln x dx = x \ln x - \int x \cdot \frac{1}{x} dx + C x \ln x - x + C$$

(3) $f'(x) = \sin 2x$, $g(x) = x$ 라 하면

$f(x) = -\frac{1}{2}\cos 2x$, $g'(x) = 1$

$$\int x\sin 2x\,dx = -\frac{1}{2}\cos 2x \cdot x - \int\left(-\frac{1}{2}\cos 2x\right)\cdot 1\,dx$$

$$= -\frac{1}{2}x\cos 2x + \frac{1}{2}\int \cos 2x\,dx + C$$

$$= -\frac{1}{2}x\cos 2x + \frac{1}{4}\sin 2x + C$$

(4) $g(x) = e^x$, $f'(x) = \sin x$ 라 하면

$g'(x) = e^x$, $f(x) = -\cos x$ 이므로

$$\int e^x \sin x\,dx = -e^x\cos x + \int e^x \cos x\,dx$$

다시 $g(x) = e^x$, $f'(x) = \cos x$ 라 하면

$$\int e^x \cos x\,dx = e^x \sin x - \int e^x \sin x\,dx$$

따라서,

$$\int e^x \sin x\,dx = -e^x\cos x + e^x \sin x - \int e^x \sin x\,dx$$

$$\therefore \int e^x \sin x\,dx = \frac{1}{2}e^x(\sin x - \cos x) + C$$

5. 부분분수에 의한 적분법

분모와 분자가 모두 다항식인 분수식의 부정적분은 피적분함수를 부분분수로 분해해서 적분을 용이하게 만들 수가 있다. 분자의 차수가 분모의 차수보다 큰 경우에는 나눗셈을 하여 분자의 차수가 분모의 차수보다 작게 한 후에 아래 방법에 따라 부분분수로 분해한다.

{ 부분분수에 의한 적분법 }

[1] $(ax+b)^n$ 이 분모의 인수일 때

$$\frac{A_1}{ax+b}+\cdots+\frac{A_n}{(ax+b)^n} \qquad n \geqq 1$$

단, $A_1, \cdots, A_n$ 은 상수이고, $A_n \neq 0$ 이다.

[2] $(ax^2+bx+c)^n$ 이 분모의 인수일 때

$$\frac{A_1x+B_1}{ax^2+bx+c}+\cdots+\frac{A_nx+B_n}{(ax^2+bx+c)^n} \qquad n \geqq 1$$

단, $A_1, \cdots, A_n$, $B_1, \cdots, B_n$ 은 상수이고, $A_nx+B_n \neq 0$ 이다.

예제 8.7 다음 부정적분을 구하라.

(1) $\int \frac{1}{x(x+1)}dx$ (2) $\int \frac{x}{x^2+3x+2}dx$ (3) $\int \frac{dx}{x(x^2+2)}$

풀이 (1) $\frac{1}{x(x+1)} = \frac{A}{x}+\frac{B}{x+1} = \frac{A(x+1)Bx}{x(x+1)} = \frac{(A+B)x+A}{x(x+1)}$ 이므로

$A+B=0$, $A=1$

따라서 $B=-1$, $\frac{1}{x(x+1)} = \frac{1}{x}-\frac{1}{x+1}$ 이므로

$$\int\left(\frac{1}{x}-\frac{1}{x+1}\right)dx = \int\frac{1}{x}dx-\int\frac{1}{x+1}dx$$

$$= \ln x - \ln(x+1)+C = \ln\frac{x}{x+1}+C$$

(2) $\frac{x}{x^2+3x+2} = \frac{x}{(x+1)(x+2)} = \frac{A}{x+1}+\frac{B}{x+2}$

$$= \frac{A(x+2)+B(x+1)}{(x+1)(x+2)}$$

에서 분자는

$A(x+2)+B(x+1)=(A+B)x+(2A+B)=x$

이어야 하므로

$A+B=1$, $2A+B=0$ 을 연립하여 풀면

$A=-1$, $B=2$

따라서

$$\int \frac{x}{x^2+3x+2}dx = \int\left\{-\frac{1}{x+1}+\frac{2}{x+2}\right\}dx$$

$$= -\ln(x+1)+2\ln(x+2)+C$$

(3) $\dfrac{1}{x(x^2+2)} = \dfrac{A}{x}+\dfrac{Bx+C}{x^2+2} = \dfrac{A(x^2+2)+x(Bx+C)}{x(x^2+2)}$

$$= \frac{(A+B)x^2+Cx+2A}{x(x^2+2)}$$

에서 좌변과 우면이 일치하기 위해서는

$C=0$, $A=\dfrac{1}{2}$, $B=-\dfrac{1}{2}$

이어야 하므로

$$\int \frac{dx}{x(x^2+2)} = \int\left\{\frac{1}{2x}-\frac{x}{2(x^2+3)}\right\}dx$$

$$= \frac{1}{2}\int\frac{1}{x}dx - \frac{1}{2}\int\frac{x}{x^2+2}dx$$

$$= \frac{1}{2}\ln x - \frac{1}{4}\ln(x^2+2)+C$$

8.2 정적분

1. 정적분의 정의

그림 8-1과 같이 함수 $y=f(x)$가 구간 $[a, b]$에서 연속이며 $f(x) \geqq 0$이고 증가함수라 하자. 폐구간 $[a, b]$를 n등분하고 각 분점의 x좌표를 차례로 $a=x_0$, $x_2, \cdots, x_{n-1}$, $x_n=b$라 하면 그 간격은 $\Delta x=(b-a)/n$이다.

[그림 8-1]

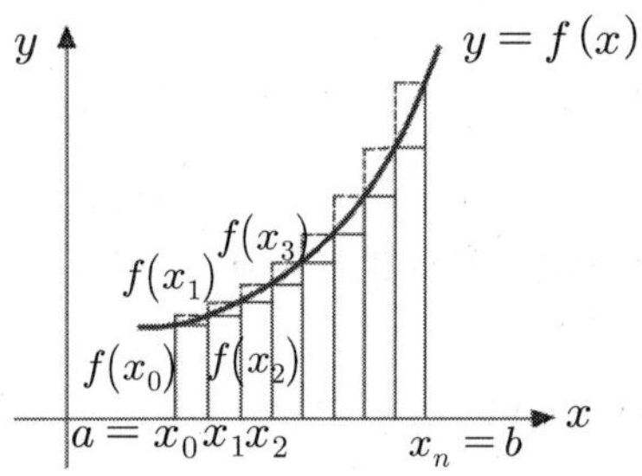

위 그림에서 밑변의 길이가 Δx이고, 각 소구간의 왼쪽 끝점에서의 함수값을 높이로 하는 n개의 직사각형의 넓이의 합을 S_n이라 하면 S_n은 아래와 같이 나타낼 수 있다.

$$S_n = f(x_0)\Delta x + f(x_1)\Delta x + \cdots\cdots + f(x_{n-1})\Delta x$$

$$= \sum_{i=1}^{n} f(x_{i-1})\Delta x$$

한편, 밑변의 길이가 Δx이고, 각 소구간의 오른쪽 끝점에서의 함수값을 높이로 하는 n개의 직사각형의 넓이의 합을 S_n'이라 하면, S_n'는

$$S_n' = f(x_1)\Delta x + f(x_2)\Delta x + \cdots\cdots + f(x_n)\Delta x$$

$$= \sum_{i=1}^{n} f(x_i)\Delta x$$

곡선 $y=f(x)$와 직선 $x=a$, $x=b$, 그리고 x축으로 둘러싸인 부분의 면적을 S라 하면 S는 $S_n < S < S_n'$ 이므로

$$0 < S - S_n < S_n' - S_n$$

이다. 그런데

$$S_n' - S_n = [f(x_n) - f(x_0)]\Delta x = [f(x_n) - f(x_0)]\frac{b-a}{n}$$

이므로 $S_n' - S_n$ 은 $n \to \infty$ 에서

$$\lim_{n\to\infty}(S_n' - S_n) = \lim_{n\to\infty}(S - S_n) = 0$$

을 만족하게 된다. 다라서 면적 S는

$$S = \lim_{n\to\infty} S_n = \lim_{n\to\infty} S_n'$$

즉, $n \to \infty$일 때, $\Delta x \to 0$이 되고 S_n과 S_n'은 곡선 $y=f(x)$와 직선 $x=a$와 $x=b$및 x축으로 둘러싸인 도형의 면적 S에 한없이 가까워진다.

$$\lim_{n\to\infty} S_n = \lim_{n\to\infty} \sum_{k=1}^{n} f(x_{k-1})\Delta x = \lim_{n\to\infty} \sum_{k=0}^{n-1} f(x_k)\Delta x = S$$

이 극한값을 $y=f(x)$의 a부터 b까지 적분한다고 하며 x를 적분변수라고 한다.

2. 정적분의 계산

일반적으로 $f(x)$가 폐구간 $[a, b]$에서 연속이고 변수 x에 대해, $S(x) = \int_a^x f(t)dt$ 라고 하면, 다음과 같은 적분과 미분의 관계가 성립한다.

[그림8-2]

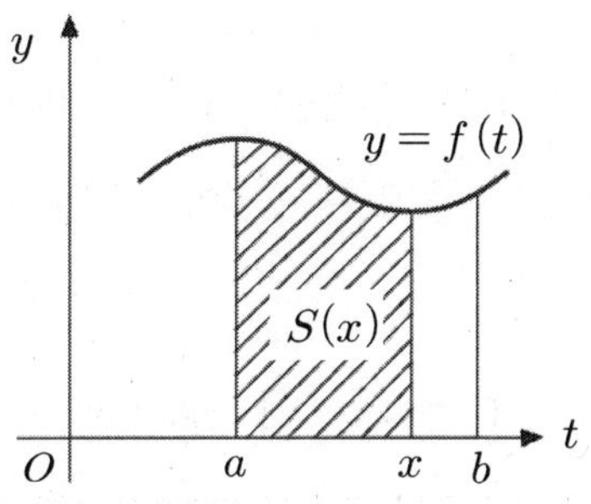

$$\frac{d}{dx}S(x) = \frac{d}{dx}\int_a^x f(t)dt = f(x)$$

정적분의 계산을 위한 기본정리는 적분과 미분의 관계에서 얻어진다. 윗식에서 $S(x)$는 함수 $f(x)$의 부정적분이고, 함수$f(x)$의 다른 부정적분을 $F(x)$라고 하면

$$S(x) = \int_a^x f(t)dt = F(x) + C \quad (\text{단, } C\text{는 상수})$$

이다. 윗식에서 $x = a$라고 하면 $S(a) = 0$ 이므로

$$\int_a^a f(x)dx = 0 = F(a) + C$$

$$\therefore\ C = -F(a)$$

이 된다. 따라서

$$\int_a^x f(x)\,dx = F(x) - F(a)$$

를 얻는다. 여기서 $x = b$ 일 때 $S(b)$ 는

$$\int_a^b f(x)\,dx = F(b) - F(a)$$

를 얻는다. 이때 우면을 간단히 $[F(x)]_a^b$ 라고 쓰기도 하며 이 공식은 정적분과 원시함수를 관련시키는 중요한 공식이다. 즉, 정적분의 계산은 아래와 같다.

【정적분의 계산】

$F'(x) = f(x)$ 이면 $\int_a^b f(x)\,dx = F(b) - F(a)$

예제 8.8 다음 정적분을 계산하라.

(1) $\int_1^3 x^2\,dx$ (2) $\int_0^1 (\sqrt[3]{x})^2\,dx$

(3) $\int_0^{\frac{\pi}{2}} \sin x\,dx$ (4) $\int_0^x \cos x\,dx$

풀이 (1) $\int_1^3 x^2\,dx = \left[\frac{1}{3}x^3\right]_1^3 = \frac{27}{3} - \frac{1}{3} = \frac{26}{3}$

(2) $\int_0^1 (\sqrt[3]{x})^2\,dx = \int_0^1 x^{\frac{2}{3}}\,dx = \int_0^1 \frac{3}{5}x^{\frac{5}{3}}\,dx = \frac{3}{5}$

(3) $\int_0^{\frac{\pi}{2}} \sin x\,dx = [-\cos x]_0^{\frac{x}{2}} = -\cos\frac{\pi}{2} - (-\cos 0) = 0 - (-1) = 1$

(4) $\int_0^{x} \cos x\,dx = [\sin x]_0^{x} = \sin\pi - \sin 0 = 0$

3. 정적분의 기본성질

정적분의 계산법에 함수 $f(x)$ 의 $x=a$ 에서 $x=b$ 까지의 적분은

$$\int_b^a f(x)\,dx = [F(x)]_b^a = F(a) - F(b)$$

이고, $x=b$ 에서 $x=a$ 까지의 적분은

$$\int_b^a f(x)\,dx = [F(x)]_b^a = F(a) - F(b)$$

따라서,

$$\int_a^b f(x)\,dx = -\int_b^a f(x)\,dx$$

일반적으로 함수 $f(x)$ 가 폐구간 $[a,\ b]$ 에서 연속이면 적분의 계산을 위한 기본적인 공식은 아래와 같다.

[정적분의 기본성질]

[1] $\int_a^b kf(x)dx = k\int_a^b f(x)dx$ (단, k는 상수)

[2] $\int_a^b \{f(x) \pm g(x)\}dx = \int_a^b f(x)dx \pm \int_a^b g(x)dx$

[3] $\int_a^b f(x)dx = \int_a^c f(x)dx + \int_c^b f(x)dx$ $(c \in [a, b])$

[예제] 8.9 다음의 정적분을 계산하라.

(1) $\int_1^3 (6x^2+4x-3)dx$

(2) $\int_1^2 (x+1)^2 dx - \int_1^2 (x-1)^2 dx$

(3) $\int_{-1}^0 (x^2+x)dx + \int_0^1 (x^2+x)dx$

[풀이] (1) $\int_1^3 (6x^2+4x-3)dx = [2x^3+2x^2-3x]_1^3$

$= (54+18-9)-(2+2-3) = 63-1 = 62$

(2) $\int_1^2 (x+1)^2 dx - \int_1^2 (x-1)^2 dx = \int_1^2 \{(x+1)^2-(x-1)^2\}dx$

$\int_1^2 \{(x^2+2x+1)-(x^2-2x+)\}dx = \int_1^2 4x\,dx = 2[x^2]_1^2 = 6$

(3) $\int_{-1}^0 (x^2+x)dx + \int_0^1 (x^2+x)dx = \int_{-1}^1 (x^2+x)dx$

$$= \left[\frac{1}{3}x^3 + \frac{1}{2}x^2\right]_{-1}^{1} = \frac{2}{3}$$

예제 8.10 함수 $f(x) = \begin{cases} 3-x & (0 \leqq x \leqq 3) \\ x-3 & (3 \leqq x \leqq 6) \end{cases}$ 에 대하여 $\int_0^6 f(x)\,dx$ 의 값을 구하라.

풀이 $\int_0^6 f(x)\,dx$

$$= \int_0^3 (3-x)\,dx + \int_3^6 (x-3)\,dx \left[3x - \frac{1}{2}x^2\right]_0^3 + \left[\frac{1}{2}x^2 3x\right]_3^6$$

$$= \left(9 - \frac{9}{2}\right) + \left\{\left(\frac{36}{2} - 18\right) - \left(\frac{9}{2} - 9\right)\right\} = 9$$

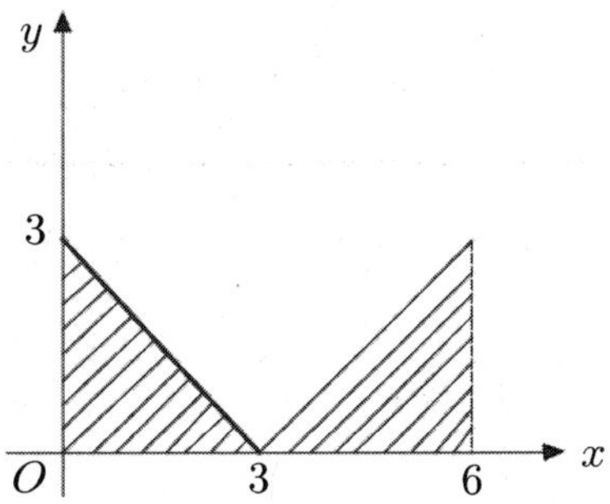

---

4. 정적분의 치환적분법

부정적분에서 적분변수 x를 적분변수 t로 치환하고자 할 때 적분변수 사이의 관계가 $x = g(t)$를 만족하면 $dx = g'(t)dt$이고 아래와 같은 치환적분식을 유도하였다.

$$\int f(x)\,dx = \int f\{g(t)\}g'(t)\,dt$$

[그림 8-3]

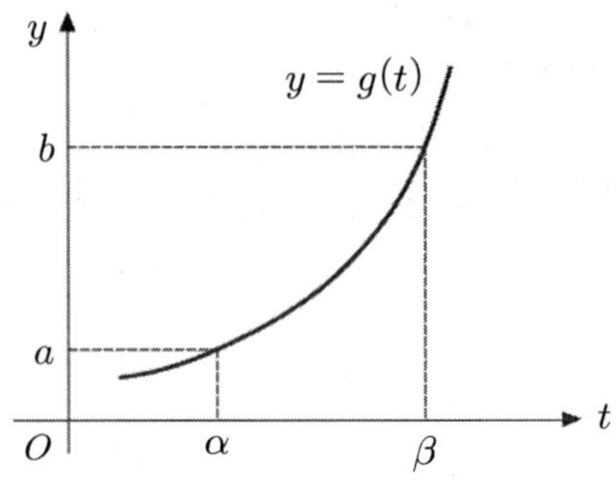

정적분에서는 적분구간이 있으므로 적분구간도 변수 t에 맞게 조정되어야 한다. 그림 8-3과 같이 $x=g(t)$가 $a=g(\alpha)$, $b=g(\beta)$를 만족하고 t에 대한 구간 $[\alpha, \beta]$에서 미분가능하면 정적분에서 치환적분법은 아래와 같다.

[정적분의 치환적분]

> $a=g(\alpha)$, $b=g(\beta)$이고 $x=g(t)$가 미분가능할 때
>
> $$\int_a^b f(x)\,dx = \int_\alpha^\beta f\{g(t)\}g'(t)\,dt$$

예제 8.11 다음을 정적분을 구하라.

(1) $\displaystyle\int_0^1 (2x+1)^3\,dx$ (2) $\displaystyle\int_0^1 \frac{x}{(2x+1)}\,dx$

풀이 (1) $2x+1=t$라 하면, $x=\frac{1}{2}(t-1)$, $dx=\frac{1}{2}dt$이다.

$x=0$일 때 $t=1$이고, $x=1$일 때 $t=3$이므로

$$\int_0^1 (2x+1)^3 dx = \int_1^3 \frac{1}{2} t^3 dt = \left[\frac{1}{8} t^4\right]_1^3 = 10$$

(2) $2x+1=t$ 라 하면, $x=\frac{1}{2}(t-1)$, $dx=\frac{1}{2}dt$ 이다.

$x=0$ 일 때 $t=1$ 이고, $x=1$ 일 때 $t=3$ 이므로

$$\int_0^1 \frac{x}{(2x+1)^3} dx = \frac{1}{2}\int_1^3 \left(\frac{t-1}{2t^3}\right) dt = \frac{1}{4}\int_1^3 (t^{-2}-t^{-3}) dt$$

$$= \frac{1}{4}\left[-\frac{1}{t}+\frac{1}{2t^2}\right]_1^3 = \frac{1}{18}$$

5. 정적분의 부분적분

부정적분의 부분적분법 공식은 아래와 같다.

$$\int f'(x)g(x)dx = f(x)g(x) - \int f(x)g'(x)dx$$

따라서, 정적분의 부분적분법은 다음과 같다.

【정적분의 부분적분】

$$\int_a^b f'(x)g(x)dx = [f(x)\,g(x)]_a^b - \int_a^b f(x)g'(x)dx$$

예제 8.12 다음 정적분을 구하라.

(1) $\int_1^e x\ln x\,dx$ (2) $\int_0^{\frac{\pi}{2}} x\cos x\,dx$

풀이 (1) $f'(x)=x$, $g(x)=\ln x$ 라 하면 $f(x)=\frac{1}{2}x^2$, $g'(x)=\frac{1}{x}$

$$\therefore \int_1^e x\ln x\,dx = \left[\frac{1}{2}x^2\ln x\right]_1^e - \int_1^e\left(\frac{x^2}{2}\cdot\frac{1}{x}\right)dx$$

$$= \frac{1}{2}e^2 - \left[\frac{1}{4}x^2\right]_1^e = \frac{1}{4}e^2 + \frac{1}{4}$$

(2) $f'(x) = \cos x$, $g(x) = x$ 라 하면, $f(x) = \sin x$, $g'(x) = 1$

$$\therefore \int_0^{\frac{\pi}{2}} x\cos x\,dx = [x\sin x]_0^{\frac{\pi}{2}} - \int_0^{\frac{\pi}{2}} \sin x\,dx$$

$$= \frac{\pi}{2} + [\cos x]_0^{\frac{\pi}{2}} = \frac{\pi}{2} - 1$$

8.3 정적분의 응용

1. 면적

구간 $[a, b]$ 에서 연속함수 $y = f(x)$ 와 두 직선 $x = a$, $x = b$ 와 x 축에 의해서 둘러싸인 부분의 넓이는 S 는

［그림 8-4］

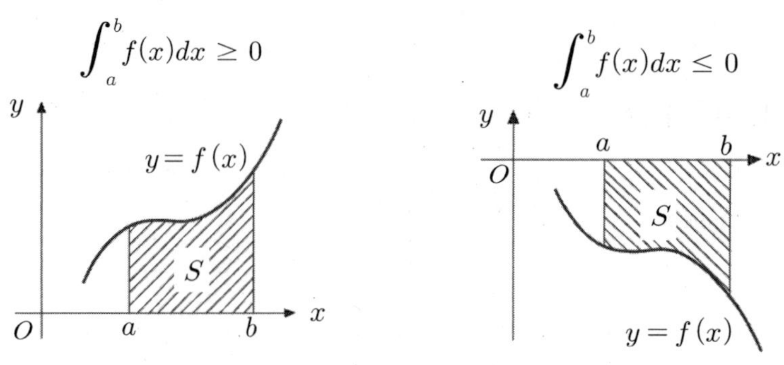

i) $f(x) \geqq 0$ 이면, $S = \int_a^b f(x)dx$

ii) $f(x) \leqq 0$ 이면, $S = -\int_a^b f(x)dx$

이다.

예제 8.13 포물선 $y=4-x^2$ 과 x 축으로 둘러싸인 도형의 넓이를 구하라.

풀이 포물선 $y=4-x^2$ 과 x 축과의 교점을 구하면

$x^2-4=0$, $\therefore x=-2$, $x=2$

구간 $[-2, 2]$ 에서 $y \geqq 0$ 이므로, 구하는 면적 S 는

$$S=\int_{-2}^{2}(4-x^2)dx$$

$$=\left[4x-\frac{x^3}{3}\right]_{-2}^{2}=\frac{32}{3}$$

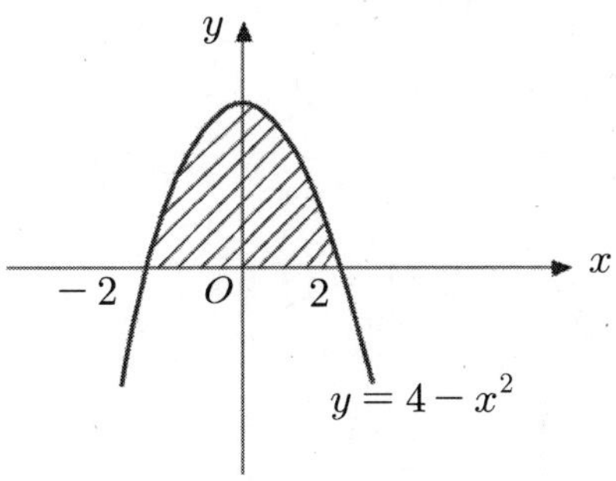

예제 8.14 곡선 $y=(x-1)(x-2)$ 와 좌표축 x 에 의하여 둘러싸인 부분의 넓이를 구하라.

풀이 곡선 $y=(x-1)(x-2)$ 는 x 축과는 점 $(1, 0)$, $(2, 0)$ 에서 만나고

y 축과는 점 $(0,\ 2)$ 에서 만난다. 그림과 같이 구간 $[0,\ 1]$ 에서 $y \geqq 0$ 이고 구간 $[1,\ 2]$ 에서 $y \leqq 0$ 이므로 적분을 2개의 부분으로 나누어 넓이를 S_1 과 S_2 로 표시하면

$$S_1 = \int_0^1 (x-1)(x-2)\,dx$$

$$S_2 = -\int_1^2 (x-1)(x-2)\,dx$$

이다.

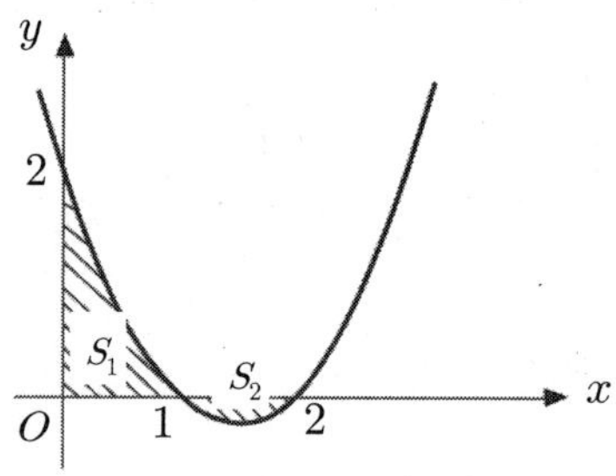

$$\int (x-1)(x-2)\,dx = \int (x^2-3x+2)\,dx$$

$$= \frac{1}{3}x^3 - \frac{3}{2}x^2 + 2x + C$$

이므로

$$S_1 = \left[\frac{1}{3}x^3 - \frac{3}{2}x^2 + 2x\right]_0^1 = \frac{5}{6}$$

$$S_2 = -\left[\frac{1}{3}x^3 - \frac{3}{2}x^2 + 2x\right]_1^2 = \frac{1}{6}$$

구하는 넓이를 S 는

$$S = S_1 + S_2 = \frac{1}{6} + \frac{5}{6} = 1$$

두 함수 $y=f(x)$, $y=g(x)$가 폐구간 $[a, b]$에서 연속이고 $f(x) \geqq g(x)$일 때 두 곡선과 두 직선 $x=a$, $x=b$로 둘러싸인 부분의의 넓이 S를 구하여 보자.

(1) $f(x) \geqq g(x) \geqq 0$인 경우

그림 8-7에서

$$S=(\text{도형 } APQB\text{의 면적})-(\text{도형 } ACDB\text{의 면적})$$

$$=\int_a^b f(x)dx-\int_a^b g(x)dx=\int_a^b \{f(x)g(x)\}dx$$

[그림 8-7]

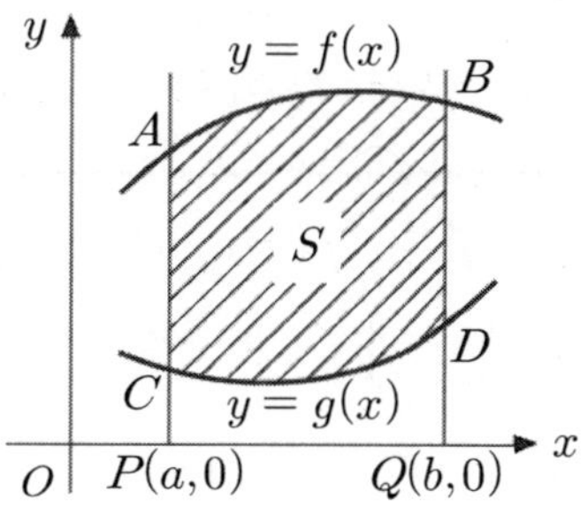

(2) $f(x) \geqq 0$, $g(x) \geqq 0$인 조건이 없는 경우

그림 8-8에서와 같이 $y=f(x)$, $y=g(x)$의 그래프를 위쪽으로 c만큼 평행이동해서 $f(x)+c \geqq g(x)+c \geqq 0$인 조건으로 만들어도 원래의 면적과는 차이가 없다.

따라서, 구하는 면적 S는

$$S=\int_a^b [\{f(x)+c\}-\{g(x)+c\}]dx=\int_a^b \{f(x)-g(x)\}dx$$

[그림 8-8]

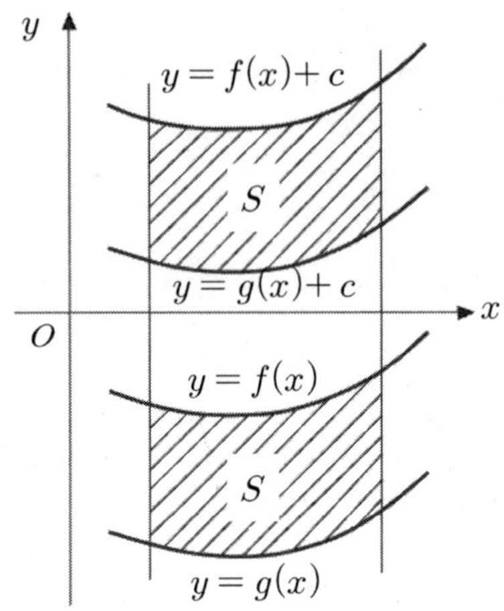

일반적으로, 두 곡선사이의 면적은 다음과 같다.

[두 곡선 사이의 면적]

> 구간 $[a,\ b]$ 에서 연속인 함수 $f(x)$, $g(x)$ 가 $f(x) \geq g(x)$ 이면 두 곡선 $y = f(x)$, $y = g(x)$ 와 두 직선 $x = a$, $x = b$ 로 둘러싸인 도형의 면적은 S 는
>
> $$S = \int_a^b \{f(x) - g(x)\}dx$$

예제 8.15 $y = x^2 - 2x + 2$ 과 직선 $y = x + 2$ 로 둘러싸인 부분의 넓이를 구하라.

풀이 포물선과 곡선의 교점의 x좌표는

$x^2 - 2x + 2 = x + 2$ 에서

$x^2 - 3x = x(x - 3) = 0$

$\therefore\ x=0,\ \ x=3$

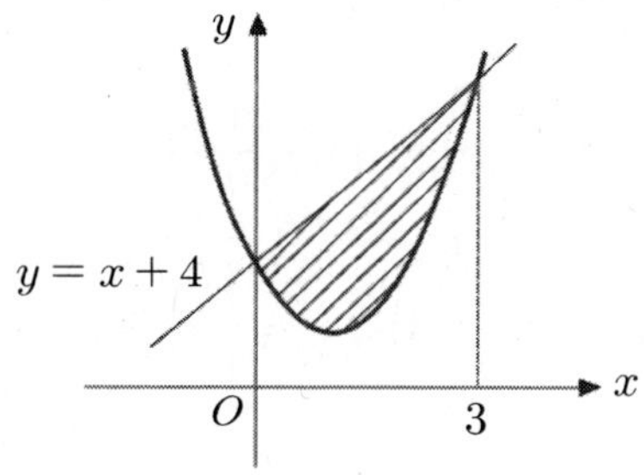

구간 [0, 3] 에서 직선이 포물선의 위쪽에 있으므로, 구하는 면적 S는

$$S=\int_0^3\{(x+2)-(x^2-2x+2)\}dx$$

$$=\int_0^3(-x^2+3x)dx$$

$$=\left[-\frac{1}{3}x^2+\frac{3}{2}x^2\right]_0^3=\frac{9}{2}$$

예제 8.16 두 포물선 $y=x^2+2x$, $y=-x^2+4$ 사이에 있는 도형의 넓이를 구하라.

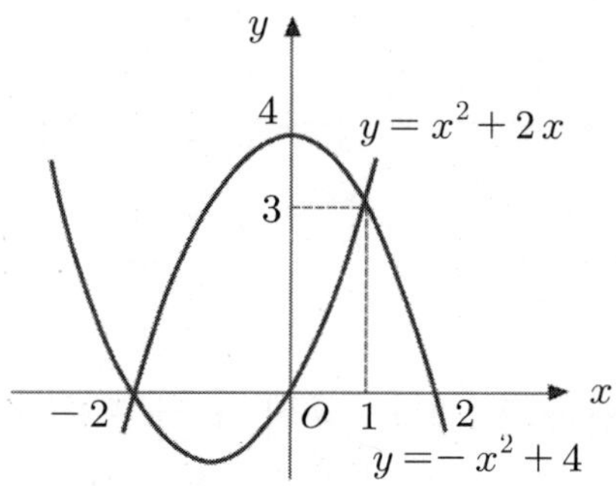

풀이 $x^2+2x=-x^2+4$ 에서 $2x^2+2x-4=2(x-1)(x+2)=0$

따라서, 두 포물선의 교점의 x 좌표는 $x=-2$, $x=1$

구간 $[-2,\ 1]$ 에서 $x^2+2x \leq -x^2+4$ 이므로 도형의 넓이는

$$S=\int_{-2}^{1}\{(-x^2+4)-(x^2+2x)\}dx$$

$$=\int_{-2}^{1}(-2x^2-2x+4)\,dx=\left[-\frac{2}{3}x^3-x^2+4x\right]_{-2}^{1}=9$$

2. 부피

그림 8-9와 같이 공간에 주어진 입체에서 x축의 상의 점 a, $b\,(a<b)$를 지나고 x축에 수직인 두 평면 α, β 사이에 있는 부피 V를 생각해 보자.

이 입체를 x축에 수직인 평면으로 잘랐을 때 생기는 단면의 면적은 x의 함수가 된다. 이 함수를 $S(x)$ 라고 표시한다면, x가 Δx 만큼 변할 때, 최적 V는 ΔV만큼 변하며 ΔV는 근사적으로 $S(x)\Delta x$ 의 크기를 가지게 된다.

【그림 8-9】

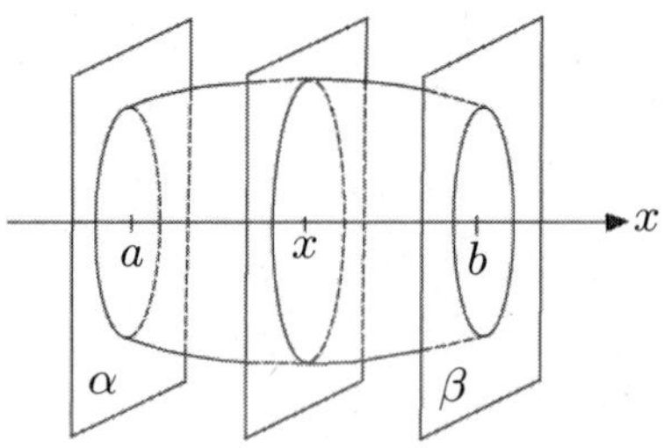

구간 $[a,\ b]$ 를 n 등분하고 나눈 점의 x 좌표를 각각

$$a=x_0,\ \ x_1,\ \ x_2,\ \ \cdots x_{n-1},\ \ x_n=b$$

라고 하자. 작은 구간 $x_{k-1} \leqq x \leqq x_k$ $(k=1, 2, 3, \cdots, n)$ 에서 $S(x)$ 의 최대값 혹을 최소값을 $S(x_k)$ 라고 하여 $S(x)$ 가 구간 $a \le x \le b$ 에서 연속이면, $x=a$ 에서 $x=b$ 까지의 입체의 체적 V는

$$V = \lim_{n\to\infty} \sum_{k=1}^{n} \Delta V_k = \lim_{n\to\infty} \sum_{k=1}^{n} S(x_k)\Delta x = \int_a^b S(x)dx$$

이다.

【예제】 8.17 밑면적이 A 이고, 높이가 h 인 삼각뿔의 체적을 구하라.

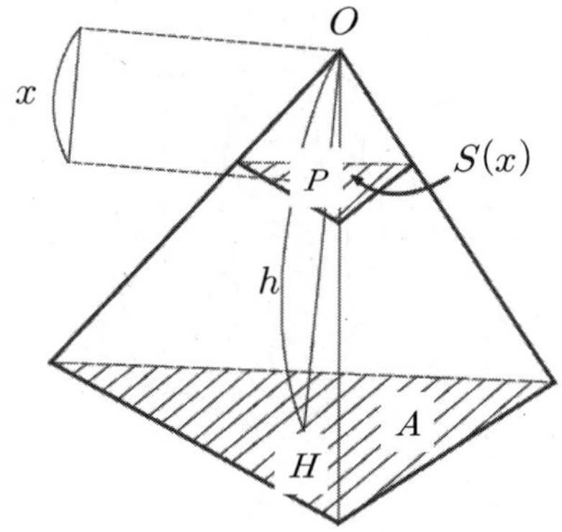

풀이 꼭지점 O 에서 밑면에 내린 수선 OH 의 길이를 h 라 하고 선분 OH 위에서 꼭지점 O 에서의 거리가 x 인 점에서 선분 OH 에 수직한 단면의 면적을 $S(x)$ 라 하면

$S(x) : A = x^2 : h^2$

$$S(x) = \frac{x^2}{h^2} \cdot A$$

따라서, 체적을 V라 하면

$$V(x) = \int_0^h S(x)dx = \int_0^h \left(\frac{x^2}{h^2} \cdot A\right)dx = \frac{A}{h^2}\left[\frac{1}{3}x^3\right]_0^h = \frac{1}{3}Ah$$

회전체의 체적은 입체의 특수한 경우로 보다 쉽게 계산할 수 있다. 구간 $[a,\ b]$ 에서 연속인 함수 $y=f(x)$ 에 의한 곡선을 x 축을 회전축으로 회전시키면 그림 8.10과 같은 회전체가 생긴다. x 축의 상의 좌표가 x 인 점에서 x 축에 수직으로 잘린 단면은 원이고 반지름의 길이는 $|f(x)|$ 이다. 그러므로 단면적은 $S(x)$ 는

$$S(x)=\pi\{f(x)\}^2$$

{ 그림 8-10 }

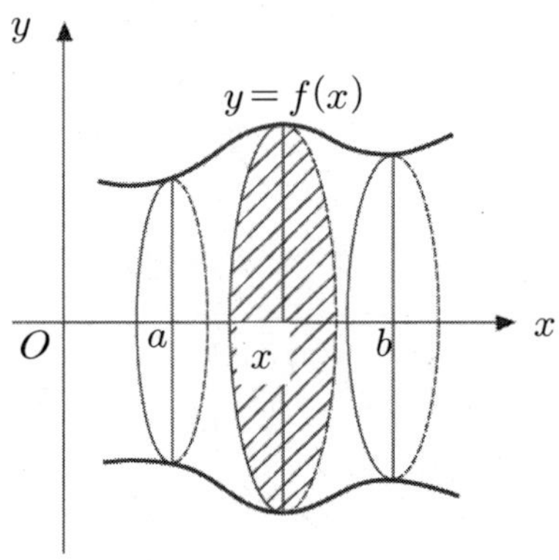

따라서, $y=f(x)$ $(a\le x\le b)$ 를 x 축을 회전축으로 하여, 회전했을 때, 생기는 회전체의 체적 V_x 는

$$V_x=\pi\int_a^b y^2\,dx=\int_a^b \pi\{f(x)\}^2\,dx$$

같은 방법으로 $x=g(y)$ $(c\le y\le d)$ 에 의한 곡선을 y 축을 회전축으로 회전하여서 얻어지는 회전체의 부피는 V_y 는

$$V_y=\pi\int_c^d x^2\,dy=\pi\int_c^d \{g(y)\}^2\,dx$$

이다.

[그림 8-11]

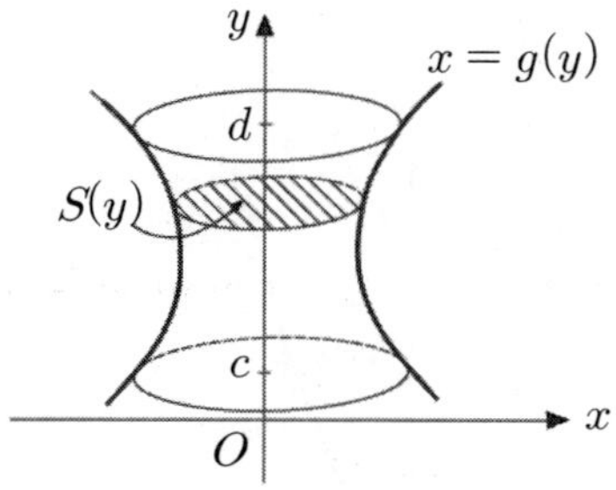

[예제] 8.18 구간 [0, 3] 에서 직선 $y=x$ 를 x 축 둘레로 회전시켜서 만들어지는 회전체의 부피를 구하라.

[풀이] $V=\pi\int_0^3 y^2\,dx=\pi\int_0^3 x^2\,dx=\pi\left[\frac{1}{3}x^2\right]_0^3=9\pi$

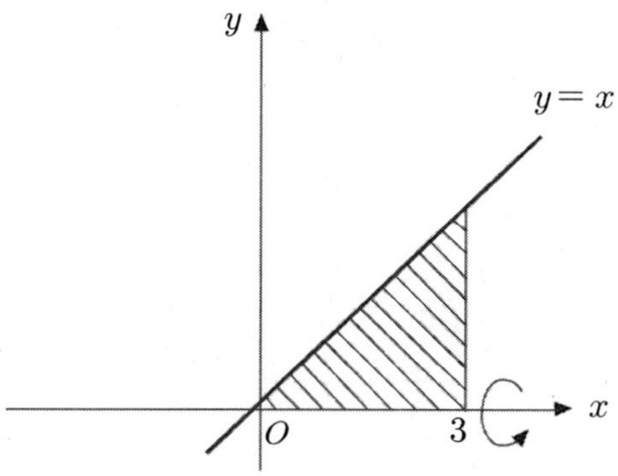

[예제] 8.19 구간 [1, 2] 에서 곡선 $y=x^2$ 을 y 축의 둘레로 회전시켜서 얻어지는 부피를 구하라.

[풀이] $x=1$ 일 때 $y=1$ 이고, $x=2$ 일 때 $y=4$ 이므로

$$V=\pi\int_1^4 x^2 dy=\pi\int_1^4 y dy=\pi\left[\frac{1}{2}y^2\right]_1^4=\frac{15}{2}\pi$$

이다.

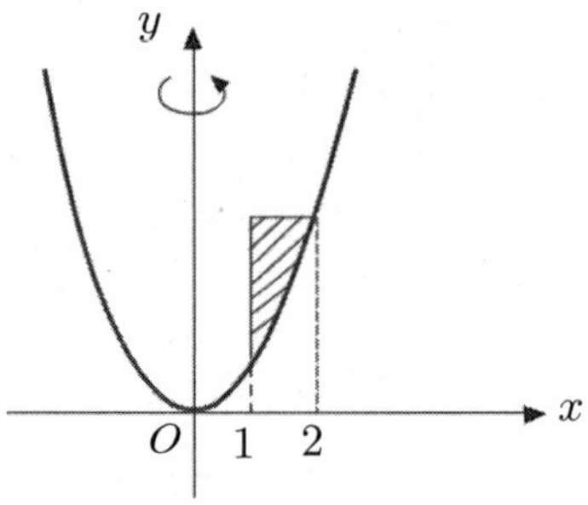

【예제】 8.20 윗면은 지름 10㎝인 원, 밑면은 지름이 20㎝인 원이고, 높이가 30㎝인 원뿔대의 부피를 구하라.

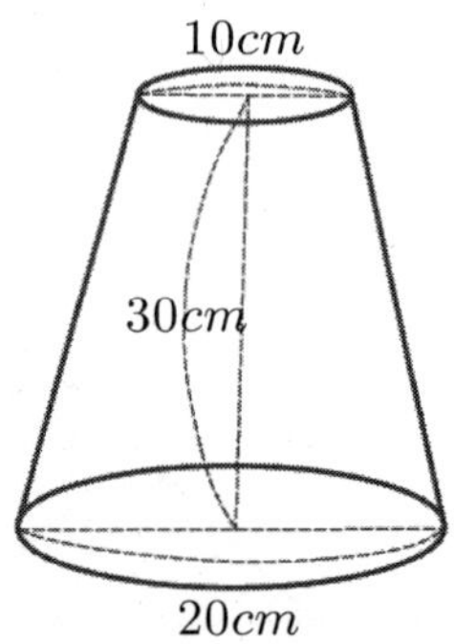

풀이 주어진 원뿔대는 그림과 같이 x축상의 구간 [0, 30]에서 함수 $y=\frac{1}{3}x+10$의 x축을 축으로 한 회전체이다.

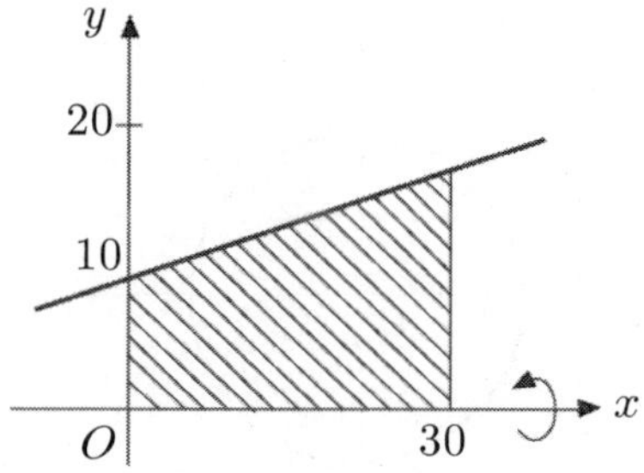

따라서, 체적 V는

$$V = \pi \int_0^{30} y^2 dx = \pi \int_0^{30} \left\{ \frac{1}{3}x + 10 \right\}^2 dx$$

$$= \pi \int_0^{30} \left\{ \frac{1}{9}x^2 + \frac{20}{3}x + 100 \right\} dx = \pi \left[\frac{1}{27}x^3 + \frac{10}{6}x^2 + 100x \right]_0^{30}$$

$$= \pi \left\{ \frac{1}{27} \times 30^3 + \frac{10}{6} \times 30^2 + 100 \times 30 \right\}$$

$$= \pi \{1000 + 1500 + 3000\} = 5500\pi$$

예제 8.21 반지름 r인 구(球)의 부피를 구하라.

풀이 지름의 길이가 r인 원을 x축을 회전축으로 하여 회전했을 때, 생기는 회전체의 부피가 구이므로 부피는

$$V = \pi \int_{-r}^{r} y^2 dx = \pi \int_{-r}^{r} (r^2 - x^2) dx$$

$$= \pi \left[r^2 x - \frac{1}{3}x^3 \right]_{-r}^{r} = \frac{4}{3}\pi r^3$$

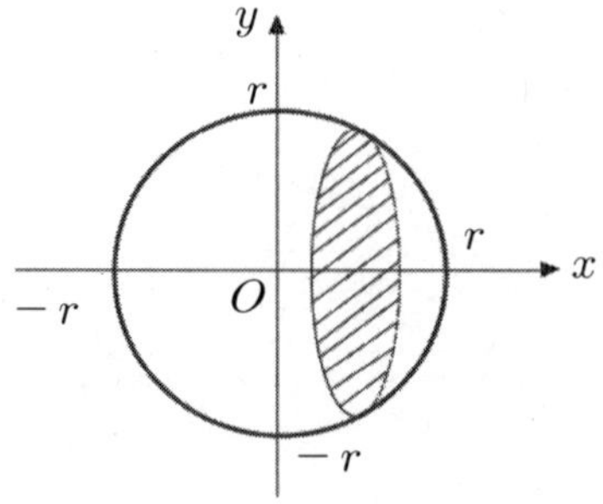

3. 운동거리

직선 위를 운동하는 물체의 시각 t 에서의 속도를

$$v=f(t) \quad (f(t) \geq 0)$$

라 하면, 이 물체가 시각 $t=a$ 에서 $t=b$ 가지 움직인 운동 거리 S는 다음과 같이 구 할 수 있다.

$t=a$ 에서 $t=b$ 사이를 $\frac{b-a}{n}=\Delta t$ 가 되도록 n 등분한 시각을 차례로

$$a=t_0,\ t_1,\ t_2 \cdots\cdots,\ t_{n-1},\ t_n=b$$

라 하고, 등분된 각 구간에서 속도는 일정하다고 보았을 때, 그 구간에서의 부분거리 Δs 는

$$\Delta s=v \cdot \Delta t=f(t)\Delta t$$

이다. 따라서, 운동거리의 총합은 s_n 은

$$s_n=f(t_1)\Delta t+f(t_2)\Delta t+\cdots\cdots+f(t_n)\Delta t$$

$$= \sum_{k=1}^{n} f(t_k) \varDelta t$$

이므로, 운동거리는 S는

$$s = \lim_{n\to\infty} \sum_{k=0}^{n} f(t_k) \varDelta t = \int_a^b f(t)\,dt$$

$f(t) \leqq 0$ 일 때는 시각 $t=a$에서 $t=b$까지의 이 물체의 운동거리는 S는

$$S = \int_a^b \{-f(t)\}\,dt = -\int_a^b f(t)\,dt$$

따라서, 시각 $t=a$에서 $t=b$까지 이 물체의 운돈 거리 S는 $f(t) \geqq 0$인 부분과 $f(t) \leqq 0$인 부분으로 나누어서 구한 각각의 운동 거리를 합하면 된다. 즉 시각 $t=a$에서 $t=b$까지의 물체의 운동거리는 S는

$$S = \int_a^b |f(t)|\,dt$$

예제 8.22 수직선 위를 속도 $v=4-t\,m/s$로 운동하는 점 P가 있다. $t=1$에서 $t=7$까지의 점 P의 운동 거리를 구하라.

풀이 시각 t에 대한 구간 $[0,\ 4]$에서 $v \geqq 0$이고, 구간 $[4,\ 7]$에서 $v \leqq 0$이다. 따라서, 운동거리는 S는

$$S = \int_1^7 [4-t]\,dt = \int_1^4 (4-t)\,dt + \int_4^7 \{-(-4-t)\}\,dt$$

$$= \left[4t - \frac{1}{2}t^2\right]_1^4 - \left[4t - \frac{1}{2}t^2\right]_4^7$$

$$= \left\{\left(16 - \frac{16}{2}\right) - \left(4 - \frac{1}{2}\right)\right\} - \left\{\left(28 - \frac{49}{2}\right) - \left(16 - \frac{16}{2}\right)\right\}$$

$$= 8 - \frac{7}{2} - \frac{7}{2} + 8 = 9m$$

예제 8.23 달리는 승용차에 브레이크를 건 후 t초 후의 빠르기가 $v(t) = 20 - 2t(m/s)$일 때, 이 승용차가 브레이크를 건 후 정지할 때까지의 이동거리와 시간을 계산하라.

풀이 브레이크를 건 후 정지할 때 걸린 시간 t

$t = 20 - 2t = 0$ 에서

$t = 10$ 초

정지할 때까지 이동거리 S

$$S = \int_0^{10} (20 - 2t)dt = [20t - t^2]_0^{10} = 100m$$

연습 문제

1. 다음 부정적분을 구하라.

(1) $\int \frac{1}{4} x^3 dx$ (2) $\int x^{-3} dx$

(3) $\int x^{\frac{5}{2}} dx$ (4) $\int x^{\sqrt{3}} dx$

(5) $\int (3x^2 + 2x - 5) dx$ (6) $\int (x+2)^2 dx$

(7) $\int (x-1)(x-2) dx$ (8) $\int \left(\sqrt{x} + \frac{1}{\sqrt{x}}\right) dx$

(9) $\int (3e^x + 4^x) dx$ (10) $\int (\cos x + \sqrt{3} \sin x) dx$

(11) $\int \cos^2 x dx$ (12) $\int \frac{1 + \sin^2 x}{\sin^2 x} dx$

2. 다음 부정적분을 구하라.

(1) $\int (3x+1)^2 dx$ (2) $\int x(x^2 - 1)^2 dx$

(3) $\int x \sqrt{x^2 + 3} dx$ (4) $\int \frac{3x}{2\sqrt{x+2}} dx$

(5) $\int e^{2x+1} dx$ (6) $\int x e^{x^2} dx$

(7) $\int \cot x dx$ (8) $\int e^x \cos x dx$

(9) $\int xe^{-x}dx$ (10) $\int x\ln x dx$

(11) $\int x\cos x dx$

3. 다음 정적분을 구하라.

(1) $\int_1^2 4x^3 dx$ (2) $\int_{-1}^1 (x^2+3x-1)dx$

(3) $\int_0^2 \frac{1}{x+2}dx$ (4) $\int_0^2 \frac{1}{x+2}dx$

(5) $\int_1^2 \frac{x}{(2x+1)^2}dx$ (6) $\int_0^3 x\sqrt{4-x}\,dx$

(7) $\int_0^n (3\sin x+2\cos x)dx$ (8) $\int_0^{\frac{\pi}{2}} x\sin 2x dx$

(9) $\int_1^3 \ln(x+1)dx$ (10) $\int_1^2 xe^{x+1}dx$

4. $0\leq x\leq 3$ 의 범위에서 $y=x^2-2x$ 와 x 축으로 둘러싸인 도형의 면적을 구하라.

5. 밑면의 반지름의 길이가 r 이고 높이가 h 인 원뿔의 체적을 정적분으로 구하여라.

6. 한직선 위를 속도 $v=3t-t^2(m/s)$ 로 운동하는 점 P가 있다.

(1) 움직이기 시작하여 4초 후의 동점 P의 위치를 구하라.

(2) 움직이기 시작하여 4초 동안 동점P의 운동거리를 구하라.

제9장

행렬과 행렬식

9. 행렬과 행렬식

9.1 행렬

1. 행렬의 뜻

행렬(matrix)이란 숫자나 문자를 정사각형 또는 직사각형으로 배열하여 그 양끝을 괄호로 묶은 것을 말하며, 가로의 배영을 행(行 : row), 세로의 배열을 열(列 : column)이라고 한다. 그리고 행과 열은 숫자 또는 문자로 된 원소로 구성되어 있다. 행렬은 여러 가지 난해한 공학적 문제에서 많이 응용되며 행렬의 간단한 조작에 간단한 조작에 의해서 해가 쉽게 구해지는 경우가 많다.

(1) 행렬 적용의 예 1

집단 A, B, C의 남녀 구성이 표 9-1과 같다고 하자.

[표 9-1]

집단	A	B	C
남성	50	60	40
여성	45	55	65

남성 및 여성의 구성을 집단 A, B, C의 순서로 나열하면 각각

$$(50\ \ 60\ \ 40)$$
$$(45\ \ 55\ \ 65) \tag{9.1}$$

와 같이 된다. 이를 1개의 괄호로 묶어서

$$\begin{pmatrix} 50 & 60 & 40 \\ 45 & 55 & 65 \end{pmatrix} \tag{9.2}$$

와 같이 함께 나타낼 수 있다. 위와 같이 행렬로 나타낸 수의 모임에서 가 위치에 있는 수의 뜻은 정해져 있다. 식(9.2)의 행렬을 이용하여 여러 가지 정보를 구하는 데 사용할 수 있다.

(2) 행렬 적용의 예 2

3차원 공간상에 다음과 같이 세 점이 있다고 하자.

$$(1\ 2\ 2)$$
$$(2\ 3\ 2)$$
$$(3\ 5\ 4) \tag{9.3}$$

이를 1개의 행렬로 표현하면

$$\begin{pmatrix} 1 & 2 & 2 \\ 2 & 3 & 2 \\ 3 & 5 & 4 \end{pmatrix} \qquad 9.4)$$

와 같이 나타낼 수 있다. 이 행렬을 이용하여 세 점이 원점과 동일 평면상

에 있는지 어떤지를 판별하는 데 사용할 수 있다.

2. 행렬의 표시

일반적으로 m 행과 n 열로 이루어진 행렬($m \times n$ 행렬 또는 mn 행렬)을

[행렬의 표시]

$$A = \begin{pmatrix} a_{11} & a_{12} & \cdots\cdots & a_{1n} \\ a_{21} & a_{21} & \cdots\cdots & a_{2n} \\ \cdots & \cdots & \cdots\cdots & \cdots\cdots \\ a_{m1} & a_{m2} & \cdots\cdots & a_{mn} \end{pmatrix} \qquad (9.5)$$

으로 쓸 수 있다. 이를 $A = (a_{ij})$ 로 표현하기도 한다. 행렬을 나다낼 때는 영문자의 대문자를 사용하고, 그 원소는 소문자로 나타낸다.

예제 9.1 다음 각 행렬의 크기가 얼마인가?

(1) $\begin{pmatrix} 1 & 2 & 2 \\ 2 & 3 & 2 \\ 3 & 5 & 4 \end{pmatrix}$ (2) $\begin{pmatrix} 1 & 2 \\ 2 & 3 \\ 3 & 5 \end{pmatrix}$ (3) $\begin{pmatrix} 1 \\ 2 \\ 3 \end{pmatrix}$

(4) $(1\ 2\ 2)$ (5) (2)

풀이 (1) 3×3 (2) 3×2 (3) 3×1 (4) 1×3 (5) 1×1

예제 9.2 다음 행렬 A, B 에서 a_{21}, a_{13}, b_{22}, b_{43} 의 값은 얼마인가?

$$A = \begin{pmatrix} 1 & 2 & 3 \\ -5 & -3 & -1 \end{pmatrix}, \quad B = \begin{pmatrix} 2 & 4 & 6 \\ -1 & -3 & -5 \\ 2 & 6 & 9 \\ 2 & 3 & 5 \end{pmatrix}$$

풀이 $a_{21} = -5$, a_{13}, $b_{22} = -3$, $b_{43} = 5$

---

3. 행렬의 종류

여러 가지 다양한 형태의 행렬이 공학문제를 풀기 위해 사용된다. 그 중 중요한 행렬을 나열하면 다음과 같다.

(1) 정방행렬(square matrix)

$m \times n$ 행렬에서 $m=n$ 일 때, 즉 m 행의 개수와 n 열의 개수가 모두 n 인 행렬 n 차의 정방행렬이라고 한다.

➲ 예 $\begin{pmatrix} 1 & 2 & 2 \\ 2 & 3 & 2 \\ 3 & 5 & 4 \end{pmatrix}$: 3×3 정방행렬 $\begin{pmatrix} 1 & 2 \\ 2 & 3 \end{pmatrix}$: 2×2 정방행렬

(2) 상등행렬(equal matrix)

크기가 같은 행렬 A, B의 각 원소가 일치할 때, 즉

$$a_{ij} = b_{ij} (i=1,\ 2,\ \cdots,\ m; j=1,\ 2,\ \cdots,\ n) \tag{9.6}$$

일 때 두 행렬을 서로 상등행렬이라고 한다.

➲ 예 $A=\begin{pmatrix} 1 & 2 \\ 2 & 3 \end{pmatrix}$, $B=\begin{pmatrix} 1 & 2 \\ 2 & 3 \end{pmatrix}$에서 A와 B는 상등행렬이다.

(3) 영행렬(zero matrix)

행렬의 모든 원소가 0일 때 그 행렬을 영행렬이라고 한다. 만약 행렬 A가 영행렬이고 문맥상 크기에 혼돈이 없으면 0의 원소를 갖는 $m \times n$ 행렬이라고 하지 않고 간단히 $A=0$으로 표시한다.

➲ 예 $\begin{pmatrix} 0 & 0 & 0 \\ 0 & 0 & 0 \\ 0 & 0 & 0 \end{pmatrix}$ $\begin{pmatrix} 0 & 0 \\ 0 & 0 \end{pmatrix}$

(4) 삼각행렬(triangular matrix)

주대각선 원소(diagonal element) 위쪽에 있는 모든 성분이 0인 정방행

렬을 하삼각행렬(lower triangular matrix)이라고 하고, 주대각선 아래쪽에 있는 모든 성분이 0인 정방행렬을 상삼각행렬(upper triangular matrix)이라고 하며, 다음과 같은 모양을 갖는 행렬을 말한다.

① 하삼각행렬

$$A = \begin{pmatrix} a_{11} & 0 & \cdots\cdots & 0 \\ a_{21} & a_{22} & \cdots\cdots & 0 \\ \cdots & \cdots & \cdots\cdots & \cdots\cdots \\ a_{m1} & a_{m2} & \cdots\cdots & a_{mn} \end{pmatrix} \tag{9.7}$$

② 상삼각행렬

$$A = \begin{pmatrix} a_{11} & a_{12} & \cdots\cdots & a_{1n} \\ 0 & a_{22} & \cdots\cdots & a_{2n} \\ \cdots & \cdots & \cdots\cdots & \cdots\cdots \\ 0 & 0 & \cdots\cdots & a_{mn} \end{pmatrix} \tag{9.8}$$

➲ 예 $\begin{pmatrix} 1 & 0 & 0 \\ 2 & 3 & 0 \\ 3 & 5 & 4 \end{pmatrix}$: 하삼각행렬, $\begin{pmatrix} 1 & 2 & 2 \\ 0 & 3 & 2 \\ 0 & 0 & 4 \end{pmatrix}$: 상삼각행렬

(5) 대각행렬(diagonal matrix)

상삼각행렬이면서 동시에 하삼각행렬인 행렬을 대각행렬이라고 하며, 다음과 같은 모양을 갖는다.

$$D = \begin{pmatrix} a_{11} & 0 & \cdots\cdots & 0 \\ 0 & a_{22} & \cdots\cdots & 0 \\ \cdots & \cdots\cdots & \cdots\cdots & \cdots\cdots \\ 0 & 0 & \cdots\cdots & a_{mn} \end{pmatrix} \tag{9.9}$$

대각행렬은 자주 $D = diag(a_{11},\ a_{22},\ a_{33},\ \cdots,\ a_{mn})$으로 쓴다.

➲ 예 $\begin{pmatrix} 1 & 0 & 0 \\ 0 & 3 & 0 \\ 0 & 0 & 4 \end{pmatrix}$

(6) 단위행렬(identity matrix)

주대각선 원소는 1이고 그 외의 원소가 0일 때 그 행렬을 단위행렬이라고한다. 즉, 대각행렬에서 $a_{11}=a_{22}=a_{33}=\cdots=a_{mn}=1$ 의 경우를 말한다.

즉,

$$I_n=\begin{pmatrix}1 & 0 & \cdots\cdots & 0\\ 0 & 1 & \cdots\cdots & 0\\ \cdots & \cdots & \cdots\cdots & \cdots\cdots\\ 0 & 1 & \cdots\cdots & 1\end{pmatrix} \tag{9.10}$$

➲ 예 $I_3=\begin{pmatrix}1 & 0 & 0\\ 0 & 1 & 0\\ 0 & 0 & 1\end{pmatrix}$, $I_2=\begin{pmatrix}1 & 0\\ 0 & 1\end{pmatrix}$

(7) 열벡터(column matrix)

단지 열로만 이루어진 행렬을 열벡터라고 한다. 이때 $m\times 1$ 행렬을 m 차원 열벡터라고 한다.

➲ 예 $\begin{pmatrix}2\\ 3\end{pmatrix}$, $\begin{pmatrix}1\\ -2\\ a\end{pmatrix}$

(8) 행벡터(row matrix)

단지 행으로만 이루어진 행렬을 행벡터라고 한다. 이때 $1\times n$ 행렬을 n 차원 행벡터라고 한다.

➲ 예 $(a,\ B)$, $(2\ 1\ 0)$

(9) 대칭행렬(symmetric matrix)

정방행렬 $A=(a_{ij})$ 의 각 원소간에 모든 i, j 에 대하여 $a_{ij}=a_{ji}$ 의 조건을 만족할 때 그 행렬을 대칭행렬이라고 한다. 주대각선상의 성분은 임의이나 주대각선을 지르는 거울상의 성분이 같게 된다.

➲ 예 $\begin{pmatrix} 0 & +2 & +3 \\ 2 & 0 & 5 \\ 3 & +5 & 0 \end{pmatrix}$

(10) 반대칭행렬(anti-symmetric matrix 또는 skew-symmetric matrix)

정방행렬 $A=(a_{ij})$의 각 원소간에 모든 i, j에 대하여 $a_{ij}=a_{ji}$의 조건을 만족할 때 그 행렬을 반대칭행렬이라고 한다. 특히 $a_{ii}=-a_{ii}$여야 하기 때문에 $a_{ii}=0$, 즉 반대칭행렬의 주대각선상의 모든 원소는 0이다.

예제 9.3 다음의 등식을 만족시키는 상수 a, b, c, d를 구하라.

(1) $(a+b\ \ 2)=(3\ \ b)$　　(2) $\begin{pmatrix} 4a-2b \\ 2a+b \end{pmatrix}=\begin{pmatrix} -4 \\ 4 \end{pmatrix}$

(3) $\begin{pmatrix} 2a & b \\ 3c & d \end{pmatrix}=\begin{pmatrix} 2b & c \\ 9 & 2 \end{pmatrix}$　　(4) $\begin{pmatrix} 3a+2 & -1 \\ -4 & d-3 \end{pmatrix}=\begin{pmatrix} 5 & 2c-1 \\ 3b-1 & -1 \end{pmatrix}$

풀이 (1) $a+b=3$

$b=2$

이를 연립하여 풀면

$a=1,\ b=2$

(2) $4a-2b=-4$

$2a+b=4$

이를 연립해서 풀면

$a=\dfrac{1}{2},\ b=3$

(3) $2a=2b$

$b=c$

$3c=9$

$d = 2$

이를 연립해서 풀면

$a = b = c = 3,\ d = 2$

(4) $3a + 2 = 5$

$2c - 1 = -1$

$3b - 1 = -4$

$d - 3 = -1$

이를 연립해서 풀면

$a = 1,\ b = -1,\ c = 0,\ d = 2$

9.2 행렬의 기본연산

1. 행렬의 합

$A = (a_{ij})$ 와 $B = (b_{ij})$ 가 같은 크기일 때 두 행렬의 대응하는 원소의 합인 원소들로 이루어진 $C = (c_{ij})$ 행렬을 두 행렬의 합이라고 정의 하고

[행렬의 합]

$$C = A + B \quad 즉 \quad c_{ij} = a_{ij} + b_{ij} \tag{9.11}$$

여기서, $A = (a_{ij}),\ B = (b_{ij}),\ C = (c_{ij})$

로 나타낸다. 그리고 크기가 다른 두 행렬에서는 그 합이 정의되지 않는

다. 즉, $A=\begin{pmatrix}1 & 2\\6 & 3\end{pmatrix}$, $B=\begin{pmatrix}1\\2\end{pmatrix}$ 일 때 A와 B는 서로 크기가 다르므로 합을 구할 수 없다.

➲ 예 $A=\begin{pmatrix}1 & 2 & 2\\0 & 1 & 5\end{pmatrix}$, $B=\begin{pmatrix}0 & -1 & 3\\2 & 2 & 0\end{pmatrix}$ 일 때, 두 행렬 A, B의 합은 C는

$$C=A+B=\begin{pmatrix}1+0 & 2-1 & 2+3\\0+2 & 1+2 & 5+0\end{pmatrix}=\begin{pmatrix}1 & 1 & 5\\2 & 3 & 5\end{pmatrix}$$

으로 나타내어진다.

예제 9.4 다음 두 행렬의 합을 구하라.

(1) $A=\begin{pmatrix}1 & 2\\4 & 0\end{pmatrix}$, $B=\begin{pmatrix}3 & -4\\1 & 5\end{pmatrix}$

(2) $A=\begin{pmatrix}1 & 2 & -1\\4 & 0 & 2\end{pmatrix}$, $B=\begin{pmatrix}2 & -1 & 1\\0 & 2 & 7\end{pmatrix}$

풀이 (1) $A+B=\begin{pmatrix}1+3 & 2+(-4)\\4+1 & 0+5\end{pmatrix}=\begin{pmatrix}4 & -2\\5 & 5\end{pmatrix}$

(2) $A+B=\begin{pmatrix}1+2 & 2-1 & -1+1\\4+0 & 0+2 & 2+7\end{pmatrix}=\begin{pmatrix}3 & 1 & 0\\4 & 2 & 9\end{pmatrix}$

2. 행렬의 차

$A=(a_{ij})$와 $B=(b_{ij})$가 같은 크기일 때 두 행렬의 대응하는 원소의 차인 원소를 이루어진 $C=(c_{ij})$ 행렬을 두 행렬의 차라고 정의하고

[행렬의 차]

$$C=A-B \text{ 즉 } c_{ij}=a_{ij}-b_{ij} \quad (9.12)$$

여기서 $A=(a_{ij})$, $B=(b_{ij})$, $C=(c_{ij})$

로 나타낸다. 그리고 크기가 다른 두 행렬에서는 그 차가 정의되지 않는다. 즉, $A=\begin{pmatrix}1 & 2\\6 & 3\end{pmatrix}$, $B=\begin{pmatrix}1\\2\end{pmatrix}$일 때 A와 B는 서로 크기가 다르기 때문에 차를 구할 수 없다.

예제 9.5 $A=\begin{pmatrix}1 & 2\\4 & 0\end{pmatrix}$, $B=\begin{pmatrix}3 & -4\\1 & 5\end{pmatrix}$일 때 다음을 계산하라.

(1) $A-B$ (2) $3B$ (3) $-A$

풀이 (1) $A-B=\begin{pmatrix}1-3 & 2-(-4)\\4-1 & 0-5\end{pmatrix}=\begin{pmatrix}-2 & 6\\3 & -5\end{pmatrix}$

(2) $3B=B+B+B=\begin{pmatrix}3 & -4\\1 & 5\end{pmatrix}+\begin{pmatrix}3 & -4\\1 & 5\end{pmatrix}+\begin{pmatrix}3 & -4\\1 & 5\end{pmatrix}$

$$=\begin{pmatrix}3+3+3 & -4-4-4\\1+1+1 & 5+5+5\end{pmatrix}$$

$$=\begin{pmatrix}3\times3 & 3\times(-4)\\3\times1 & 3\times5\end{pmatrix}$$

$$=\begin{pmatrix}9 & -12\\3 & 15\end{pmatrix}$$

(3) $-A=\begin{pmatrix}-1 & -2\\-4 & 0\end{pmatrix}$

예제 9.6 $A=\begin{pmatrix}1 & 2\\4 & 0\end{pmatrix}$, $B=\begin{pmatrix}3 & -4\\1 & 5\end{pmatrix}$일 때 $A+B-2D=0$을 만족하는 $D=\begin{pmatrix}a & c\\b & d\end{pmatrix}$를 구하라.

풀이 $A+B-2D=\begin{pmatrix}1+3-2a & 2-4-2c\\4+1-2b & 0+5-2d\end{pmatrix}=\begin{pmatrix}0 & 0\\0 & 0\end{pmatrix}$

$4-2a=0$, $5-2b=0$, $-2-2c=0$, $5-2d=0$

$\therefore\ a=2$, $b=\dfrac{5}{2}$, $c=-1$, $d=\dfrac{5}{2}$

3. 행렬의 곱

(1) 실수와 행렬의 곱

2×2 크기의 행렬 $A=\begin{pmatrix} a & b \\ c & d \end{pmatrix}$ 에 2를 곱하면

$$2A = A + A = \begin{pmatrix} a & b \\ c & d \end{pmatrix} + \begin{pmatrix} a & b \\ c & d \end{pmatrix} = \begin{pmatrix} a+a & b+b \\ c+c & d+d \end{pmatrix} = \begin{pmatrix} 2a & 2b \\ 2c & 2d \end{pmatrix}$$

마찬가지로 A 에 3을 곱하면

$$3A = \begin{pmatrix} 3a & 3b \\ 3c & 3d \end{pmatrix}$$

가 된다. 따라서 k를 임의의 실수라 하고, $A=\begin{pmatrix} a & b \\ c & d \end{pmatrix}$ 일 때 행렬 A를 k 배한 행렬은 다음과 같다.

$kA = k\begin{pmatrix} a & b \\ c & d \end{pmatrix} = \begin{pmatrix} ka & kb \\ kc & kd \end{pmatrix}$ (단, k는 실수) 일반적으로 행렬 A에 임의의 스칼라 k를 곱해서 얻어진 행렬 kA는 A의 각 성분에 k를 곱하여 얻어진 행렬이다.

[실수와 행렬의 곱]

$A=(a_{ij})$ 일 때, $(kA)_{ij} = k(A)_{ij} = ka_{ij}$	(9.13)

예제 9.7 두 행렬 $A=\begin{pmatrix} 1 & 3 \\ 2 & 4 \end{pmatrix}$, $B=\begin{pmatrix} -1 & 1 \\ 0 & 2 \end{pmatrix}$ 에 대하여

$$2A + X = 3(A+B) - 2X$$

를 만족시키는 행렬 X를 구하라.

풀이 주어진 식을 이항하여 정리하면

$$X = \frac{1}{3}A + B$$

이므로

$$X = \frac{1}{3}\begin{pmatrix} 1 & 3 \\ 2 & 4 \end{pmatrix} + \begin{pmatrix} -1 & 1 \\ 0 & 2 \end{pmatrix} = \begin{pmatrix} -\frac{2}{3} & 2 \\ \frac{2}{3} & \frac{10}{3} \end{pmatrix}$$

---

(2) 행벡터와 열벡터의 곱

크기가 $1\times m$ 인 A 행렬과 크기가 $m\times 1$ 인 B 행렬의 곱은 크기가 1×1 인 C 행렬이 된다. 즉,

$$A \cdot B = \begin{pmatrix} a_{11} & a_{12} & a_{13} & \cdots & a_{1m} \end{pmatrix} \cdot \begin{Bmatrix} b_{11} \\ b_{21} \\ b_{31} \\ \cdot \\ \cdot \\ \cdot \\ b_{m1} \end{Bmatrix}$$

$$= a_{11}b_{11} + a_{12}b_{21} + a_{13}b_{31} + \cdots + a_{1m}b_{m1}$$

$$= \sum_{k=1}^{m} a_{1k}b_{k1}$$

【 행벡터와 열벡터의 곱 】

$A \cdot B = a_{11}b_{11} + a_{12}b_{21} + a_{13}b_{31} + \cdots + a_{1m}b_{m1}$
$= \sum_{k=1}^{m} a_{1k}b_{k1}$ (9.14)
여기서, $A = (a_{ij})$, $B = (b_{ij})$

위에서 보인바와 같이 곱은 한 행렬의 행과 다른 행렬의 열로써 계산됨을 알 수 있다. 한 행렬의 각 행 요소를 각 다른 행렬의 대응하는 각 열 요소에 곱해서 전체의 합을 구함으로써 두 행렬의 곱의 결과를 얻게 된다.

➲ 예 : 행렬의 적용의 예 3

아래의 표 9-2, 9-3과 같이 연필 1개는 100원, 볼펜 1개는 200원이라 할 때 연필 7개 볼펜 5개의 값은

$$100\times 7+200\times 5=1700(\text{원})$$

[표 9-2]

항목	연필	볼펜
단가(원)	100	200

[표 9-3]

항목	개수
연필	7
볼펜	5

이것은 행렬을 써서 다음과 같이 계산할 수 있다.

표 9-2에서

$$A=(100 \quad 200)$$

표 9-3에서

$$B=\begin{pmatrix}7\\5\end{pmatrix}$$

$$AB=(100 \quad 200)\begin{pmatrix}7\\5\end{pmatrix}=100\times 7+200\times 5=1700(\text{원})$$

예제 9.9 다음 행렬의 곱을 구하라.

(1) $(1\ 3\ 4)\begin{pmatrix} 2 \\ -1 \\ 2 \end{pmatrix}$ (2) $(1\ 0\ 3\ 1)\begin{pmatrix} 0 \\ -1 \\ 2 \\ 2 \end{pmatrix}$

풀이 (1) $1\times2+3\times(-1)+4\times2=7$

(2) $1\times0+0\times(-1)+3\times2+1\times2=8$

(3) 행렬과 행렬의 곱

행렬 $A=(a_{ij})$ 및 $B=(b_{ij})$의 크기가 각각 $m\times p$, $p\times m$이라고 하면 두 행렬의 곱은 $m\times n$인 행렬 $C=(c_{ij})$가 된다. 행렬 A와 행렬 B를 곱할 때에는 A 열의 수와 B의 행의 수가 반드시 같아야 한다.

【행렬과 행렬의 곱】

$$c_{i1}b_{1j}+a_{i2}b_{1j}+\cdots+a_{ip}b_{pj}=\sum_{k=1}^{p}a_{ik}b_{kj}$$

$$(i=1,\ 2,\ 3,\ \cdots,\ n:j=1,\ 2,\ 3,\ \cdots,\ n) \qquad (9.15)$$

➲예 : 행렬의 적용의 예 4 (2×2 행렬과 2×1 행렬의 곱)

연필과 볼펜의 단가 및 무게는 표 9-4와 같다고 하자. 이때 연필 7개, 볼펜 5개의 값은 앞에서 구한 것과 같이 1700원이고 그 무게는

$$6\times7+4\times5=62(g)$$

이다.

[표 9-4]

	연필	볼펜
단가(원)	100	200
무게(g)	6	4

이들 필기구의 값과 무게를 행렬을 써서 다음과 같이 구할 수 있다.

$$A=\begin{pmatrix}100 & 200\\ 6 & 4\end{pmatrix},\quad B=\begin{pmatrix}7\\ 5\end{pmatrix}$$

$$AB=\begin{pmatrix}100 & 200\\ 6 & 4\end{pmatrix}\begin{pmatrix}7\\ 5\end{pmatrix}=\begin{pmatrix}100\times 7+200\times 5\\ 6\times 7+4\times 5\end{pmatrix}=\begin{pmatrix}1700\\ 62\end{pmatrix}$$

➲ 예 : 행렬의 적용의 예 5 (2×2 행렬과 2×2 행렬의 곱)

연필과 볼펜의 단가 및 무게가 표 9-4와 같을 때, 표 9-5와 같이 연필 7개, 볼펜 5개를 넣은 상자를 A라 하고 연필 12개, 볼펜 7개를 넣은 상자를 B라 하면

[표 9-5]

	A	B
연필	7	12
볼펜	5	7

A상자의 필기구 값과 무게는

$$\begin{pmatrix}100 & 200\\ 6 & 4\end{pmatrix}\begin{pmatrix}7\\ 5\end{pmatrix}=\begin{pmatrix}100\times 7+200\times 5\\ 6\times 7+4\times 5\end{pmatrix}=\begin{pmatrix}1700\\ 62\end{pmatrix}$$

에 의하여 가가 1700원, 62g이다(상자의 값과 무게는 무시한다).

같은 방법으로 B상자의 필기구 값과 무게는

$$\begin{pmatrix}100 & 200\\ 6 & 4\end{pmatrix}\begin{pmatrix}12\\ 7\end{pmatrix}=\begin{pmatrix}100\times 12+200\times 7\\ 6\times 12+4\times 7\end{pmatrix}=\begin{pmatrix}2600\\ 100\end{pmatrix}$$

에 의하여 각각 2600원, 100g이다.

위의 두 경우를 함께 나타내면

$$\begin{pmatrix}100 & 200\\ 6 & 4\end{pmatrix}\begin{pmatrix}7 & 12\\ 5 & 7\end{pmatrix}=\begin{pmatrix}100\times 7+200\times 5 & 100\times 12+200\times 7\\ 6\times 7+4\times 5 & 6\times 12+4\times 7\end{pmatrix}$$

$$=\begin{pmatrix}1700 & 2600\\ 62 & 100\end{pmatrix}$$

이와 같이 행렬을 이용하면 여러 가지 계산이 함께 처리되어 편리하다.

예제 9.9 다음 행렬의 곱을 구하라.

(1) $(1\ \ 2\ \ 3)\begin{pmatrix}1 & 3 & 1\\ 2 & 4 & 2\\ 2 & 2 & 1\end{pmatrix}$ (2) $\begin{pmatrix}1 & 3 & 1\\ 2 & 4 & 2\\ 2 & 2 & 1\end{pmatrix}\begin{pmatrix}1\\ 2\\ 3\end{pmatrix}$

풀이

(1) $(1\times 1+2\times 2+3\times 2 \quad 1\times 3+2\times 4+3\times 2 \quad 1\times 1+2\times 2+3\times 1)$

$=(11\ \ 17\ \ 8)$

(2) $\begin{pmatrix}1\times 1+3\times 2+1\times 3\\ 2\times 1+4\times 2+2\times 3\\ 2\times 1+2\times 2+1\times 3\end{pmatrix}=\begin{pmatrix}10\\ 16\\ 9\end{pmatrix}$

예제 9.10 $A=\begin{pmatrix}1 & 3\\ 2 & 2\\ 2 & 4\end{pmatrix}$, $B=\begin{pmatrix}1 & 3 & 1\\ 0 & -1 & 2\end{pmatrix}$ 일 때 AB 및 BA를 구하라.

풀이 $AB=\begin{pmatrix}1 & 3\\ 2 & 2\\ 2 & 4\end{pmatrix}\begin{pmatrix}1 & 3 & 1\\ 0 & -1 & 2\end{pmatrix}=\begin{pmatrix}1 & 0 & 7\\ 2 & 4 & 6\\ 2 & 2 & 10\end{pmatrix}$

$$BA=\begin{pmatrix}1 & 3 & 1\\0 & -1 & 2\end{pmatrix}\begin{pmatrix}1 & 3\\2 & 2\\2 & 4\end{pmatrix}=\begin{pmatrix}9 & 13\\2 & 6\end{pmatrix}$$

위의 예제 9.10에서 알 수 있는 바와 같이 일반적으로 $AB \neq BA$이다. 행렬의 곱셈에서는 교환법칙이 성립하지 않음을 알 수 있다.

예제 9.11 행렬 $A=\begin{pmatrix}1 & 0\\0 & 0\end{pmatrix}$, $B=\begin{pmatrix}0 & 0\\0 & 1\end{pmatrix}$일 때 AB를 구하라.

풀이 $A \cdot B=\begin{pmatrix}1 & 0\\0 & 0\end{pmatrix}\begin{pmatrix}0 & 0\\0 & 1\end{pmatrix}=\begin{pmatrix}1\times 0+0\times 0 & 1\times 0+0\times 1\\0\times 0+0\times 0 & 0\times 0+0\times 1\end{pmatrix}$

$=\begin{pmatrix}0 & 0\\0 & 0\end{pmatrix}=0$ (영행렬)

위의 예제 7.11에서 알 수 있듯이 $A\neq 0$, $B\neq 0$일 때도 $AB=0$인 경우가 있다. 이와 같은 경우는 우리들이 알고 있는 실수계에서는 생각할 수 없는 것이다. 일반적으로 두 수 a, b가 있어 $a\neq 0$, $b\neq 0$일 때 $ab=0$이 되면 이와 같은 a, b를 비영인자라고 말한다.

예제 9.12 $A=\begin{pmatrix}a & b\\c & d\end{pmatrix}$, $I=\begin{pmatrix}1 & 0\\0 & 1\end{pmatrix}$이라 하면, $AI=IA=A$임을 밝혀라.

풀이 $AI=\begin{pmatrix}a & b\\c & d\end{pmatrix}\begin{pmatrix}1 & 0\\0 & 1\end{pmatrix}=\begin{pmatrix}a & b\\c & d\end{pmatrix}=A$

$IA=\begin{pmatrix}1 & 0\\0 & 1\end{pmatrix}\begin{pmatrix}a & b\\c & d\end{pmatrix}=\begin{pmatrix}a & b\\c & d\end{pmatrix}=A$

위의 예제 9.12에서 알 수 있듯이 어떤 행렬과 단위행렬 사이에는 교환법칙이 성립하고 곱의 결과는 행렬 구 자체가 된다.

4. 행렬의 전치

$n\times m$의 행렬의 열과 행을 서로 바뀌어 구한 $m\times n$차의 행렬을 A행렬의 전치라고 하고 A' 또는 A^T로 나타낸다.

예를 들면 $A=\begin{pmatrix} a & b \\ c & d \\ e & f \end{pmatrix}$의 전치는 $A'=A^T=\begin{pmatrix} a & c & e \\ b & d & f \end{pmatrix}$가 된다. A행렬의 i행과 j열의 원소 a_{ij}가 A^T행렬에서는 j행과 i열의 원소로 바뀌게 된다. 만약 A^T와 B^T가 전치이고 k가 스칼라이면 다음을 만족한다.

(1) $(A^T)^T=A$ (2) $(kA)^T=kA^T$ (3) $(AB)^T=B^TA^T$

9.3 행렬식

1. 행렬식의 정의

$n\times n$행렬 A를 정방행렬이라고 할 때, A의 부호붙인 기본곱(signed elementary production)의 합으로 표시한 것을 n의 행렬식이라고 하고 $\det(A)$로 표시한다. 여기서 기본곱이란 어떤 원소를 행이나 열에서 중복되지 않게 하나씩 택해 곱한 n개의 성분으로 이루어진 곱을 말한다. 따라서 $n\times n$행렬은 $n!(1\times 2\times 3\times 4\times \cdots \times n)$개의 기본곱을 갖게 된다. 그리고 기본곱에 붙이는 기호는 열 번호의 순열이 우순(even) 일 때는 양(+)이 되고 기순(odd)일 때는 음(−)이 된다, 여기서 주어진 순열에서 역순의 수 가 짝수일 때는 그 순열을 우순이라고 하고 홀수일 때는 기순이라고 한다.

{ 행렬식의 정의 1 }

$$A=\begin{pmatrix} a_{11} & a_{12} & \cdots\cdots & a_{1n} \\ a_{21} & a_{22} & \cdots\cdots & a_{2n} \\ \cdots & \cdots & \cdots\cdots & \cdots\cdots \\ a_{n1} & a_{n2} & \cdots\cdots & a_{nm} \end{pmatrix}$$ 에서 A의 행렬식은

$\det(A)=|A|=\sum_{P} \varepsilon_{j_1 i_2 \cdots j_n} a_{1j_1} a_{2j_2} \cdots a_{nj_n}$ 이다.

여기서, p : $n!$ 개의 순열

$\varepsilon_{j_1 j_2 \cdots j_n}$: 열 번호의 순열이 우순일 때는 양 (+),

기순일 때는 음(−)이 되는 부호

➲ 예 : 수열 123 : 역순이 없으므로 우순열

수열 132 : 3이 2의 앞에 있어 역순이 1개이므로 기순열

수열 312 : 3이 1, 2의 앞에 있어 역순이 2개이므로 우순열

수열 4213 : 4가 2, 1, 3의 앞에 있고 2가 1앞에 있어 역순이 4개이므로 우순열

➲ 예 : 다음 2×2 행렬 A의 행렬식을 구해보자.

행이나 열에서 중복되지 않게 요소를 하나씩 택해 곱하면 $a_{11}a_{22}$ 및 $a_{12}a_{21}$의 총 2개(2!)의 기본급을 얻을 수 있다. 다음 기본곱에 붙일 부호를 정해보자. 열 번호의 순열이 우순일 때는 양의 부호(+)가 되고 기순일 때는 음의 부호(−)가 되므로 기본곱의 부호는 표 9-6과 같다.

[표 9-6]

기본곱	열 번호의 순열	우, 기	부호
$a_{11}a_{22}$	12	우	+
$a_{12}a_{21}$	21	기	−

따라서 $|A|=\begin{vmatrix} a_{11} & a_{12} \\ a_{21} & a_{22} \end{vmatrix}=a_{11}a_{12}-a_{12}a_{21}$

➲ 예 : 다음 3×3 행렬 B의 행렬식을 구해보자.

$$B=\begin{pmatrix} a_{11} & a_{12} & a_{13} \\ a_{21} & a_{22} & a_{23} \\ a_{31} & a_{32} & a_{33} \end{pmatrix}$$

행이나 열에서 중복되지 않게 요소를 하나씩 택해 곱하면 $a_{11}a_{22}a_{33}$ $a_{11}a_{23}a_{32}$ $a_{12}a_{21}a_{33}$ $a_{12}a_{23}a_{31}$ $a_{13}a_{21}a_{32}$ 및 $a_{13}a_{22}a_{31}$의 총 6개(3!)의 기본곱을 얻을 수 있다. 다음 기본곱에 붙일 부호를 정해보자. 열 번호의 순열이 우순일 때는 양의 부호(+)가 되고 기순일 때는 음의 부호(−)가 되므로 기본곱의 부호는 표9.7과 같다.

[표 9.7]

기본곱	열 번호의 순열	우, 기	부호
$a_{11}a_{22}a_{33}$	123	우	+
$a_{12}a_{23}a_{32}$	132	기	−
$a_{12}a_{21}a_{33}$	213	기	−
$a_{12}a_{23}a_{31}$	231	우	+
$a_{13}a_{21}a_{32}$	312	우	+
$a_{13}a_{22}a_{31}$	321	기	−

$$\text{따라서 } |B| = \begin{vmatrix} a_{11} & a_{12} & a_{13} \\ a_{21} & a_{22} & a_{23} \\ a_{31} & a_{32} & a_{33} \end{vmatrix} = a_{11}a_{22}a_{33} - a_{11}a_{23}a_{32} - a_{12}a_{21}a_{33}$$

$$+ a_{12}a_{23}a_{31} + a_{13}a_{21}a_{32} - a_{13}a_{22}a_{31}$$

예제 9.13 다음 2차 및 3차 행렬식의 값을 구하라.

(1) $\begin{vmatrix} 1 & 2 \\ 3 & 4 \end{vmatrix}$ (2) $\begin{vmatrix} 1 & 2 & 1 \\ 3 & 0 & 2 \\ 0 & 3 & 3 \end{vmatrix}$

풀이 (1) $\begin{vmatrix} 1 & 2 \\ 3 & 4 \end{vmatrix} = 1\times 4 - 2\times 3 = -2$

(2) $\begin{vmatrix} 1 & 2 & 1 \\ 3 & 0 & 2 \\ 0 & 3 & 3 \end{vmatrix} = 1\times 0\times 3 - 1\times 2\times 3 - 2\times 3\times 3$

$+2\times 2\times 0 + 1\times 3\times 3 - 1\times 0\times 0 = -15$

2. 행렬식의 전개

A가 $n\times n$ 행렬이고 행렬식이 식(9.16)으로 정의되었다고 하자. 이때 A의 원소 중 i번째 행과 j열을 제거하고 남은 $(n-1)\times(n-1)$ 행렬식을 A 또는 $|A|$의 소행렬식이라 하고 $|M_{ij}|$로 표기한다. 또는 a_{ij}의 소행렬식이라고 하고 부른다. 소행렬식에 $(-1)^{i+j}$을 곱한 행렬식 $(-1)^{i+j}|M_{ij}|$을 a_{ij}의 여인자라고 부르고 a_{ij}로 표기한다. 어떤 행렬식의 값은 행렬식의 한 행(열)의 각 원소와 그 것의 여인자와 곱을 합한 것과 같다.

[행렬식의 정의 2(Laplacian)]

$$A=\begin{pmatrix} a_{11} & a_{12} & \cdots\cdots & a_{1n} \\ a_{21} & a_{22} & \cdots\cdots & a_{2n} \\ \cdots & \cdots & \cdots\cdots & \cdots \\ a_{n1} & a_{n2} & \cdots\cdots & a_{nm} \end{pmatrix}$$ 에서 A 의 행렬식은

$$|A|=a_{i1}\alpha_{i1}+a_{i2}\alpha_{i2}+a_{i3}\alpha_{i3}+\cdots\cdots a_{in}\alpha_{in}$$

$$=\sum_{k=0}^{n} a_{ik}\alpha_{ik}(i,\ j,=1,\ 2,\ \cdots,\ n)$$

또는

$$|A|=a_{1j}\alpha_{1j}+a_{2j}\alpha_{2j}+a_{3i}\alpha_{3j}+a_{nj}\alpha_{nj}=\sum_{k=0}^{n} a_{kj}\alpha_{kj}$$

(9.17)

여기서, $|M_{ij}|=a_{ij}$ 의 소행렬식

$\alpha_{ij}=(-1)^{i+j}|M_{ij}|$

3. 행렬식의 값

1차 행렬식의 값은 바로 그 원오이다. 예컨대

$$|a_{11}|=a_{11}$$

2차 행렬식의 값은 식(9.17)에 의해 1차 행렬식의 값을 알고 있으나 빠로 계산할 수 있고, 또한 2차 행렬식의 값을 이용해 3차 행렬식의 값도 구할 수 있다. 마찬가지로 순차로 4차, 5차 및 n 차의 행렬식의 값도 구할 수 있다.

이를테면

$$\begin{vmatrix} a_{11} & a_{12} \\ a_{21} & a_{22} \end{vmatrix}$$

에서 a_1, a_2 의 여인자는 각각

$$(-1)^{1+1} \times a_{22}, \quad (-1)^{2+1} \times a_{21}$$

이므로

$$\begin{vmatrix} a_{11} & a_{12} \\ a_{21} & a_{22} \end{vmatrix} = a_{11}a_{22} - a_{12}a_{21} \tag{9.18}$$

3차 행렬식의 경우에는

$$|A| = \begin{vmatrix} a_{11} & a_{12} & a_{13} \\ a_{21} & a_{22} & a_{23} \\ a_{31} & a_{32} & a_{33} \end{vmatrix} \text{에서}$$

$$|M_{11}| = \begin{vmatrix} a_{22} & a_{23} \\ a_{32} & a_{33} \end{vmatrix}, \quad |M_{12}| = \begin{vmatrix} a_{21} & a_{23} \\ a_{31} & a_{33} \end{vmatrix}, \quad |M_{13}| = \begin{vmatrix} a_{21} & a_{22} \\ a_{31} & a_{32} \end{vmatrix}$$

$$a_{11} = (-1)^{1+1}|M_{11}|, \quad a_{12} = (-1)^{1+2}|M_{12}|, \quad a_{13} = (-1)^{1+3}|M_{13}|$$

$$\begin{aligned} |A| &= a_{11}|M_{11}| - a_{12}|M_{12}| + a_{13}|M_{13}| \\ &= a_{11}(a_{22}a_{33} - a_{23}a_{32}) - a_{12}(a_{21}a_{33} - a_{23}a_{31}) + a_{13}(a_{21}a_{32} - a_{22}a_{33}) \\ &= a_{11}a_{22}a_{33} - a_{11}a_{23}a_{32} - a_{12}a_{21}a_{33} + a_{12}a_{23}a_{31} + a_{13}a_{21}a_{32} - a_{13}a_{22}a_{31} \end{aligned}$$

예제 9.14 다음 행렬식의 값을 구하라.

(1) $\begin{vmatrix} 3 & -1 \\ 2 & 4 \end{vmatrix}$ (2) $\begin{vmatrix} \cos\theta & \sin\theta \\ -\sin\theta & \cos\theta \end{vmatrix}$ (3) $\begin{vmatrix} 1 & 0 & 2 \\ 3 & 4 & 5 \\ 5 & 6 & 7 \end{vmatrix}$

풀이 (1) $3\times4-(-1)\times2=14$

(2) $\cos\theta\times\cos\theta-\sin\theta\times(-\sin\theta)=\cos^2\theta+\sin^2\theta=1$

(3) $\begin{vmatrix}1&0&2\\3&4&5\\5&6&7\end{vmatrix}=(1)\begin{vmatrix}4&5\\6&7\end{vmatrix}-0\begin{vmatrix}3&5\\5&7\end{vmatrix}+2\begin{vmatrix}3&5\\4&6\end{vmatrix}$

$=1(4\times7-5\times6)-0+2(3\times6-5\times4)=-2-4=6$

4. 행렬식의 성질

행렬식 사이에 여러 가지 주목할 만한 성질이 있는데 그 성질을 이용하여 행렬식의 계산을 간단히 할 수 있는 경우가 많다. 다음에 Laplacian 전개로부터 얻어지는 행렬식의 중요한 특성을 정리하면 다음과 같다.

Ⅰ) 행렬식에서 행과 열을 바꿔어 놓아도 그 값은 변하지 않는다.

Ⅱ) 행렬식의 2개의 행(또는 열) 을 바꿔 놓으면 그 부호가 변한다.

Ⅲ) 행렬식의 1행(또는 열)의 모든 원소를 k배 하면 행렬식의 값은 k배가 된다.

Ⅳ) 행렬식의 1행(또는 열)의 모든 원소가 0이면 그 행렬식의 값은 0이 된다.

Ⅴ) 행렬식의 2행(또는 열)의 원소가 같으면 행렬식의 값은 0이다.

Ⅵ) 어떤 행(또는 열)에 단 행(또는 열)의 여인자를 곱하여 합하면 0이 된다.

Ⅶ) 행렬식의 1행(또는 열)을 k배 해서 다른 행에 더해도 그 값은 변하지 않는다.

예제 9.15 다음 행렬식의 값을 구하라.

(1) $\begin{vmatrix} -2 & 1 & 1 \\ 1 & -2 & 1 \\ 1 & 1 & -2 \end{vmatrix}$ (2) $\begin{vmatrix} 1 & a & b+c \\ 1 & b & a+c \\ 1 & c & a+b \end{vmatrix}$ (3) $\begin{vmatrix} 1 & -2 & 2 \\ 1 & 0 & 2 \\ 0 & -2 & 1 \end{vmatrix}$

(4) $\begin{vmatrix} 1 & 2 & 3 \\ 3 & 9 & 6 \\ 2 & 7 & 4 \end{vmatrix}$ (5) $\begin{vmatrix} b+c & a & a \\ b & c+a & b \\ c & c & a+b \end{vmatrix}$

풀이 (1) 행렬식의 성질 (Ⅶ)을 이용하여 두 번째 열과 세 번째 열을 첫 번째 열에 합하고 행렬식의 성질 (Ⅳ)에 의해

$$\begin{vmatrix} -2 & 1 & 1 \\ 1 & -2 & 1 \\ 1 & 1 & -2 \end{vmatrix} = \begin{vmatrix} 0 & 1 & 1 \\ 0 & -2 & 1 \\ 0 & 1 & -2 \end{vmatrix} = 0$$

(2) 두 번째 열을 세 번째 열에 더하고, 세 번째 열에서 공통인수$(a+b+c)$를 뽑아 내면 행렬식의 성질 (Ⅴ)에 의해,

$$\begin{vmatrix} 1 & a & b+c \\ 1 & b & a+c \\ 1 & c & a+b \end{vmatrix} = \begin{vmatrix} 1 & a & a+b+c \\ 1 & b & a+b+c \\ 1 & c & a+b+c \end{vmatrix} = (a+b+c)\begin{vmatrix} 1 & a & 1 \\ 1 & b & 1 \\ 1 & c & 1 \end{vmatrix} = 0$$

(3) 행렬식의 성질 (Ⅶ)에 의해 첫 번째 열에 2를 곱해 두 번째 열에 더하고 Laplacian전개에 의해서,

$$\begin{vmatrix} 1 & -2 & 2 \\ 1 & 0 & 2 \\ 0 & -2 & 1 \end{vmatrix} = \begin{vmatrix} 1 & 0 & 3 \\ 1 & 2 & 2 \\ 1 & 0 & 1 \end{vmatrix} = 2(1\times 1-3\times 1) = -4$$

(4) 행렬식의 성질 (Ⅲ)에 의해 3열의 공통배수 2로 뽑아내면 1열과 3열이 같으므로 행렬식의 성질 (Ⅴ)에 의해,

$$\begin{vmatrix} 1 & 2 & 3 \\ 3 & 9 & 6 \\ 2 & 7 & 4 \end{vmatrix} = 2\begin{vmatrix} 1 & 2 & 1 \\ 3 & 9 & 3 \\ 2 & 7 & 2 \end{vmatrix} = 0$$

(5) 제2행에서부터 제1행과 제3행을 빼면

$$\begin{vmatrix} b+c & a & a \\ -2c & 0 & -2a \\ c & c & a+b \end{vmatrix} = 2\begin{vmatrix} b+c & a & a \\ -c & 0 & -2 \\ c & c & a+b \end{vmatrix}$$

제1행에 제2행을 더하고, 또 제3행에 제2행을 더하면

$$2\begin{vmatrix} b & a & 0 \\ -c & 0 & -a \\ 0 & c & b \end{vmatrix} = 2(abc+abc) = 4abc$$

예제 9.16 다음 식을 만족하는 x 값을 구하라.

$$\begin{vmatrix} x & 1 & 1 \\ 1 & x & 1 \\ 1 & 1 & x \end{vmatrix} = 0$$

풀이 제 2열과 제 3열을 제1열에 더하면

$$\begin{vmatrix} x & 1 & 1 \\ 1 & x & 1 \\ 1 & 1 & x \end{vmatrix} = \begin{vmatrix} x+2 & 1 & 1 \\ x+2 & x & 1 \\ x+2 & 1 & x \end{vmatrix} = (x+2)\begin{vmatrix} 1 & 1 & 1 \\ 1 & x & 1 \\ 1 & 1 & x \end{vmatrix}$$

$$= (x+2)\begin{vmatrix} 1 & 0 & 0 \\ 1 & x-1 & 0 \\ 1 & 0 & x-1 \end{vmatrix} = (x+2)(x-1)^2$$

$(x+2)(x-1)^2 = 0 \therefore\ x=-2,\ x=1$ (2중근)

9.4 역행렬

$n-$ 정방행렬인 A 및 B 행렬이 $AB=BA=I$ 인 관계식을 만족할 때, B를 A의, 그리고 A를 B의 역행렬이라고 하며, $B=A^{-1}$ 및 $A=B^{-1}$ 로 표시한다. 본 절에서는 기본행렬 및 adjoint 행렬을 이용한 역행렬을 구하는 방법을 제시한다.

➲ 예 : 행렬 $A=\begin{pmatrix} 3 & 1 \\ 2 & 4 \end{pmatrix}$, $B=\frac{1}{10}\begin{pmatrix} 4 & -1 \\ -2 & 3 \end{pmatrix}$ 에서 $AB=I$ 이므로 A 및

B는 각각 B및 A의 역행렬이다.

1. adjoint 행렬

$A=(a_{ij})$를 $n-$정방행렬 그리고 a_{ij}를 a_{ij}의 여인자라고 하면 adjoint 행렬은 다음과 같이 정의된다.

[adjoint 행렬]

$$\text{adjoint } A = adj(A) = \begin{pmatrix} a_{11} & a_{21} & \cdots\cdots & a_{m1} \\ a_{12} & a_{22} & \cdots\cdots & a_{n2} \\ \cdots & \cdots & \cdots\cdots & \cdots\cdots \\ a_{1n} & a_{2n} & \cdots\cdots & a_{mn} \end{pmatrix} \qquad (9.19)$$

여기서, $A=(a_{ij})$: $n-$ 정방행렬

a_{ij}: a_{ij}의 여인자

[예제] 9.17 $A=\begin{pmatrix} 1 & 2 & 3 \\ 1 & 3 & 4 \\ 1 & 4 & 3 \end{pmatrix}$에서 여인자는

$a_{11}=-7$ $a_{12}=1$ $a_{13}=1$ $a_{21}=6$ $a_{22}=0$

$a_{23}=-2$ $a_{31}=-1$ $a_{32}=1$ $a_{33}=1$ 이므로

$$adj(A)=\begin{pmatrix} -7 & 6 & -1 \\ 1 & 0 & -1 \\ 1 & -2 & 1 \end{pmatrix}$$

[예제] 9.18 $A=\begin{pmatrix} a_{11} & a_{12} \\ a_{21} & a_{22} \end{pmatrix}$에서 여인자는

$a_{11}=a_{22}$ $a_{12}=-a_{21}$ $a_{21}=-a_{12}$ $a_{22}=a_{11}$ 이므로

$$adj(A)=\begin{pmatrix} a_{22} & -a_{12} \\ -a_{21} & a_{11} \end{pmatrix}$$

(9.20)

2. 기본행렬과 역행렬

$n\times n$ 단위행렬 I_n 에서 1회의 기본행 연산을 실시하여 얻어지는 행렬 E 를 기본행렬이라고 하는데, EA 는 A 에 같은 기본행 연산을 실시하여 얻어진 행렬과 같다.

예제 9.19 행렬 $A=\begin{pmatrix} 1 & 2 & 3 \\ 2 & 4 & 5 \\ 3 & 5 & 6 \end{pmatrix}$ 과 I_n 의 제3행을 -2 배해서 1행에 더한 EA 를 구하라.

풀이 $I_3=\begin{pmatrix} 1 & 0 & 0 \\ 0 & 1 & 0 \\ 0 & 0 & 1 \end{pmatrix}$, $E=\begin{pmatrix} 1 & 0 & -2 \\ 0 & 1 & 0 \\ 0 & 0 & 1 \end{pmatrix}$

$$EA=\begin{pmatrix} 1 & 0 & -2 \\ 0 & 1 & 0 \\ 0 & 0 & 1 \end{pmatrix}\begin{pmatrix} 1 & 2 & 3 \\ 2 & 4 & 5 \\ 3 & 5 & 6 \end{pmatrix}=\begin{pmatrix} -5 & -8 & -9 \\ 2 & 4 & 5 \\ 3 & 5 & 6 \end{pmatrix}$$

EA 는 행렬 A 의 제3행을 -2 배 해서 1행에 더한 결과와 같다.

그러면 기본행렬을 이용해 역행렬을 구래보자.

$E_k\cdots E_2E_1A=I_n$ 을 만족하는 기본행렬 E_1, $E_2\cdots E_k$ 를 구할 수 있다. 이때 $A^{-1}=E_k\cdots E_2E_1$ 즉 $A^{-1}=E_k\cdots E_2E_1I_n$ 가 되므로 기본행렬을 이용하여 A^{-1} 을 구할 수 있다.

[역행렬(1)]

$$A^{-1} = E_k \cdots E_2 E_1 I_n \qquad (9.21)$$

$E_1, E_2 \cdots E_k$: 기본행렬

즉, A에서 I_n으로 변형하는 행연산열을 그대로 I_n에 실시하면 A^{-1}이 얻어진다고 결론지을 수 있다.

예제 9.20 행렬 $A=\begin{pmatrix}1&2&3\\2&4&5\\3&5&6\end{pmatrix}$의 역행렬을 구하라.

풀이 $\left(\begin{array}{ccc|ccc}1&2&3&1&0&0\\2&4&5&0&1&0\\3&5&6&0&0&1\end{array}\right)$

① ↓ 제1행을 2배해서 제2행에 빼주고

제1행을 3배하여 제3행에 빼준다.

$$\left(\begin{array}{ccc|ccc}1&2&3&1&0&0\\0&0&-1&-2&1&0\\0&-1&-3&-3&0&1\end{array}\right)$$

② ↓ 제2행 및 3행을 -1곱하여 서로 교환한다.

$$\left(\begin{array}{ccc|ccc}1&2&3&1&0&0\\0&1&0&3&0&-1\\0&0&1&2&-1&0\end{array}\right)$$

③ ↓ 제3행을 3배해서 제2행에 빼준다.

$$\left(\begin{array}{ccc|ccc}1&2&3&1&0&0\\0&1&0&-3&3&-1\\0&0&1&2&-1&1\end{array}\right)$$

④ ↓ 제2행 및 3행을 각각 2배 및 3배 하여 제1행에 빼준다.

⑤ $\left(\begin{array}{ccc|ccc}1&0&0&1&-3&2\\0&1&0&-2&3&-1\\0&0&1&2&-1&0\end{array}\right)$

$$\text{따라서 } A^{-1}=\begin{pmatrix} 1 & -3 & 2 \\ -3 & 3 & -1 \\ 2 & -1 & 0 \end{pmatrix}$$

3. adjoint 행렬과 역행렬

2차 정방행렬의 역행렬이 존재한다고 가정하고, 그 역행렬을 구해보자.

$$A=\begin{pmatrix} a_{11} & a_{12} \\ a_{21} & a_{22} \end{pmatrix}$$

구하는 역행렬을

$$A^{-1}=\begin{pmatrix} x & y \\ z & u \end{pmatrix}$$

라 하면, $AA^{-1}=I$ 이다. 즉

$$\begin{pmatrix} a_{11} & a_{12} \\ a_{21} & a_{22} \end{pmatrix}\begin{pmatrix} x & y \\ z & u \end{pmatrix}=\begin{pmatrix} 1 & 0 \\ 0 & 1 \end{pmatrix}$$

이므로

$$\begin{pmatrix} a_{11}x+a_{12}z & a_{11}y+a_{12}u \\ a_{21}x+a_{22}z & a_{21}y+a_{22}u \end{pmatrix}=\begin{pmatrix} 1 & 0 \\ 0 & 1 \end{pmatrix}$$

두 연립방정식

$$\begin{cases} a_{11}x+a_{12}z=1 & \cdots\cdots ① \\ a_{21}x+a_{22}z=0 & \cdots\cdots ② \end{cases}$$

$$\begin{cases} a_{11}y+a_{12}u=0 & \cdots\cdots ③ \\ a_{21}x+a_{22}u=1 & \cdots\cdots ④ \end{cases}$$

①$\times a_{22}-$②$\times a_{12}$ 하면 $(a_{11}a_{22}-a_{12}a_{21})x=a_{22}$ ……⑤

③$\times a_{22}-$④$\times a_{12}$ 하면 $(a_{11}a_{22}-a_{12}a_{21})y=-a_{12}$ ……⑥

②$\times a_{11}-$①$\times a_{21}$ 하면 $(a_{11}a_{22}-a_{12}a_{21})z=-a_{21}$ ……⑦

④$\times a_{11}-$③$\times a_{21}$ 하면 $(a_{11}a_{12}-a_{12}a_{21})u=a_{11}$ ……⑧

$a_{11}a_{22}-a_{12}a_{21}\neq 0$ 이면 식 ⑤, ⑥, ⑦, ⑧에서

$$x=\frac{a_{22}}{a_{11}a_{22}-a_{12}a_{21}}, \quad y=\frac{-a_{12}}{a_{11}a_{22}-a_{12}a_{21}}$$

$$z=\frac{-a_{21}}{a_{11}a_{22}-a_{12}a_{21}}, \quad u=\frac{a_{11}}{a_{11}a_{22}-a_{12}a_{21}}$$

그런데 $a_{11}a_{22}-a_{12}a_{21}=0$ 이면 식 ⑥, ⑧에서

$$a_{12}=0, \quad a_{11}=0$$

이므로, 이것을 식 ①에 대입하면 $0=1$ 로 되어 불합리하다.

따라서, $a_{11}a_{22}-a_{12}a_{21}=0$ 이면 역행렬이 존재하지 않는다.

[2×2 행렬의 역행렬]

> 행렬 $A=\begin{pmatrix} a_{11} & a_{12} \\ a_{21} & a_{22} \end{pmatrix}$ 가 역행렬을 가지기 위한 조건은
>
> $a_{11}a_{12}-a_{12}a_{21}\neq 0$
>
> 이고 A 의 역행렬은 다음과 같다.
>
> $$A^{-1}=\frac{1}{a_{11}a_{22}-a_{12}a_{21}}\begin{pmatrix} a_{22} & -a_{12} \\ -a_{21} & a_{11} \end{pmatrix} \tag{9.22}$$

식 (9.18, 9.19) 에 의하면 $a_{11}a_{22}-a_{12}a_{21}=\det(A)$, $\begin{pmatrix} a_{22} & -a_{12} \\ -a_{21} & a_{11} \end{pmatrix}=adj(A)$ 로 놓을 수 있다. 간단한 유도과정에 의하면 $A\times adi(A)=adj\,A\times A=I\times\det(A)$ 가 된다.

따라서 $\det(A)\neq 0$ 인 경우 $A\times\dfrac{1}{\det(A)}adj(A)=I$가 성립한다.

[역행렬(2)]

> $n\times n$ 행렬 A 의 역행렬은 $A^{-1}=\dfrac{1}{\det}(A)adj(A)$
>
> 단, $\det A\neq 0$ (9.23)

예제 9.21 다음 행렬의 역행렬이 존재하면 그 역행렬을 구하라.

(1) $\begin{pmatrix} 1 & 2 \\ 3 & 4 \end{pmatrix}$ (2) $\begin{pmatrix} 4 & 6 \\ 2 & 3 \end{pmatrix}$

(3) $\begin{pmatrix} -1 & 4 \\ 3 & 1 \end{pmatrix}$ (4) $\begin{pmatrix} 1 & -2 & 1 \\ -2 & 5 & -4 \\ 1 & -4 & 6 \end{pmatrix}$

풀이 (1) $\begin{pmatrix} 1 & 2 \\ 3 & 4 \end{pmatrix}^{-1}=\dfrac{1}{4-6}\begin{pmatrix} 4 & -2 \\ -3 & 1 \end{pmatrix}=\begin{pmatrix} -2 & 1 \\ \dfrac{3}{2} & -\dfrac{1}{2} \end{pmatrix}$

(2) $\det A=4\times 3-6\times 2=0$ 이므로 역행렬이 존재하지 않는다.

(3) $\begin{pmatrix} -1 & 4 \\ 3 & 1 \end{pmatrix}^{-1}=\dfrac{1}{-1-12}\begin{pmatrix} 1 & -4 \\ -3 & -1 \end{pmatrix}=\begin{pmatrix} -\dfrac{1}{13} & \dfrac{4}{13} \\ \dfrac{3}{13} & \dfrac{1}{13} \end{pmatrix}$

(4) $\begin{pmatrix} 1 & -2 & 1 \\ -2 & 5 & -4 \\ 1 & -4 & 6 \end{pmatrix}$에서 여인자는

$a_{11}=14 \quad a_{12}=8 \quad a_{13}=3 \quad a_{21}=8 \quad a_{22}=5$

$a_{23}=2 \quad a_{31}=3 \quad a_{32}=2 \quad a_{33}=1$ 이므로

$$adj(A)\begin{pmatrix} 14 & 8 & 3 \\ 8 & 5 & 2 \\ 3 & 2 & 1 \end{pmatrix}$$

$$\det A=|A|=1\times(30-16)+2\times(-12+4)+1\times(8-5)=1$$

$$A^{-1}=\frac{1}{\det(A)}adj(A)=\begin{pmatrix} 14 & 8 & 3 \\ 8 & 5 & 2 \\ 3 & 2 & 1 \end{pmatrix}$$

9.5 1차 연립방정식의 해

1. 역행렬을 이용한 해

다음 연립 2원 1차 방정식의 해를 구해보자.

$$a_1x+b_1y=c_1$$

$$a_2x+b_2y=c_2$$

이를 행렬으로 표시하면

$$\begin{pmatrix} a_1 & b_1 \\ a_2 & b_2 \end{pmatrix}\begin{pmatrix} x \\ y \end{pmatrix}=\begin{pmatrix} c_1 \\ c_2 \end{pmatrix}$$

좌우변에 $\begin{pmatrix} a_1 & b_1 \\ a_2 & b_2 \end{pmatrix}^{-1}$ 를 곱하면

$$\begin{pmatrix} a_1 & b_1 \\ a_2 & b_2 \end{pmatrix}^{-1} \begin{pmatrix} a_1 & b_1 \\ a_2 & b_2 \end{pmatrix} \begin{pmatrix} x \\ y \end{pmatrix} = \begin{pmatrix} a_1 & b_1 \\ a_2 & b_2 \end{pmatrix}^{-1} \begin{pmatrix} c_1 \\ c_2 \end{pmatrix}$$

따라서, $\begin{pmatrix} x \\ y \end{pmatrix} = \begin{pmatrix} a_1 & b_1 \\ a_2 & b_2 \end{pmatrix}^{-1} \begin{pmatrix} c_1 \\ c_2 \end{pmatrix}$ 이므로

따라서, $a_1b_2 - a_2b_1 \neq 0$ 일 때 식(9.22)에 의해서 연립방정식의 해는

$$x = \frac{c_1b_2 - c_2b_1}{a_1b_2 - a_2b_1}, \quad y = \frac{a_1c_2 - a_2c_1}{a_1b_2 - a_2b_1} \quad (9.24)$$

가 된다. 일반적으로 다원 1차 연립방정식을 행렬로 표현하면,

$$AX = B$$

이때 $\det(A) \neq 0$ 이면 행렬 A 는 역행렬 A^{-1} 을 가진다. 윗식의 양변에 A^{-1} 을 곱하면 연립방정식의 해는 다음과 같이 얻어진다.

$$X = A^{-1}B$$

[예제] 9.22 역행렬을 이용하여 다음 방정식의 해를 구하라.

(1) $\begin{cases} 2x + y = 1 \\ x + y = 0 \end{cases}$ (2) $\begin{cases} 2x + 3y = -2 \\ 5x + \dfrac{y}{2} = 2 \end{cases}$

(3) $\begin{cases} x + y + z = 0 \\ 2x + y + 3z = -2 \\ x + 3y + 2z = 1 \end{cases}$ (4) $\begin{cases} x + 2y + z = 3 \\ 2x + 3y + z = 3 \\ 2x + y + 3z = 5 \end{cases}$

[풀이] (1) $\begin{pmatrix} 2 & 1 \\ 1 & 1 \end{pmatrix} \begin{pmatrix} x \\ y \end{pmatrix} = \begin{pmatrix} 1 \\ 0 \end{pmatrix}$,

$$\begin{pmatrix} x \\ y \end{pmatrix} = \begin{pmatrix} 2 & 1 \\ 1 & 1 \end{pmatrix}^{-1} \begin{pmatrix} 1 \\ 0 \end{pmatrix} = \begin{pmatrix} 1 & -1 \\ -1 & 2 \end{pmatrix} \begin{pmatrix} 1 \\ 0 \end{pmatrix} = \begin{pmatrix} 1 \\ -1 \end{pmatrix}$$

$\therefore\ x=1,\ \ y=-1$

(2) $\begin{pmatrix} 2 & 3 \\ 5 & \frac{1}{2} \end{pmatrix}\begin{pmatrix} x \\ y \end{pmatrix}=\begin{pmatrix} -2 \\ 2 \end{pmatrix}$,

$$\begin{pmatrix} x \\ y \end{pmatrix}=\begin{pmatrix} 2 & 3 \\ 5 & \frac{1}{2} \end{pmatrix}^{-1}\begin{pmatrix} 1 \\ 0 \end{pmatrix}=\frac{1}{1-15}\begin{pmatrix} \frac{1}{2} & -3 \\ -5 & 2 \end{pmatrix}\begin{pmatrix} -2 \\ 2 \end{pmatrix}=\begin{pmatrix} \frac{1}{2} \\ -1 \end{pmatrix}$$

$\therefore\ x=\frac{1}{2},\ \ y=-1$

(3) $\begin{pmatrix} 1 & 1 & 1 \\ 2 & 1 & 3 \\ 1 & 3 & 2 \end{pmatrix}\begin{pmatrix} x \\ y \\ z \end{pmatrix}=\begin{pmatrix} 0 \\ -2 \\ 1 \end{pmatrix}$,

$$\begin{pmatrix} x \\ y \\ z \end{pmatrix}=\begin{pmatrix} 1 & 1 & 1 \\ 2 & 1 & 3 \\ 1 & 3 & 2 \end{pmatrix}^{-1}\begin{pmatrix} 0 \\ -2 \\ 1 \end{pmatrix}$$

$$=-\frac{1}{3}\begin{pmatrix} -7 & 1 & 2 \\ -1 & 1 & -1 \\ 5 & -2 & -1 \end{pmatrix}\begin{pmatrix} 0 \\ -2 \\ 1 \end{pmatrix}=\begin{pmatrix} 0 \\ 1 \\ -1 \end{pmatrix}$$

$\therefore\ x=0,\ \ y=1,\ \ z=-1$

(4) $\begin{pmatrix} 3 & 2 & 1 \\ 2 & 3 & 1 \\ 2 & 1 & 1 \end{pmatrix}\begin{pmatrix} x \\ y \\ z \end{pmatrix}=\begin{pmatrix} 1 \\ 3 \\ 1 \end{pmatrix}$,

$$\begin{pmatrix} x \\ y \\ z \end{pmatrix}=\begin{pmatrix} 3 & 2 & 1 \\ 2 & 3 & 1 \\ 2 & 1 & 1 \end{pmatrix}\begin{pmatrix} 1 \\ 3 \\ 1 \end{pmatrix}=\frac{1}{2}\begin{pmatrix} 2 & -1 & -1 \\ 0 & 1 & -1 \\ -4 & 1 & 5 \end{pmatrix}\begin{pmatrix} 1 \\ 3 \\ 1 \end{pmatrix}=\begin{pmatrix} -1 \\ 1 \\ 2 \end{pmatrix}$$

$\therefore\ x=-1,\ \ y=1,\ \ z=2$

2. 크레이머의 공식(Cramer's Rule)을 이용한 해

n개의 방정식으로 이루어진 n원 1차 연립방정식은 미지수의 각 계수로 이루어진 행렬의 행렬식의 값이 0이 아니면 역행렬을 구할 수 있고 이

로부터 방정식의 해를 구할 수 있음을 9.5 1)절에 보였다. 여기서는 식(9. 23) 및 (9. 25)를 변형하여 해를 쉽게 구할 수 있도록 한 크라메르 공식을 소개한다.

[크레이머의 공식]

> 연립방정식 $Ax=b$ 의 유일한 해는
>
> $$x_1=\frac{|A_1|}{|A|},\ x_2=\frac{|A_1|}{|A|},\ \cdots,\ x_n=\frac{|A_1|}{A} \text{ 이다.} \tag{9.26}$$
>
> 여기서, $A_i(i=1, \cdots, n)$는 A의 i번째 열을 b로 대처한 행렬을 말하며, 단, $|A|\neq 0$이다.

예제 9.23 크레이머의 공식을 이용하여 다음 방정식의 해를 구하라.

(1) $\begin{cases} 2x+y=1 \\ x+y=0 \end{cases}$ (2) $\begin{cases} 2x+3y=-2 \\ 5x+\dfrac{y}{2}=2 \end{cases}$

(3) $\begin{cases} x+y+z=0 \\ 2x+y3z=-2 \\ x+3y+2z=1 \end{cases}$ (4) $\begin{cases} x+2y+z=3 \\ 2x+3y+z=3 \\ 2x+y3z=5 \end{cases}$

풀이 (1) $x=\dfrac{\begin{vmatrix} 1 & 1 \\ 0 & 1 \end{vmatrix}}{\begin{vmatrix} 2 & 1 \\ 1 & 1 \end{vmatrix}}=\dfrac{1}{1}=1,\ y=\dfrac{\begin{vmatrix} 2 & 1 \\ 1 & 0 \end{vmatrix}}{\begin{vmatrix} 2 & 1 \\ 1 & 1 \end{vmatrix}}=\dfrac{-1}{1}=-1$

$\therefore\ x=1,\ y=-1,\ z=2$

(2) $x=\dfrac{\begin{vmatrix} -2 & 3 \\ 2 & \frac{1}{2} \end{vmatrix}}{\begin{vmatrix} 2 & 3 \\ 5 & \frac{1}{2} \end{vmatrix}}=\dfrac{-7}{-14}=\dfrac{1}{2},\ y=\dfrac{\begin{vmatrix} 2 & -2 \\ 5 & 3 \end{vmatrix}}{\begin{vmatrix} 2 & 3 \\ 5 & \frac{1}{2} \end{vmatrix}}=\dfrac{14}{-14}=-1$

$\therefore\ x = \dfrac{1}{2},\ \ y = 1$

(3) $x = \dfrac{\begin{vmatrix} 0 & 1 & 1 \\ -2 & 1 & 3 \\ 1 & 3 & 2 \end{vmatrix}}{\begin{vmatrix} 1 & 1 & 1 \\ 2 & 1 & 3 \\ 1 & 3 & 2 \end{vmatrix}} = \dfrac{0}{-3} = 0,$

$y = \dfrac{\begin{vmatrix} 0 & 0 & 1 \\ 2 & -2 & 3 \\ 1 & 1 & 2 \end{vmatrix}}{\begin{vmatrix} 1 & 1 & 1 \\ 2 & 1 & 3 \\ 1 & 3 & 2 \end{vmatrix}} = \dfrac{-3}{-3} = 1,$

$z = \dfrac{\begin{vmatrix} 1 & 1 & 0 \\ 2 & 1 & -2 \\ 1 & 3 & 1 \end{vmatrix}}{\begin{vmatrix} 1 & 1 & 1 \\ 2 & 1 & 3 \\ 1 & 3 & 2 \end{vmatrix}} = \dfrac{3}{-3} = -1$

$\therefore\ x = 0,\ \ y = 1,\ \ z = -1$

(4) $x = \dfrac{\begin{vmatrix} 1 & 2 & 1 \\ 3 & 3 & 1 \\ 1 & 2 & 1 \end{vmatrix}}{\begin{vmatrix} 3 & 2 & 1 \\ 2 & 3 & 1 \\ 2 & 1 & 1 \end{vmatrix}} = \dfrac{-2}{2} = -1,$

$y = \dfrac{\begin{vmatrix} 3 & 1 & 1 \\ 2 & 3 & 1 \\ 2 & 1 & 1 \end{vmatrix}}{\begin{vmatrix} 3 & 2 & 1 \\ 2 & 3 & 1 \\ 2 & 1 & 1 \end{vmatrix}} = \dfrac{2}{2} = 1,$

$$z=\frac{\begin{vmatrix}3 & 2 & 1\\2 & 3 & 3\\2 & 1 & 1\end{vmatrix}}{\begin{vmatrix}3 & 2 & 1\\2 & 3 & 1\\2 & 1 & 1\end{vmatrix}}=\frac{4}{2}=2$$

$\therefore\ x=-1,\ \ y=1,\ \ z=2$

연습 문제

1. $A=1\begin{pmatrix}-1 & 4\\ 3 & 1\end{pmatrix}$, $B=\begin{pmatrix}3 & 4\\ 2 & -5\end{pmatrix}$, $C=\begin{pmatrix}0 & -2\\ 1 & -3\end{pmatrix}$일 때 다음 행렬을 구하라.

(1) $A+C$ (2) $2(A-3C)$

(3) $A+B+C+D$ (4) $\frac{1}{2}A-\frac{3}{4}C$

2. $A=\begin{pmatrix}1 & 4\\ 2 & 5\\ 3 & 6\end{pmatrix}$, $B=\begin{pmatrix}1 & 3\\ -1 & 5\\ 2 & -1\end{pmatrix}$일 때 $A-2B-D=0$인 $D=\begin{pmatrix}a & d\\ b & e\\ c & f\end{pmatrix}$를 구하라.

3. 다음 행렬의 전치행렬을 구하라.

(1) $\begin{pmatrix}1\\ -2\\ 1\end{pmatrix}$ (2) $\begin{pmatrix}1 & -2 & 1\end{pmatrix}$

(3) $\begin{pmatrix}1 & 4\\ 2 & 5\\ 3 & 6\end{pmatrix}$ (4) $\begin{pmatrix}1 & -2 & 1\\ -2 & 5 & -4\\ 1 & -4 & 6\end{pmatrix}$

4. 다음 행렬의 곱을 구하라.

(1) $\begin{pmatrix}4 & 3\\ 1 & 7\end{pmatrix}\begin{pmatrix}3\\ 2\end{pmatrix}$ (2) $\begin{pmatrix}2 & 3 & -1\\ 0 & 4 & 2\end{pmatrix}\begin{pmatrix}7 & -1\\ 5 & 1\\ 6 & 2\end{pmatrix}$

(3) $\begin{pmatrix}7 & -1\\ 5 & 1\\ 6 & 2\end{pmatrix}\begin{pmatrix}2 & 3 & -1\\ 0 & 4 & 2\end{pmatrix}$ (4) $\begin{pmatrix}7\\ 5\\ 6\end{pmatrix}\begin{pmatrix}2 & 3 & -1\end{pmatrix}$

5. 다음 행렬식의 값을 구하라.

(1) $|3|$ (2) $\begin{vmatrix} 1 & 0 & 0 \\ 0 & 1 & 0 \\ 0 & 0 & 3 \end{vmatrix}$ (3) $\begin{vmatrix} 1 & 2 & 1 \\ 0 & 1 & 1 \\ 0 & 0 & 3 \end{vmatrix}$

(4) $\begin{vmatrix} 1 & 0 & 0 \\ 2 & 1 & 0 \\ 3 & 3 & 3 \end{vmatrix}$ (5) $\begin{vmatrix} 1 & 2 & 1 \\ 2 & 1 & 1 \\ 3 & 3 & 3 \end{vmatrix}$

6. $A=\begin{pmatrix} 1 & 2 & 1 & 1 \\ 2 & 1 & 1 & 2 \\ 3 & 3 & 2 & 3 \\ 2 & 3 & 3 & 3 \end{pmatrix}$일 때, 다음을 구하라.

(1) 소행렬식 $|M_{12}|$, 여인자 a_{12}

(2) 소행렬식 $|M_{33}|$, 여인자 a_{33}

(3) 소행렬식 $|M_{32}|$, 여인자 a_{32}

(4) 소행렬식 $|M_{43}|$, 여인자 a_{43}

7. 다음 각 행렬의 adjoint 행렬을 구하라.

(1) $\begin{pmatrix} 1 & 3 \\ -2 & 1 \end{pmatrix}$ (2) $\begin{pmatrix} 1 & 3 \\ 2 & 4 \end{pmatrix}$

(3) $\begin{pmatrix} 1 & 4 & -2 \\ -1 & 1 & 2 \\ 2 & 6 & 3 \end{pmatrix}$ (4) $\begin{pmatrix} 1 & 2 & 1 \\ 2 & 1 & 1 \\ 3 & 3 & 3 \end{pmatrix}$

8. $AX=B$에서 다음과 같이 A, B행렬이 주어졌을 때 X행렬을 구하라.

(1) $A=\begin{pmatrix} 2 & -1 \\ 1 & 3 \end{pmatrix}$, $B=\begin{pmatrix} 0 \\ 7 \end{pmatrix}$, $X=\begin{pmatrix} x \\ y \end{pmatrix}$

(2) $A=\begin{pmatrix} 1 & 1 & 1 \\ 1 & -1 & 1 \\ 2 & 2 & -1 \end{pmatrix}$, $B=\begin{pmatrix} 3 \\ 7 \\ 3 \end{pmatrix}$, $X=\begin{pmatrix} x \\ y \\ z \end{pmatrix}$

9. 다음 각 행렬의 역행렬을 구하라.

(1) $\begin{pmatrix} 2 & 3 \\ 1 & 4 \end{pmatrix}$　　(2) $\begin{pmatrix} -1 & 4 \\ 2 & 6 \end{pmatrix}$

(3) $\begin{pmatrix} 1 & 2 & 3 \\ 2 & 4 & 5 \\ 3 & 5 & 6 \end{pmatrix}$　　(4) $\begin{pmatrix} 2 & 5 & 5 \\ -1 & -1 & 0 \\ 2 & 4 & 3 \end{pmatrix}$

10. 다음의 선형 방정식을 구하라.

(1) $\begin{cases} 2x+y=3 \\ 5x-y=4 \end{cases}$　　(2) $\begin{cases} x+y=2 \\ 3x-2y=-9 \end{cases}$

(3) $\begin{cases} x-y=1 \\ 2x-4y=-1 \end{cases}$　　(4) $\begin{cases} x+y+z=3 \\ x-y-2z=-2 \\ 2x+y+3z=6 \end{cases}$

(5) $\begin{cases} x+y=1 \\ 2x+y=4 \\ 7y+3z=23 \end{cases}$　　(6) $\begin{cases} x+2y-z=\dfrac{3}{2} \\ 2x+y+3z=\dfrac{7}{2} \\ -x+y+2z=4 \end{cases}$

(7) $\begin{cases} x+y-w=3 \\ -17x+y+2z-3w=1 \\ -17x+8y-5z+4w=1 \\ -5x-2y+z=1 \end{cases}$　　(8) $\begin{cases} -x+3y-3z+w=3 \\ 2x-5y+4z-5w=-5 \\ -4x+7y-2z-3w=7 \\ 3x+y-11z+2w=1 \end{cases}$

제10장

복소수

10. 복소수

10.1 복소수의 정의

2차 방정식 $x^2+1=0$ 또는 $x^2+x+1=0$ 을 만족하는 실수해 x 는 존재하지 않는다. 이를 해결하기 위해 고안된 것이 복소수(complex number)이다. 복소수는 실수의 짝으로 구성되어 있으며 다음과 같이 표시한다.

[복소수의 정의]

$z=(x,\ y)$ 또는 $x+yi$ (10.1)
여기서 x: 실수부, y: 허수부, $i=\sqrt{-1}$: 허수단위

여기서, 실수부 및 허수부를 각각 $Re(z)=x$, $Im(z)=y$ 라고 표시한다.

복소수 $x+yi$ 에 대하여 복소수 $x-yi$ 를 z 의 켤레복소수(complex conjugate number)라고 하고 $\bar{z}$ 로 나타낸다. 마찬가지로 복소수 $x-yi$ 의

켤레복소수는 $x+yi$ 이다.

예제 10.1 다음 방정식의 해의 실수부 및 허수부를 구하라.

(1) $x^2+1=0$ (2) $x^2+x+1=0$

풀이 (1) $x^2=-1$, $x=\pm\sqrt{-1}=0\pm i$

$\therefore\ Re(x)=0,\ Im(x)=\pm 1$

(2) $\dfrac{-1\pm\sqrt{1-4}}{2}=\dfrac{-1}{2}\pm\dfrac{\sqrt{3}}{2}i$

$\therefore\ Re(x)=\dfrac{-1}{2},\ Im(x)=\pm\dfrac{\sqrt{3}}{2}$

예제 10.2 다음 복소수의 켤레복소수를 구하라.

(1) $2-5i$ (2) $3+i$ (3) $-i$

풀이 (1) $2+5i$ (2) $3-i$ (3) i

10.2 복소평면

평면 위에 한 직교좌표축을 정하고 평면 위의 임의의 한 점 $P(x, y)$를 복소수 $z=x+yi$에 대응시킬 수 있다. 평면 위의 각 점이 복소수를 나타내는 평면을 복소평면 또는 Gauss평면이라고 부른다. 그리고 복소수 평면 위에서 복소수 $x+yi$를 나타내는 점 P를 기호로는

$P(z)$ 또는 z

로 나타낸다. 복소평면 위에서 실수 $a+0i$는 x축 위의 점 $(a,\ 0)$으로 나타내어지고, 허수 $0+bi$는 축 위의 점 $(0,\ b)$로 나타내어지므로 x축을 실축, y축을 허축이라고 한다.

[그림 10-1]

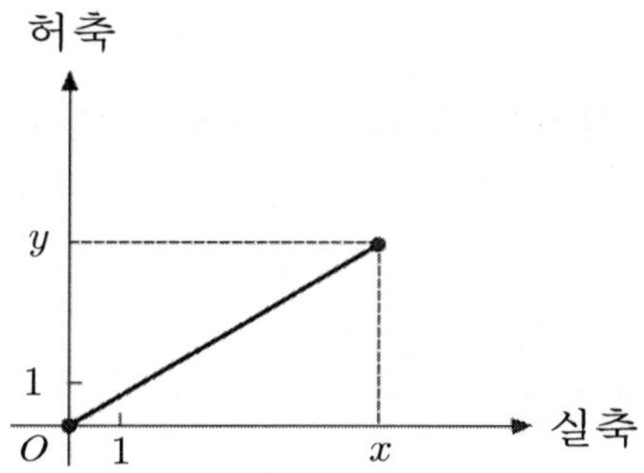

예제 10.3 그림 10-2에서 점 $A,\ B,\ C,\ D,\ E,\ F,\ G$및 H가 나타내는 복소수를 $x+yi$ 꼴로 구하라.

[그림 10-2]

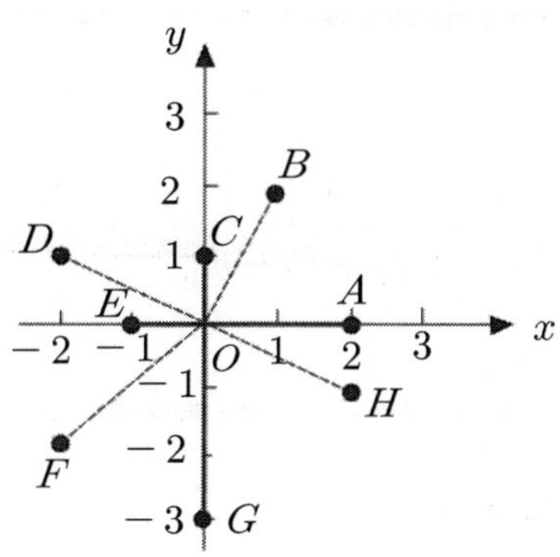

풀이 점 A : $2+0i$ 점 B: $1+2i$

점 C;$0+1i$ 점 D: $-2+i$

점 E: $-1+0i$ 점 F: $-2-2i$

점 G: $0-3i$ 점 H: $2-i$

10.3 복소수의 계산

a, b, c, d를 실수라 할 때 복소수의 계산 규칙은 다음과 같다.

(1) 상등

$a+bi=0$ 이면 $a=0$, $b=0$

$a+bi=c+d$ 이면 $a=c$, $b=d$

예제 10.4 $3+(x+y)i=x-2i$ 일 때 $x=3$, $y=-5$

풀이 $3=x$, $x+y=-2$ $\quad\therefore\ x=3$, $y=-5$

(2) 합

$$(a+bi)+(c+di)=(a+c)+(b+d)i$$

예제 10.5 $(5+i)+(1-3i)$

풀이 $(5+1)+(i+3i)=6-2i$

(3) 차

$$(a+bi)-(c+di)=(a-c)+(b-d)i$$

예제 10.6 $(5+i)-(1-3i)$

풀이 $(5-1)+(i+3i)=4+4i$

(4) 곱

$$(a+bi)c+di=(ac-bd)+(bc+ad)i$$

예제 10.7 $(5+i)\times(1-2i)$

풀이 $(5+i)\times(1-3i)=5+i-15i-3i^2=8-14i$

(5) 나누기

$$\frac{(a+bi)}{(c+di)}=\frac{ac+bd}{c^2+d^2}+\frac{bc-ad}{c^2+d^2}i \quad (\text{단}, \ c+di\neq0)$$

예제 10.8 $\dfrac{(5+i)}{(1-3i)}$

풀이 $\dfrac{(5+i)\times(1+3i)}{(1-3i)\times(1+3i)}=\dfrac{(5-3)+(i+15i)}{1-9i^2}=\dfrac{2+16i}{10}=\dfrac{1+8i}{5}$

10.4 복소수의 극형식

복소평면 위에서 0이 아닌 복소수 $z=x+yi$를 나타내는 점 P라 할 때, 선분 OP의 길이를 r, 선분 OP가 x축의 양의 방향과 이루는 각의 크기를 θ라고 하면,

$$x=r\cos\theta,\quad y=r\sin\theta \tag{10.2}$$

이다. 따라서

$$z=r(\cos+i\sin\theta) \tag{10.3}$$

가 된다. 복소수를 식(10.3)과 같은 꼴로 나타낸 것을 복소수의 극형식 (polarform)이라고 한다.

[그림 10-3]

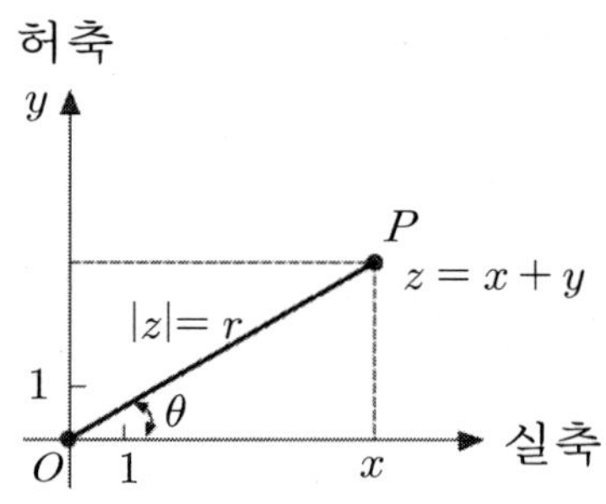

이때, r를 복소수 z의 절대값(absolute vale 또는 modulus), θ를 z의 편각이라 하고, 각각 다음과 같이 나타낸다.

$$r=|z|=\sqrt{x^2+y^2}=\sqrt{z\bar{z}},\quad \theta=\arg(z)=\arctan\frac{y}{x}$$

기하학적으로 $|z|$는 원점 O에서 점 P까지의 거리이고, θ는 양의 x축

을 기준으로 잰 OP의 방향각이다. 정리하면, 복소수의 극형식은 다음과 같다.

【복소수의 극형식】

$$z = x + yi = \sqrt{x^2 + y^2}\,(\cos\theta + i\sin\theta) \tag{10.4}$$

단, $\tan\theta = \dfrac{y}{x}$

1. 복소수의 합과 차

복소평면 위에서 복소수를 극형식으로 표현했을 때 합과 차에 대래 알아보자.

두 복소수 $z_1 = x_1 + y_1 i$, $z_2 = x_2 + y_2 i$ 합을 $z = z_1 + z_2$ 라고 하면

$$z = (x_1 + y_1 i) + (x_2 + y_2 i) = (x_1 + y_2) + (y_1 + y_2)i$$

가 된다. 따라서 두 복소수의 합을 복소평면 위에 그림으로 나타내면 그림 10-4와 같다.

【그림 10-4】

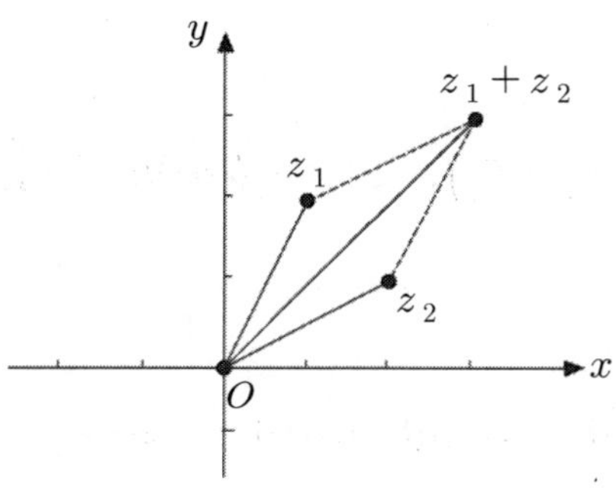

즉, $z = z_1 + z_2$ 를 나타내는 점은 복소수 z_1, z_2 를 나타내는 변을 이웃 두변으로 하는 평행사변형의 한 꼭지점이 된다.

복소수 $-z$를 나타내는 점은 복소수 z를 나타내는 점과 원점에 대하여 대칭인 점이다. 두 복소수 z_1과 z_2의 차를 z라 하면,

$$z = z_1 - z_2 = z_1 + (-z_2)$$

따라서, 두 복소수의 차를 복소평면 위에 그림으로 나타내면 그림 10-5와 같다. 즉 $z = z_1 - z_2$를 나타내는 점은 복소수 z_1을 나타내는 변과 z_2의 원점에 관한 대칭을 나타내는 변을 이웃 두 변으로 하는 평행사변형의 한 꼭지점이 된다.

{ 그림 10-5 }

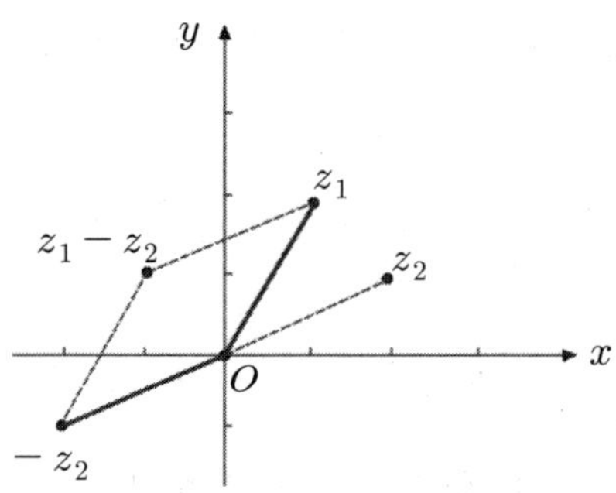

2. 복소수의 곱과 나누기

복소수의 곱과 나누기에 대하여는 복소수의 극형식을 사용하면 편리하다.

두 복소수

$$z_1 = r_1(\cos\theta_1 + i\sin\theta_1),\quad z_2 = r_2(\cos\theta_2 + i\sin\theta_2)$$

의 곱을 구하면

$$z_1 z_2 = r_1 r_2(\cos\theta_1 + i\sin\theta_1)(\cos\theta_2 + i\sin\theta_2)$$

$$= r_1 r_2\{(\cos\theta_1\cos\theta_2 - i\sin\theta_1\sin\theta_2) + i(\sin\theta_1\cos\theta_2 + \cos\theta_1\sin\theta_2)\}$$

$$= r_1 r_2 \{\cos(\theta_1 + \theta_2) + i\sin(\theta_1 + \theta_2)\}$$

이므로 두 복소수 z_1, z_2의 곱 $z_1 z_2$의 절대값은 $r_1 r_2$이고, 편각의 크기는 $\theta_1 + \theta_2$이다.

예제 10.9 $z_1 = 2\left(\cos\frac{\pi}{3} + i\sin\frac{\pi}{3}\right)$와 $z_2 = 5\left(\cos\frac{\pi}{2} + i\sin\frac{\pi}{2}\right)$의 곱 $z_1 z_2$를 구하라.

풀이 $z_1 z_2 = 2\left(\cos\frac{\pi}{3} + i\sin\frac{\pi}{3}\right) \times 5\left(\cos\frac{\pi}{2} + i\sin\frac{\pi}{2}\right)$

$$= 2 \times 5\left\{\cos\left(\frac{\pi}{3} + \frac{\pi}{2}\right) + i\sin\left(\frac{\pi}{3} + \frac{\pi}{2}\right)\right\}$$

$$= 10\left(\cos\frac{5}{6}\pi + i\sin\frac{5}{6}\pi\right)$$

예제 10.10 두 복소수 $z_1 = 1 - i$, $z_2 = 1 + i$의 곱 $z_1 z_2$의 절대값과 편각의 크기를 구하고, 그것을 복소평면 위에 나타내어라.

풀이 $z_1 = 1 - i = \sqrt{2}\{\cos(-45^\circ) + i\sin(-45^\circ)\}$

$z_2 = 1 + i = \sqrt{2}\{\cos(45^\circ) + i\sin(45^\circ)\}$

$z_1 z_2 = (1 - i)(1 + i)$

$$= \sqrt{2}\sqrt{2}\{\cos(-45^\circ + 45^\circ) + i\sin(-45^\circ + 45^\circ)\}$$

$$= \sqrt{2}\{\cos(0^\circ) + i\sin(0^\circ)\}$$

예제 10.11 두 복소수 $z_1 = 1 - i$, $z_2 = 1 + i$의 몫 $\frac{z_1}{z_2}$의 절대값과 편각의 크기를 구하고, 그것을 복소평면 위에 나타내어라.

풀이 $z_1 = 1 - i = \sqrt{2}\{\cos(-45°) + i\sin(-45∘)\}$

$z_2 = 1 + i = \sqrt{2}\{\cos(45°) + i\sin(45°)\}$

$$\frac{z_1}{z_2} = \frac{(1-i)}{(1+i)} = \frac{\sqrt{2}}{\sqrt{2}}\{\cos(-45° - 45°) + i\sin(-45° - 45°)\}$$

$$= \{\cos(-90°) + i\sin(-90°)\}$$

3. 드므와브르(De Moivre)의 정리

$z_1 = \cos\theta_1 + i\sin\theta_1$, $z_2 = \cos\theta 2 + i\sin\theta_2$ 라 하면

$$z_1 \cdot z_2 = (\cos\theta_1 + i\sin\theta_1)(\cos\theta_1 + i\sin\theta_2)$$

$$= \cos(\theta_1 + \theta_2) + i\sin(\theta_1 + \theta_2)$$

가 된다. 일반적으로는

$$(\cos\theta_1 + i\sin\theta_1)(\cos\theta_2 + i\sin\theta_2)\cdots\cdots(\cos\theta_n + i\sin\theta_n)$$

$$= \cos(\theta_1 + \theta_2 + \cdots\cdots + \theta_n) + i\sin(\theta_1 + \theta_2 + \cdots\cdots + \theta_n)$$

가 된다. 특히,

$$\theta_1 = \theta_2 = \cdots\cdots = \theta_n = \theta$$

인 경우

[드모와브르의 정리]

$(\cos\theta+i\sin\theta)^n=\cos n\theta+i\sin n\theta$	(10.5)
여기서, n는 실수	

가 된다.

n이 음의 정수일 때도 윗식이 성립하는지 검토해 보자.

$n=-1$일 때 $(\cos\theta+i\sin\theta)^{-1}=\cos n(-\theta)+i\sin n(-\theta)$가 되어, $n=-1$일 경우에도 식 (10.5)가 성립된다. 일반적으로 $n=-m$(m은 양의 정수)이라고 놓으면

$$(\cos\theta+i\sin\theta)^n=\left[(\cos n\theta+i\sin n\theta)^{-1}\right]^m$$
$$=\left[\cos(-\theta)+i\sin(-\theta)\right]^m$$
$$=\cos(-m\theta)+i\sin(-m\theta)$$
$$=\cos n\theta+i\sin n\theta$$

가 되며 식 (10.5)는 n이 음의 정수일 때도 성립함을 뜻한다. 또한 드모와브르의 정리는 n이 실수일 때도 성립된다는 것이 알려져 있다.

[예제] 10.12 방정식 $z^4=-1$의 해를 구하라.

풀이 $z=r(\cos\theta+i\sin\theta)$라 하면 드모와브르의 정리에 의해서

$$z^4=r^4(\cos 4\theta+i\sin 4\theta)$$

한편,

$$-1=\cos(2n+1)\pi+i\sin(2n+1)\pi \quad (\pi=0,\ \pm1,\ \pm2,\ \cdots\cdots)$$

이므로

$r^4 = 1 \quad (r > 0) \therefore \quad r = 1$

$4\theta = (2n+1)\pi, \quad \therefore \quad \theta = \frac{(2n+1)\pi}{4}$

(10.6)

여기서, $0 \leq \theta < 2\pi$ 이므로 식(10.5)을 만족하는 n 의 값은

$n = 0,\ 1,\ 2,\ 3$

이 n 에 대응하는 z 의 값을 각각 $z_k(k=0,\ 1,\ 2,\ 3)$ 라 하면

$$z_0 = \cos\frac{\pi}{4} + i\sin\frac{\pi}{4} = \frac{1}{\sqrt{2}}(1+i)$$

$$z_1 = \cos\frac{3}{4}\pi + i\sin\frac{3}{4}\pi = -\frac{1}{\sqrt{2}}(1-i)$$

$$z_3 = \cos\frac{5}{4}\pi + i\sin\frac{5}{4}\pi = -\frac{1}{\sqrt{2}}(1+i)$$

$$z_4 = \cos\frac{7}{4}\pi + i\sin\frac{7}{4}\pi = \frac{1}{\sqrt{2}}(1-i)$$

따라서, 구하는 해는,

$$\pm\frac{1}{\sqrt{2}}(1+i), \quad \pm\frac{1}{\sqrt{2}}(1-i)$$

연습 문제

1. 다음 식을 $x+yi$의 꼴로 나타내어라.

(1) $(2-3i)-(8-5i)$ (2) $(1+2\sqrt{3}i)+(-2-\sqrt{3}i)$

(3) $(2+i)(1-i)$ (4) $\dfrac{1-2i}{2+3i}$

2. 다음 복소수의 켤레복소수를 구하라.

(1) $(7-2i)$ (2) $-3\sqrt{6}i$ (3) $\dfrac{2}{1-i}$

3. 복소수 z의 켤레복소수를 $\bar{z}$로 나타낼 때 $z+\bar{z}$, $z \cdot \bar{z}$는 모두 실수임을 밝혀라.

4. 두 복소수 $z_1=-1+4i$, $z_2=1+i$의 합 z_1+z_2를 나타내는 점을 복소평면 위에 나타내어라.

5. 두 복소수 $z_1=1+4i$, $z_2=-3+i$의 차 z_1-z_2를 나타내는 점을 복소평면 위에 나타내어라.

6. 두 복소수 $z_1=\sqrt{3}-i$, $z_2=1-i$의 곱 z_1z_2의 절대값과 편각의 크기를 구하고, 그것을 복소평면 위에 나타내어라.

7. 두 복소수 $z_1=\sqrt{3}-i$, $z_2=1-i$의 몫 $\dfrac{z_1}{z_2}$의 절대값과 편각의 크기를 구하고, 그것을 복소평면 위에 나타내어라.

8. 복소평면 위에 다음 복소수를 나타내는 위치를 표시하라.

(1) $-1+5i$ (2) $2+3i$ (3) 7

(4) $-\sqrt{2}\,i$ (5) $-2+3i$ (6) $-1-2i$

9. 다음 복소수를 극형식으로 나타내어라.

(1) $-1+i$ (2) $-1-\sqrt{3}\,i$ (3) i

(4) $1-i$ (5) $-\sqrt{3}+i$

10. 다음 복소수를 $x+yi$ 와 같은 꼴로 나타내어라.

(1) $x=2$ 이고 편각이 $-\frac{\pi}{2}$ 인 복소수

(2) $y=2$ 이고 절대값이 4인 복소수

11. 다음 복소수의 극형식을 $x+yi$ 와 같은 꼴로 나타내어라.

(1) $\sqrt{2}\left(\cos\frac{\pi}{3}+i\sin\frac{\pi}{3}\right)$ (2) $5(\cos\pi+i\sin\pi)$

(3) $\sqrt{2}(\cos 120^\circ+i\sin 120^\circ)$ (4) $-(\cos 270^\circ+i\sin 270^\circ)$

12. 다음 식의 값을 구하라.

(1) $\{\sqrt{3}(\cos 15^\circ+i\sin 15^\circ)\}^6$ (2) $\left(\frac{1}{2}-\frac{\sqrt{3}}{6}i\right)^{-6}$

13. 다음 각 식의 값을 구하라.

(1) $-(\cos 70^\circ+i\sin 70^\circ)\times 3(\cos 20^\circ+i\sin 20^\circ)$

(2) $\sqrt{3}(\cos 40^\circ+i\sin 40^\circ)\times\sqrt{2}(\cos 20^\circ+i\sin 20^\circ)$

14. 다음 두 복소수 z_1, z_2 의 몫 $\frac{z_1}{z_2}$ 을 계산하고, 그 절대값과 편각의

크기를 구하라.

(1) $z_1 = 1 - i$, $z_2 = 1 - \sqrt{3}\,i$　　(2) $z_1 = 1 + \sqrt{3}\,i$, $z_2 = 1 - \sqrt{3}\,i$

제11장

미분방정식

11. 미분방정식

진동공학, 유체역학, 탄성학, 열전달 등의 자연현상을 지배하는 여러 가지 법칙들이 수학적으로 미분방정식(differential equation)의 형태로 나타나는 경우가 많다. 이러한 공학적 문제를 해결하기 위해서는 관련 방정식을 세우고 푸는 과정이 필요하다. 본장에서는 세워진 방정식을 푸는 과정을 대상으로 가장 기본적인 1 계 1차 미분방정식과 2 계 선형미분방정식을 중점적으로 논하기로 한다.

11.1 미분방정식의 정의

미분방정식이란 미분항을 포함하는 식을 말하며, 하나의 독립변수만 존재 할 경우의 미분방정식을 상미분방정식(ordinary differential equation)이라 한다. 이에 반하여 2 개 이상의 독립변수를 포함하는 방정식을 편미분방정식(partal differential equation)이라고 하는데, 여기서는 상미분방정식만을 다루기로 한다.

계(order)라는 것은 미분방정식에 존재하는 최고계 도함수의 계수를 뜻하며, 차(dergree)라는 것을 최고계 도함수(highest derivative)의 차수를 뜻한다. 일반적으로 $y^{(n)}$ 이 미분방정식에 포함되어 있는 최고계 도함수일 때 그 미분방정식을 n 계 미분방정식이라 하고, 최고계 도함수의 차수가 m 일 때 m 차 미분방정식이라 한다.

예제 11.1 다음 미분방정식의 계수와 차수는 무엇인가?

(1) $\dfrac{dy}{dx} = \sin x$　　(2) $\dfrac{d^2y}{dx^2} + 2y^2 = 0$

(3) $\left(x\dfrac{d^2y}{dx^2} - y\right)^2 = 4x^2$

풀이 (1) $\dfrac{dy}{dx}$ 가 최고계도함수이므로 1계 1차 미분방정식

(2) $\dfrac{d^2y}{dx^2}$ 가 최고계도함수이므로 2계 1차 미분방정식

(3) $\dfrac{d^2y}{dx^2}$ 가 최고계도함수이므로 2계 2차 미분방정식

11.2 미분방정식의 해

임의의 n 개의 독립적인 임의상수 및 변수로 표현되는 함수와 그의 도함수가 어떤 n 계 미분방정식을 만족할 때, 이 함수를 그 미분방정식의 해라고 한다.

➲ 예 : $y' = x$ 의 해는 다음과 같이 여러 개 존재한다. 즉,

$$y_1 = \frac{x^2}{2},\ \ y_2 = \frac{x^2}{2} - 1,\ \ y_3 = \frac{x^2}{2} + 2$$

는 $y'_1 = y'_2 = y'_3 = x$ 를 만족하므로 $y_1,\ y_2,\ y_3$ 가 미분방정식 $y = x$ 의 해가 된다. 따라서 1계 미분방정식 $y' = x$ 의 해는 다음과 같이 1개의 독립적인 임의 상수 C 와 변수 x 로 표현되는 함수

$$y = \frac{x^2}{2} + C \tag{11.1}$$

이라고 한다.

➲ 예 : $y = e^x + e^{-x}$ 에서

$$y' = e^x - e^{-x}$$

$$y'' = e^x + e^{-x}$$

$$\therefore\ \ y'' - y = 0$$

즉, $y = e^x + e^{-x}$ 는 $y'' - y = 0$ 의 해이다. 실제로 $y'' - y = 0$ 의 해는 일반적으로

$$y = C_1 e^x + C_2 e^{-x} \tag{11.2}$$

의 형태이다.

앞의 예제에서 보듯이 1개의 미분방정식은 무수히 많은 해를 가질 스 있고 그 해는 독립적인 임의상수로 표현하여 식(11.1), (11.2)와 같이 하나의 함수로 표시할 수 있음을 알 수 있다. 일반적으로 임의상수의 개수는 미분방정식의 계수와 일치하게 된다. 미분방정식의 해 중에서 계수와 같은 개수의 독립적인 임의상수로 표현한 해를 일반해라고 한다. 그리고 일반해 중에서 경계조건 또는 초기조건과 같은 특정한 조건을 만족하는 해는 하나로 결정되는데, 이를 특수해라고 한다. 어떤 미분방정식에 경계조건(초

기조건)이 주어질 때 이 미분방정식의 해는 특수해가 되며 이러한 문제를 경계치 문제(초기치 문제)라 한다.

➲ 예 : 식(11.1)으로 표현되는 일반해가 $x=1$, $y=1$ 을 만족해야 한다면, 특수해는

$$y=\frac{x^2}{2}+\frac{1}{2}$$

가 된다.

➲ 예 : 식 (11.2)로 표현되는 일반해가 $(x=0,\ y=-1)$, $\left(x=1,\ y=e-\frac{1}{e}\right)$ 을 만족해야 한다면, 특수해는

$$y=e^x-2e^{-x}$$

가 된다.

예제 11.2 $y=c_1x$ 가 미분방정식 $x\frac{dy}{dx}=y$ 의 일반적해임을 보이고 이 해가 $x=1$ 일 때 $y=2$ 를 만족한다면 이대 특수해를 구하라.

풀이 $y=c_1x$, $\frac{dy}{dx}=c_1$ 이므로

미분방정식의 좌변 $=x\frac{dy}{dx}=x\,c_1=y=$ 우변

따라서 $y=c_1x$ 는 미분방정식 $x\frac{dy}{dx}=y$ 의 일반해이다. 또한 $x=1$ 일 때 $y=2$ 를 만족하므로 $2=c^1\times 1$ $\therefore$ $c_1=2$, 따라서 특수해는 $y=2x$,

이제 간단한 형태의 미분방정식의 해를 구해보자. $\frac{d^2x}{dy^2}=x+1$

이라 하면

$$\frac{dy}{dx} = \int x + 1dx = \frac{1}{2}x^2 + x + c_1$$

$$y = \int \frac{dy}{dx}dx = \int \left(\frac{1}{2}x^2 + x + c_1\right)dx$$

$$\therefore \quad y = \frac{1}{6}x^3 + \frac{1}{2}x^2 + c_1x + c_2$$

이와 같이 미분방정식의 해는 근본적으로 적분에 의해서 얻어질 수 있다.

11.3 1계 1차 미분방정식

1계 1차 미분방정식은 일반적으로 다음과 같은 형태로 나타낼 수 있다.

$$M(x,\ y)dx + N(x,\ y)dy = 0 \qquad (11.3)$$

식 (11.3)에 대한 일반적인 해법은 없으나 본 절에서 기술하는 변수분리형이나 완전미분방정식과 같이 특수한 경우에는 해법이 있는 경우가 많다. 본 절에서는 변수분리형 미분방정식 및 완전미분방정식의 해법을 구하는 방법을 제시하기로 한다.

1. 변수분리형

식(11.3)에서 M은 x의 함수, N은 y의 함수일 때 즉,

$$M(x)dx + N(y)dy = 0 \qquad (11.4)$$

의 형태를 변수분리형 미분방정식(separable differential equation)이라 한

다. 변수분리형 미분방정식의 일반해는 적분을 통해서 쉽게 얻을 수 있다.

즉,

$$\int M(x)dx + \int N(y)dy = c \tag{11.5}$$

가 일반해이다.

예제 11.3 $\dfrac{dy}{dx} = xy$ 의 일반해를 구하라.

풀이 $\dfrac{dy}{dx} = xy$ 를 변수분리하면 $\dfrac{dy}{y} = x\,dx$

이를 적분하면 $\displaystyle\int \frac{dy}{y} = \int x\,dx$

$$\therefore\ \log|y| = \frac{x^2}{2} + c_1$$

$$\therefore\ y = ce2^{\frac{x^2}{2}}$$

예제 11.4 초기치 문제 $y = \dfrac{2x}{y}$, $y(1) = 2$ 를 풀어라.

풀이 주어진 미분방정식 $\dfrac{dy}{dx} = \dfrac{2x}{y}$ 를

변수분리하면, $y\,dy = 2x\,dx$

이를 적분하면 $\dfrac{y^2}{2} + c = x^2$

따라서 일반해는 $x^2 - \dfrac{y^2}{2} = c$

$y(1) = 2$ 이므로 $c = -3$

따라서 특수해는 $x^2 - \frac{y^2}{2} = -3$

1계 1차 미분방정식 중에는 직접 변수분리는 되지 않으나 변수를 다른 변수로 치환하여 변수분리형으로 만들 수 있는 것이 있다. 이는 식 (11.3)의 $N(x, y)$와 $M(x, y)$가 같은 동차함수(homogeneous function)로서 다음과 같은 두 예가 여기에 속한다. 여기서 임의의 변수 c에 대해서 $f(cx, cy) = c^n f(x, y)$일 때 $f(x, y)$를 n차의 동차함수라고 한다.

➲ 예 : $N(x, y)$와 $M(x, y)$가 같은 동차함수라면

$$-M\frac{(x, y)}{N}(x, y) = f\left(\frac{y}{x}\right)$$

라고 할 수 있다.

$$M(x, y)dx + N(x, y)dy = 0$$

이므로

$$\frac{dy}{dx} = -M\frac{(x, y)}{N(x, y)} = f\left(\frac{y}{x}\right) \qquad (11.6)$$

다음 $u = \frac{y}{x}$로 치환함에 의해서 변수분리형으로 바꿀 수가 있다.

즉,

$$y = ux$$

$$\frac{dy}{dx} = u + \frac{du}{dx}x$$

이를 식(11.6)에 대입하면

$$\frac{dy}{dx} = u + \frac{du}{dx}x = f(u)$$

$$\therefore \quad \frac{1}{f(u)}du = \frac{1}{x}dx \qquad (11.7)$$

따라서 변수분리형 식(11.6)의 일반해를 구한다.

예제 11.5 다음 각 동차함수의 차수를 구하라.

(1) $f(x, y) = 3xy^2 - 4x^2y$

(2) $f(x, y) = \frac{2y}{x} + \cos\frac{y}{x}$

(3) $f(x, y) = \tan x + y$

풀이 (1) $f(cx, cy) = 3(cx)(cy)^2 - 4(cx)^2(cy) = c^3 f(x, y)$

따라서 $f(x, y)$는 3차 동차함수이다.

(2) $f(cx, cy) = \frac{2(cy)}{(cx)} + \cos\frac{(cy)}{(cx)} = c^0\left(\frac{2y}{x} + \cos\frac{y}{x}\right)$

따라서 $f(x, y)$ 는 0차 동차함수이다.

(3) $f(cx, cy) = \tan(cx) + (cy) \neq c^n f(x, y)$

따라서 $f(x, y)$는 동차함수가 아니다.

예제 11.6 $2xy = x - y$ 의 일반해를 구하라.

풀이 $y = \frac{1}{2}\left(1 - \frac{y}{x}\right)$, $u = \frac{y}{x}$ 라 하면

$$y = u + ux = \frac{1}{2}(1 - u)$$

변수분리형으로 바꾸면

$$\frac{2du}{1-3u} = \frac{dx}{x}$$

적분하면

$$-\frac{2}{3}\log|1-3u| = \log|x| + c_1$$

정리하면

$$1-3u = c_2 x^{-\frac{3}{2}}$$

$$\therefore\ y = \frac{1}{3}x - \frac{c}{\sqrt{x}}$$

➲ 예 : $\dfrac{dy}{dx} = f\left(\dfrac{ax+by+c}{ex+gy+h}\right)$ (11.8)

형태의 미분방정식은 다음과 같은 방법으로 변수분리형 도는 식 (11.6) 형태로 변환하여 해를 구할 수 있다. 여기서 a, b, c, e, g, h는 모두 상수이다.

(1) $\dfrac{a}{e} = \dfrac{b}{g} = k$ 인 경우

식 (11.8)은 다음과 같이 변수분리형이 된다.

$$\frac{dy}{dx} = f\left(\frac{k(ex+gy)+c}{(ex+gy)+h}\right)$$

$u = ex+gy$ 라고 하면

$$\frac{du}{dx} = e + g\frac{dy}{dx} = e + g \times f\left(\frac{ku+c}{u+h}\right)$$

$$\therefore \quad \frac{du}{dx} = e + g \times f\left(\frac{ku+c}{u+h}\right)$$

따라서 변수분리형이 되므로 미분방정식의 해를 구할 수 있다.

(2) $\frac{a}{e} = \frac{b}{g} \neq k$ 인 경우

$$r = X + \alpha, \quad y = Y + \beta \qquad (11.9)$$

라고 하면 (11.8)은

$$\frac{dY}{dX} = f\left(\frac{aX + bY + a\alpha + b\beta + c}{eX + gY + e\alpha + g\beta + h}\right)$$

(11.10)

여기서 $a\alpha + b\beta + c = 0$, $e\alpha + g\beta + h = 0$ 이 되도록 α, β를 정하면 식(11.10)은

$$\frac{dY}{dX} = f\left(\frac{aX + bY}{eX + gY}\right)$$

가 되며 이는 식 (11.6)의 형태이므로 해를 구할 수 있다.

예제 11.7 다음 미분방정식의 풀이를 구하라.

$$\frac{dy}{dx} = \frac{2x + 2y + 1}{x + y - 1}$$

풀이 $u = x + y$ 라고 하면

$$\frac{du}{dx} = 1 + \frac{dy}{dx} = 1 + \frac{2u+1}{u-1}$$

변수분리하면

$$\left(1-\frac{1}{u}\right)du=3dx$$

적분하면

$$u-\log|u|=3x+c$$

따라서 구하는 해는

$$y-2x-\log|x+y|=c$$

예제 11.8 다음 미분방정식의 풀이를 구하라.

$$\frac{dy}{dx}=\frac{x-y-1}{x+y-1} \tag{11.11}$$

풀이 $x=X+\alpha,\ \ y=Y+\beta$

라고 하면 식(11.11)은

$$\frac{dY}{dX}=\frac{X-Y+\alpha-\beta-1}{X+Y+\alpha+\beta-1}$$

(11.12)

여기서 $\alpha-\beta-1=0,\ \ \alpha+\beta-1=0$ 이 되도록 $\alpha,\ \beta$를 정하면

$$\alpha=-1,\ \ \beta=0$$

식 (11.12)는

$$\frac{dY}{dX}=\frac{X-Y}{X+Y}$$

가 되며 이는 식(11.6)의 형태이므로 해를 구할 수 있다.

2. 완전미분방정식

식 (11.3)으로 표현되는 1계 미분방정식의 좌변이 어떤 함수$u(x,\ y)$의 전미분일 때 즉,

$$du = M(x,\ y)dx + N(x,\ y)dy \tag{11.13}$$

일 때, 이 미분방정식을 완정미분방정식이라 하며, 그 일반해는 적분에 의해

$$u(x,\ y) = c$$

가 된다. 따라서 완전미분방정식의 일반해는 $u(x,\ y)$를 구하는 문제가 된다. 식 (11.13)이 완전미분방정식이라면

$$du = \frac{\partial u}{\partial x}dx + \frac{\partial u}{\partial y}dx = Mdx + Ndy$$

이므로

$$\frac{\partial u}{\partial x} = M, \quad \frac{\partial u}{\partial y} = N$$

가 성립해야 한다. 이를 적분하면

$$u = \int Mdx + \phi(y) \tag{1.14}$$

가 된다. 이때 $\phi(y)$는 $\frac{\partial u}{\partial y} = N$이라는 사실과 식(11.14)의 y에 대한 편도함수를 비교해서 구할 수 있다.

{ 완전미분방정식의 필요충분조건 }

$M(x, y)dx+N(x, y)dy=0$ 이 완전미분방정식이기 위한 필요충분조건은 $\dfrac{\partial M}{\partial y}=\dfrac{\partial N}{\partial x}$ 이다.

[예제] 11.9 다음 초기치 문제가 완전미분방정식임을 보이고 그 해를 구하라.

$xy^2dx+x^2ydy=0,\ \ y(1)=2$

풀이 $M=xy^2,\ N=x^2y$ 이라 하면, $\dfrac{\partial M}{\partial y}=2xy,\ \ \dfrac{\partial N}{\partial x}=2xy$이므로 주어진 식은 완전미분방정식이 된다. 따라서

$$du=xy^2dx+x^2ydy$$

라고 할 수 있다. 즉,

$$\frac{\partial u}{\partial x}=xy^2$$

(11.15)

$$\frac{\partial u}{\partial y}=x^2y$$

(11.16)

식(11.15)를 적분하면

$$u=\frac{x^2y^2}{2}+\phi(y)$$

(11.17)

식(11.17)을 y 로 미분하면

$$\frac{\partial u}{\partial y} = x^2 y + \phi(y)$$

(11.18)

식(11.16)과 식(11.18)을 비교하여 $\phi(y)=0$, $\phi(y)=c_1$

$$u = \frac{x^2 y^2}{2} + c_1$$

따라서 일반해는

$$x^2 y^2 = c$$

초기치는 $y(1)=2$이므로 $c=4$

따라서 특수해는 $x^2 y^2 = 4$가 된다.

식(11.13)이 완전미분방정식이 아닌 경우에 삭(11.13)에 적당한 함수 $\lambda(x, y)$를 곱한 결과가 미분방정식이 되는 경우가 있다. 즉,

$$\lambda(x, y)(M(x, y)dx + N(x, y)dy) = 0$$

이때 $\lambda(x, y)$를 적분인자(integrating factor)라 한다. 적분인자를 구하는 요령과 다음과 같다.

(1) $\dfrac{\partial M}{\partial y} - \dfrac{\partial N}{\partial x} = Nf(x)$ 이면 $\lambda(x, y) = e^{\int f(x)dx}$

(2) $\dfrac{\partial M}{\partial y} - \dfrac{\partial N}{\partial x} = -Mf(y)$ 이면 $\lambda(x, y) = e^{\int f(y)dy}$

(3) M과 N이 동차식이고, $Mx + Ny \neq 0$ 이면

$$\lambda(x, y) = \frac{1}{Mx + Ny}$$

(4) $M = yf(x, y)$, $N = xg(x, y)$, $f(x, y) \neq g(x, y)$ 이면

$$\lambda(x, y) = \frac{1}{xy\{f(x, y) - g(x, y)\}}$$

예제 11.10 다음 미분방정식의 적분인자와 일반해를 구하라.

$y\sin x\,dx + 2\cos x\,dy = 0$

풀이 $\dfrac{\partial M}{\partial y} = \sin x$, $\dfrac{\partial N}{\partial x} = -2\sin x$ 이므로 주어진 식을 완전미분방정식이 아니다.

$M = y\sin x\,dx$, $n = 2\cos x$ 이므로

$$\frac{\partial M}{\partial y} = \sin x, \quad \frac{\partial N}{\partial x} = -2\sin x$$

$$\frac{\partial M}{\partial y} - \frac{\partial N}{\partial x} = 3\sin x = \frac{3}{y}M$$

따라서 적분인자는

$$\therefore \ \lambda(x, y) = e^{\int \frac{-3}{y}dy} = e^{\log y^{-3}} = y^{-3}$$

가 된다. 이 적분인자를 주어진 식에 곱하면 완전미분방정식이 된다. 적분인자를 주어진 식에 곱하면

$$y^{-2}\sin x\,dx + 2y^{-3}\cos x\,dy = 0$$

(11.19)

의 완전미분방정식을 얻을 수 있다. 식(11.19)로부터

$$u = \int y^{-2}\sin x\,dx + \phi(y)$$

$$= -y^{-2}\cos x + \phi(y)$$

$$\frac{\partial u}{\partial y} = 2y^{-3}\cos x + \phi(y) = 2y^{-3}\cos x$$

$$\therefore \ \phi(y) = 0, \quad \phi(y) = c_1$$

따라서 $\dfrac{\cos x}{y^2} = c$ 가 일반해이다.

11.4 1계 선형미분방정식

상미분방정식은 크게 선형미분방정식(linear differential equation)과 비선형미분방정식(nonlinear equation)으로 나눌 수 있다. 비선형미분방정식의 해법은 상당히 어려운 반면에 선형미분방정식의 경우에는 매우 간단하며 일반적인 해법을 다양하게 구할 수 있다. 본 절에는 선형미분방정식 중 1계에 한하여 이론전개와 그 응용을 다루고자 한다.

1. 1계 선형미분방정식의 정의

1계 선형미분방정식의 정의는 다음과 같다.

【1계 선형미분방정식의 정의】

$$y+f(x)y=r(x) \tag{11.20}$$

와 같은 형태의 미분방정식을 1계 선형미분방정식이라 한다.

그리고 식(11.20)에서 $r(x)=0$ 인 경우를 재차 선형미분방정(homogeneous linear equation)이라 하고, $r(x)\neq 0$ 인 경우를 비제차 선형미분방정식식(nonhomogenous equation)이라 한다.

2. 1계 선형 미분방정식의 해법

(1) 재차 선형미분방정식

$r=0$ 이므로 식(11.20)은 다음과 같이 변형할 수 있다.

$$y+f(x)y=0$$

$$\frac{1}{y}dy = -f(x)dx$$

양변을 적분하면

$$\log|y| = \int f(x)dx + c_1$$

따라서 일반해는

$$y = ce^{-\int f(x)dx} \qquad (11.21)$$

예제 11.11 다음 미분방정식의 일반해를 구하라.

$$y + 2xy = 0$$

풀이 식(11.20)과 비교하면 $f(x) = 2x$, $r(x) = 0$ 이므로 주어진 문제는 재차 선형미분방정식 문제이다.

식(11.21)에 의해

$$y = ce^{-\int 2x\,dx} = ce^{-x^2}$$

구하는 일반해는 다음과 같다.

$$y = ce^{-x^2}$$

---

(2) 비제차 선형미분방정식

$r(x) \neq 0$ 이므로 식(11.20)은 다음과 같이 변형할 수 있다.

$$(f(x)y - r)dx + dy = 0$$

적분인자를 $p(x)$ 라 하면

$$p(x)(f(x)y-r)dx+p(x)dy=0$$

윗식은 완전미분방정식이므로 다음과 같은 조건을 만족한다.

$$\frac{\partial}{\partial y}[p(x)(f(x)y-r(x))]=\frac{dp}{dx}$$

정리하면

$$\frac{dp(x)}{p(x)}=f(x)dx$$

$$\therefore\ \log|p(x)|=\int f(x)dx$$

따라서 구하는 적분인자는

$$p(x)=e^{h(x)},\ \text{여기서}\ h(x)=\int f(x)dx$$

적분인자를 식(11.20)에 곱하면

$$e^{h(x)}(y+f(x)y)=e^{h(x)}r(x)$$

$f(x)=h(x)$ 이므로 윗식은

$$(ye^{h(x)})=e^{h(x)}r(x)$$

양변을 적분하여 정리하면 일반해를 다음과 같이 구할 수 있다.

$$y(x)=e^{-h(x)}\left[\int e^{h(x)}r(x)dx+c\right]\ (11.22)$$

여기서 $h(x)=\int f(x)dx$

[예제] 11.12 다음 미분방정식을 구하라.

$y + 2xy = x$

[풀이] 식 (11.20)과 비교하면 $f(x) = 2x$, $r(x) = x$ 이다.

$$h(x) = \int 2x\,dx = x^2$$

이므로, 적분인자는

$$p(x) = e^{h(x)} = e^{x^2}$$

식(11.22)에 의해

$$y = e^{-x^2}\left[\int e^{x^2} x\,dx + c\right] = \left(e^{-x^2}\right)\left(\frac{1}{2}e^{x^2} + c\right)$$

구하는 일반해는 다음과 같다.

$$y = ce^{-x^2} + \frac{1}{2}$$

11.5 2계 선형 미분방정식

앞 절에서는 1계 선형미분방정식에 대해 언급하였다. 본 절에서는 이를 확장하여 상수계수를 갖는 2계 선형미분방정식의 이론전개와 그 응용을 다루고자 한다.

1. 2계 선형 미분방정식의 정의

상수계수를 갖는 2계 선형미분방정식의 정의는 다음과 같다.

[상수계수를 갖는 2계 선형미분방정식의 정의]

$y''+ay'+by=r(x)$ (11.23) 여기서 a, b는 상수와 같은 형태의 미분방정식을 상수계수를 갖는 2계 선형미분방정식이라 한다.

그리고 식(11.23)에서 $r(x)=0$ 인 경우를 재차 선형미분방정식이라 하고, $r(x)\neq 0$ 인 경우를 비제차 선형미분방정식이라 한다.

2. 2계 선형미분방정식의 해법

(1) 재차 선형미분방정식

$$y''+ay'+by=0 \quad (11.24)$$

의 해를 다음과 같이 가정하자.

$$y=e^{\lambda x}, \quad \lambda \text{는 상수} \quad (11.25)$$

식(11.25)를 식(11.24)에 대입하면

$$(\lambda^2+a\lambda+b)e^{\lambda x}=0$$

여기서, $e^{\lambda x}\neq 0$ 이므로

$$\lambda^2+a\lambda+b=0 \quad (11.26)$$

이 식을 특성방정식(characteristic equation)이라고 한다. 식(11.26)의 해를 구하면,

$$\lambda_1=\frac{-a+\sqrt{a^2-4b}}{2}, \quad \lambda_2=\frac{-a-\sqrt{a^2-4b}}{2}$$

따라서 구하는 해는

$$y = c_1 e^{\lambda_1 x} + c_2 e^{\lambda_2 x}$$

가 된다.

a, b가 실수이므로 특성방정식의 다음 세 가지 경우에 따라 미분방정식은 서로 다른 형태의 해를 갖는다.

(경우1) 특성방정식이 2개의 서로 다른 실근을 가질 때 $(a^2 - 4b > 0)$

(경우2) 특성방정식이 2개의 켤레 복소수의 근육을 가질 때 $(a^2 - 4b < 0)$

(경우3) 특성방정식이 실수의 중근을 가질 때 $(a^2 4b = 0)$

이들 각각을 자세히 언급하면 다음과 같다.

① 2개의 서로 다른 실근

λ_1과 λ_2는 서로 다르고 이들로 표현되는 해 $y_1\left(= e^{\lambda_1 x}\right)$, $y_1\left(= e^{\lambda_2 x}\right)$는 서로 독립이므로, 해는

$$y = c_1 y_1 + c_2 y_2 = c_1 e^{\lambda_1 x} + c_2 e^{\lambda_2 x}$$

라고 표현할 수 있다.

② 2개의 켤레복소수로 표현되는 근

$\dfrac{-a}{2} = \alpha$, $\dfrac{\sqrt{4b - a^2}}{2} = \beta$라고 놓으면

$$\lambda_1 = \alpha + i\beta, \quad \lambda_2 = \alpha - i\beta$$

$$y_1 = e^{(\alpha + i\beta)x}, \quad y_2 = e^{(\alpha - i\beta)x}$$

Euler의 공식에 의하여

$$y_1 = e^{\alpha x}(\cos\beta x + i\sin\beta x)$$

$$y_2 = e^{\alpha x}(\cos\beta x - i\sin\beta x)$$

따라서 미분방정식의 해는

$$y = c_3 y_1 + c_4 y_2 = e^{\alpha x}(c_1\cos\beta x + c_2\sin\beta x)$$

이다.

③ 실수의 중근

이 경우 특성방정식으로부터 다음과 같이 단 1개의 근만을 얻을 수 있다.

$$y_1 = e^{\lambda_1 x} = e^{\frac{-a}{2}x}$$

다른 1개의 근을 찾기 위해 매개변수 변화법을 사용하면

$$y_2 = u(x)e^{\frac{-a}{2}x} \qquad (11.27)$$

라고 놓고 식(11.27)을 식(11.24)에 대입하고 정리하면

$$u'' = 0$$

적분하면

$$u = d_2 x + d_3$$

구하고자 하는 다른 한 해는

$$y_2 = (d_2 x + d_3)e^{-\frac{ax}{2}}$$

따라서 미분방정식의 일반해는

$$y = (c_1 + c_2 x)e^{-\frac{ax}{2}}$$

예제 11.13 다음 미분방정식의 일반해를 구하라.

$$y'' - 3y' + 2 = 0$$

풀이 특성방정식은

$$\lambda^2 - 3\lambda + 2 = 0$$

$$(\lambda - 2)(\lambda - 1) = 0, \quad \therefore \quad \lambda_1 = 2,\ \lambda_2 = 1$$

따라서 구하는 일반해는

$$y = c_1 e^{2x} + c_2 e^x$$

예제 11.14 다음 미분방정식의 일반해를 구하라.

$$y'' - y' + 1 = 0$$

풀이 특성방정식은

$$\lambda^2 - \lambda + 1 = 0$$

$$\lambda_{1,2} = \frac{1 \pm \sqrt{3}\,i}{2}$$

따라서 구하는 일반해는

$$y = e^{\frac{x}{2}}\left(c_1 \cos\frac{\sqrt{3}}{2}x + c_2 \sin\frac{\sqrt{3}}{2}x\right)$$

예제 11.15 다음 미분방정식의 일반해를 구하라.

$$y'' - 2y' + 1 = 0$$

풀이 특성방정식은

$$\lambda^2 - 2\lambda + 1 = 0$$

$$(\lambda - 1)^2 = 0, \quad \therefore \ \lambda_1 = 1 \ (\text{중근})$$

따라서 구하는 일반해는

$$y = (c_1 + c_2 x)e^x$$

---

(2) 비제차 선형미분방정식

$$y'' + ay' + by = r(x)$$

비제차 선형미분방정식의 일반해는 이에 대응하는 재차방정식의 일반해 $y_k(x)$ 와 주어진 비제차 미분방정식의 특수해 $y_p(x)$ 의 합과 같다. 즉,

$$y(x) = y_k(x) + y_p(x) \tag{11.28}$$

예제 11.16 $y'' + 4y = 2\sin 4x$ 의 해를 구하라.

풀이 특성방정식은

$$\lambda^2 + 4 = 0, \quad \lambda_{1,2} = \pm 2i$$

$$\therefore \ y_h = c_1 \sin 2x + c_2 \cos 4x$$

특수해를 다음과 같이 가정하자.

$$y_p = c_3 \sin 4x + c_4 \cos 4x$$

이를 주어진 식에 대입하여 정리하면

$$-12(c_1 \sin 4x + c_2 \cos 4x) = 2\sin 4x$$

좌우변의 계수를 비교하면

$$-12c_3 = 2,\quad -12c_4 = 0,\quad \therefore\ c_3 = -\frac{1}{6},\ c_4 = 0$$

$$\therefore\ y_p = -\frac{1}{6}\sin 4x$$

따라서 구하는 해는

$$y(x) = y_h(x) + y_p(x) = c_1 \sin 2x + c_2 \cos 2x - \frac{1}{6}\sin 4x$$

연습 문제

1. 다음 미분방정식을 풀어라.

(1) $y = -xy$ (2) $y = \dfrac{y}{x\log x}$

(3) $xy = 2xe^{y^2}$ (4) $xy = 2\sqrt{y-1}$

2. 다음 미분방정식을 풀어라.

(1) $xy = x + y$ (2) $x^2 y = x^2 - xy + y^2$

(3) $y - y = 1 - x$ (4) $y + \dfrac{y}{x} = \dfrac{y^2}{x^2}$

3. 다음 초기치 문제를 풀어라.

(1) $y' = \dfrac{3y}{x}$, $y(1) = 2$ (2) $y = \sec y$, $y(0) = 0$

(3) $(x\log x)y = y$, $y(3) = 4$ (4) $y = \dfrac{y+x}{y-x}$, $y(0) = 2$

(5) $xy = y + (y-x)^3$, $y(1) = \dfrac{3}{2}$ (6) $xyy = 2y^2 + 4x^2$, $y(2) = 4$

4. 다음 초기치 문제를 풀어라.

(1) $y' - y = e^x$, $y(1) = 0$

(2) $y - x^3 y = 4x^3$, $y(0) = 6$

(3) $3x^2 y^4 dx + 4x^3 y^3 dy = 0$, $y(1) = 2$

(4) $4x\,dx + 9y\,dy = 0, \quad y(3) = 0$

(5) $y' - y = e^x, \quad y(1) = 0$

(6) $y' = \sec y, \quad y(0) = 0$

5. 다음 미분방정식을 풀어라.

(1) $y^2 dx + 2xy\,dy = 0$ (2) $2x \log y\,dx + \dfrac{x^2}{y} dy = 0$

(3) $x\,dy + 3y^{2dy} = 0$ (4) $(\cot y + x^2)dx = x\csc^2 y\,dy$

6. $y' = \dfrac{y}{x \log x}$ 의 일반해를 구하라.

7. 다음의 경우에 적분인자를 구하라.

(1) $2y\,dx + x\,dy = 0$

(2) $\sin y\,dx + \cos y\,dy = 0$

(3) $(y+1)dx - (x+1)dy = 0$

8. 다음 미분방정식을 풀어라.

(1) $y' + y = 1$ (2) $y' + xy = 2x$

(3) $y' + 3y = e^{2x} + 6$ (4) $xy' + 2y = e^{x^2}$

9. 다음 미분방정식의 해를 구하라.

(1) $y'' - 2y' + 2 = 0$ (2) $y'' - 4y' + 3 = 0$

(3) $y'' + y' - 1 = 0$ (4) $y'' - 4y' + 4 = 0$

10. 다음 미분방정식의 해를 구하라.

(1) $y'' - 2y' + 2 = \cos x$ (2) $y'' - 4y' + 3 = \sin 2x$

(3) $y'' + y' - 1 = 2\sin x$ (4) $y'' - 4y' + 4 = x + 1$

◆ 찾아보기 ◆

기계수학

발행 2013년 2월 27일 인쇄 2013년 3월 6일 ISBN 978-89-89088-10-3	공 저 / 문종훈 · 박상혁 유하상 · 윤상건 발행자 / 김순선 발행처 / 오토테크 주 소 / 서울특별시 관악구 신림본동 10-23 등 록 / 제 10-1983 전 화 / 02-877-0809 FAX / 02-877-0730 E-mail / kssooh@naver.com 웹하드 / KSS2011 정 가 / 17,000 원

* 낙장 및 파본은 교환해 드립니다.